# 海水抗风浪网箱工程技术

石建高　孙满昌　贺　兵　编著

海洋出版社

2016年·北京

**图书在版编目（CIP）数据**

海水抗风浪网箱工程技术/石建高，孙满昌，贺兵编著. —北京：海洋出版社，2016. 12
ISBN 978-7-5027-9655-6

Ⅰ. ①海… Ⅱ. ①石… ②孙… ③贺… Ⅲ. ①海水养殖-网箱养殖 Ⅳ. ①S967. 3

中国版本图书馆 CIP 数据核字（2016）第 311109 号

责任编辑：常青青
责任印制：赵麟苏
海洋出版社 **出版发行**
http：//www. oceanpress. com. cn
北京市海淀区大慧寺路 8 号 邮编：100081
北京画中画印刷有限公司印刷
2016 年 12 月第 1 版 2016 年 12 月北京第 1 次印刷
开本：787mm×1092mm 1/16 印张：14. 25
字数：320 千字 定价：58. 00 元
发行部：62132549 邮购部：68038093 总编室：62114335

# 《海水抗风浪网箱工程技术》
# 编委会


主　　编：石建高　孙满昌　贺　兵

副 主 编：钟文珠　刘永利　余雯雯

编写人员：马振瀛　何　飞　张　健　等

# 前 言

随着全球人口增长、资源短缺和环境恶化等问题日益严重，陆地资源已难以充分满足社会发展的需求，海洋资源开发成为21世纪国家发展的重要内容，也是增加人类优质蛋白质的重要“海上粮仓”。在此背景下，水产养殖区域从陆地到海洋，并由近海港湾向离岸深远海的海域拓展。2013年，《国务院关于促进海洋渔业持续健康发展的若干意见》发布，提出“推广深水抗风浪网箱和工厂化循环水养殖装备，鼓励有条件的渔业企业拓展海洋离岸养殖和集约化养殖”。该意见的发布推动了海水抗风浪网箱产业的可持续健康发展。

水产养殖网箱分为离岸海水网箱、内湾网箱和内陆水域网箱等。目前我国海水网箱绝大多数为传统近岸小网箱，由于抗风浪能力较差，只能拥挤在浅海内湾水域，造成环境污染和水质恶化，加之浅海内湾水域有时会遭受陆源污染，导致病害发生、鱼类品质和养殖效益下降，传统近岸小网箱养殖业对近海环境的影响及其可持续发展问题受到越来越多的关注。相比之下海水抗风浪网箱具有抗风浪能力强和养成鱼类品质好等明显优点。我国海水抗风浪网箱主要包括HDPE（框架）圆形浮式网箱、金属（框架）网箱、HDPE（框架）方形浮式网箱和浮绳式网箱等，其中目前应用最为广泛的是HDPE（框架）圆形浮式网箱。海水抗风浪网箱养殖作为海水鱼类养殖的主要生产方式之一，在我国海水养殖中发挥着重要作用。大力发展海水抗风浪网箱对于建设蓝色粮仓、发展蓝色海洋经济、保护和合理开发海洋渔业资源、促进渔民转产转业与渔民增产增收、调整渔业产业与食用蛋白质结构、提升农机装备与工程技术水平等意义重大。

本书详细介绍了海水抗风浪网箱的发展与分类、结构和装配、绳网材料、养殖海域与锚泊系统、防污技术、智能装备及其配套设备、容积变化与水体交换、养殖经济效益分析及日常管理等内容，由石建高、孙满昌、贺兵等负责编写，全书由石建高进行统稿，并对部分章节进行了修改和补充。钟文珠、刘永利、余雯雯、马振瀛、曹文英、何飞、魏平、张健、孟祥君、丁寿康、周文博等参与部分章节的编写工作或文字校对。姜泽明、王磊、刘亮、彭俊凯、邓雄、梁杰、黄中兴、朱伟如、陈永国、腾军、卢文、刘圣聪、徐薇、吕呈涛、赵怀福、陈晓雪等协助收集资料或绘制图片等工作，在此表示感谢。

本书得到了国家自然基金项目（2015M571624）、网箱技术开发项目（TEK20121016）、深远海网箱项目（TEK20131127）、网箱防污项目（2007LY060101、TEK2012LY060106）、上海市成果转化项目（103919N0900）、浙江科技项目（14ny17）、南风塑料管材有限公司科技项目（TEK20160126）、洞头科技项目“白龙屿栅栏式堤坝围网用高性能绳网技术开发”、海洋经济创新发展区域示范项目“年产650吨高性能离岸深水网箱岱衢族大黄鱼健康养殖示范”、国家支撑项目（2013BAD13B02）等相关项目的支持或资助，在此表示感谢。特别感谢单位领导、孙满昌教授、南风管业、作者课题组及所在单位、捕捞与渔业工程实验室及农业部绳索网具产品质量监督检验测试中心全体成员、渔业装备与工程项目合作单位与协作单位等在项目研发应用示范推广过程中给予的指导、帮助和支持，在此表示致谢。本书由中国水产科学研究院东海水产研究所、上海海洋大学、东莞市南风塑料管材有限公司、海安中余渔具有限公司、山东爱地高分子材料有限公司、平阳县碧海仙山海产品开发有限公司、三沙美济渔业开发有限公司、渔机所等单位人员编写而成。本书在编写过程中参考了网箱论著、装备技术、捕捞学、材料学、工艺学、公司网站、企业产品手册等方面的大量文献，作者将主要文献列于本书的参考文献或备注于书的章节中，在此对文献作者及其指导老师、文献所在单位等表示由衷的感谢。

本书的出版能为我国海水养殖企业、高等水产院校、水产研究所、行业协会和政府职能部门提供一些新的信息，起到抛砖引玉的作用。由于编著者水平有限，书中某些内容可能会有不当之处，恳请读者批评和指正。诚然，本书可为高等水产院校、研究所和企业提供一些技术支持，但相关工作还待深入和继续。

编著者

2016年10月

# 目 次

# 第一章　海水抗风浪网箱的发展与分类

## 第一节　海水抗风浪网箱的发展

随着全球人口增长、资源短缺和环境恶化等问题发生，陆地资源已难以充分满足社会发展的需求，海洋资源开发成为21世纪国家发展的重要内容，也是增加人类优质蛋白质的重要“海上粮仓”。在此背景下，水产养殖区域从陆地到海洋，并由近海港湾到离岸深远海的海域拓展。2013年，《国务院关于促进海洋渔业持续发展的若干意见》中明确规定“推广深水抗风浪网箱和工厂化循环水养殖装备，鼓励有条件的渔业企业拓展海洋离岸养殖和集约化养殖”，因此，大力发展抗风浪网箱养殖业对于发展深蓝渔业与建设蓝色粮仓、保护和合理开发海洋渔业资源、促进渔民转产转业与渔民增产增收、调整渔业产业与食用蛋白质结构、提升捕捞与渔业工程技术水平、发展蓝色海洋经济与海洋文化意义重大。2015年，我国养殖水产品产量4 937.90万t［海水养殖产量1 875.63万t（其中普通海水网箱养殖产量46.662 4万t、深水网箱养殖产量10.573 1万t）］，而捕捞水产品产量1 761.75万t，海水养殖产量已超过捕捞水产品产量。

### 一、网箱起源

曾有学者或文献认为网箱养殖技术来源于柬埔寨（柬埔寨渔民采用竹笼等方法将捕捞的渔获产品保活集中销售），但最新考证发现网箱养殖技术起源于中国。根据唐朝周密著的《癸辛杂识》的《别集》（1243年）记载，以竹和布构成网箱进行养殖，距今已有700多年的历史，比柬埔寨早600多年，因此，网箱养殖鱼类最早起源于中国，后来逐步在世界各地推广应用。“海水抗风浪网箱”目前还没有严格的定义和学术分类，在国外也没有统一的名称。水产养殖网箱分为海水网箱（offshore cage）、内湾网箱（inshore cage）和内陆水域网箱（inland cage）等。海水抗风浪网箱是与内湾网箱、内陆水域网箱、传统近岸小型海水网箱（俗称传统近岸小网箱）比较出来的概念。现有行业标准、国家标准和国际标准中尚无“海水抗风浪网箱”的严格定义，导致海水抗风浪网箱在英文文献报道中有“sea anti-waves cage”“offshore anti wave cage”“deep water cage”和“offshore cage”等多种称谓；而它在中文文献报道中则有“深水网箱”“离岸网箱”“深水抗风浪网箱”“抗风浪海水网箱”“（大型）抗风浪深水网箱”和“（大型）抗风浪深海网箱”等不同叫法。

随着海水抗风浪网箱养殖技术的发展，国内外同行间的技术合作交流日益增多，海水抗风浪网箱的定义越来越清晰。为便于国内外网箱技术交流、生产加工、产业合作、行政管理、贸易统计和分析评估等各类需要，将设置在沿海（半）开放性水域、单箱养殖水体较大、具有较强抗风浪流能力的网箱称为海水抗风浪网箱（sea anti-waves cage 或 offshore anti wave cage）；将设置在湖泊或江河等淡水水域、单箱养殖水体较大、具有较强抗风浪流能力的网箱称为内陆水域抗风浪网箱［inland anti wave cage；在龙羊峡水库等地也有人称之为（内陆水域）深水网箱或（内陆水域）抗风浪网箱］。海水抗风浪网箱是具有抗风浪能力强和养成鱼类品质好等明显优点的海上养殖设施，在挪威、美国、智利、英国、加拿大、日本、中国、希腊、土耳其、西班牙和澳大利亚等国发展较快。

网箱是一门涉及渔具及渔具材料、流体力学、水产养殖、工程力学、材料力学、海洋生态环境、海洋生物行为等的综合性学科。随着科技发展，网箱除具有养殖功能外，一些网箱（如充气抬网网箱、农机装备底层鱼诱捕定置网箱、捕鱼网箱气动式抬网）可像敷网、笼壶等渔具一样用于捕捞水生生物，上述网箱已具有渔具的内涵、特征和功能。对整个网箱系统而言，框架系统、箱体系统和锚泊系统是网箱主体，是网箱必不可少的组成部分；投饵机、吸鱼泵和洗网机是网箱配套设施（人们可根据养殖生产投入、配套设施技术成熟性、有无配套现代化养殖工船等等多种因素来综合选择是否采用网箱配套设施）。网箱涉及学科、应用方向等的多样性导致其概念与领域的多样性，文献中有关网箱的定义有“用适宜材料制成的箱状水产动物养殖设施”“以金属、塑料、竹木、绳索等为框架，合成纤维网片或金属网片等材料为网身，装配成一定形状的箱体，设置在水中用于养殖生物的渔业设施”，等等。截至 2016 年，我国已立项的网箱水产行业标准共 6 项，其中《淡水网箱技术条件》《浮绳式网箱》《养殖网箱浮架　高密度聚乙烯管》《高密度聚乙烯框架铜合金网衣网箱通用技术条件》《浮式金属框架网箱通用技术要求》5 项行业标准归口在全国水产标准化技术委员会渔具及渔具材料分技术委员会（SAC/TC 156/SC 4）；我国发布实施的网箱地方标准主要有《聚乙烯框架浮式深水网箱》（DB33/T 603—2006）、《抗风浪深水网箱养殖技术规程》（DB46/T 131—2008）、《深水网箱养殖技术规程》（DB37/T 1197—2009）、《深水网箱养殖技术规范》（DB44/T 742—2010），等等。为更好地开展网箱技术国内外合作交流、生产加工、行政管理、贸易统计、分析评估等工作，亟须制定海水抗风浪网箱国际标准、国家标准、行业标准、地方标准和团体标准。

网箱养殖是将网箱设置在水域中，把鱼类等适养对象高密度地放养于箱体中，借助箱体内外不断的水交换，维持箱内适合养殖对象生长的环境，并利用天然饵料或人工饵料培育养殖对象的方法。我国淡水网箱养殖始于唐朝时期，当时养殖青、草、鲢、鳙四大淡水鱼类，在江河中采集的天然鱼苗，先在网箱中暂养，积存到一定数量后外运出售。20 世纪 70 年代真正发展起淡水网箱养鱼。当时主要在一些水库、湖泊等浮游生物多的淡水水域设置网箱，培育大规格鲢、鳙等的养殖。20 世纪 70 年代后期，我国淡水网箱养鱼的方式和种类有了新的发展，从主要依靠天然饵料的大网箱粗放式养殖转变为投喂配合饲料的精养式养殖，养殖种类为鲤鱼、罗非鱼、草鱼等摄食性鱼类，21 世纪后又发展鳜鱼、鳗鳊、南方鲇、加州鲈等鱼类的养殖，取得了较好的效益。在淡水网箱形式上，目前有小型网箱、大型抗风浪网箱［如龙羊峡周长 100 m 三文鱼养殖用 HDPE 框架大型（内陆水域）抗风浪网箱（图 1-1）等］。淡水网箱养殖经营方式由单纯的经济效益型逐渐转变为经济效益和生态效益兼顾型，产量和效益明显提高。2006 年中国水产科学研究院东海水产研究所汤振明、石建高等制定了《淡水网箱技术条件》（SC/T 5027—2006）行业标准，助力我国淡水网箱养殖向标准化方向发展。

图 1-1 龙羊峡周长 100 m 三文鱼养殖用 HDPE 框架大型抗风浪网箱

我国海水网箱养鱼起步较晚。1979 年广东省试养石斑鱼、鲷科鱼类、尖吻鲈等获得成功。之后在海南、香港、福建、浙江及山东等地得到长足发展，2016 年全国传统近岸小网箱（亦称传统近海港湾网箱或普通海水网箱等）数量已发展到 120 多万个，主要分布在福建、广东、海南、浙江、山东、辽宁等地。传统近岸小网箱主要由框架、箱体和沉子等组成；框架大多由木板、镀锌钢管、HDPE 塑料管、毛竹、泡沫浮球（或其他塑料桶等）等装备而成，常见的传统近岸方形小网箱规格为 3 m×3 m×3 m、4 m×4 m×4 m、5 m×5 m×5 m、6 m×6 m×6 m、6 m×3 m×6 m，等等。传统近岸小网箱由于抗风浪能力差，一般设置于避风条件好、风浪流小的内湾、港湾、隘湾等海区，由于水体交换差，长期高密度养殖，会造成养殖海区底质与水质恶化，导致鱼类生长缓慢、病害流行，使网箱养殖难以持续发展。为了改变传统近岸小网箱养殖现状，开始引进世界先进技术，我国于 20 世纪 90 年代后期开始引进海水抗风浪网箱的技术、研发应用，取得了显著进展，2016 年我国海水抗风浪网箱数量已发展到 1 万多只，主要分布在广东、海南、广西、浙江、山东、福建、辽宁和江苏等地。我国海水网箱养殖主要品种有大黄鱼、牙鲆、大菱鲆、花鲈、真鲷、军曹鱼、美国红鱼、卵形鲳鲹、红鳍东方鲀、赤点石斑鱼、大西洋牙鲆、大西洋庸鲽、半滑舌鳎、塞内加尔鳎、欧洲鳎、鲻、鲯鳅、杜氏鰤、比目鱼、石鲽、海参、鲍鱼、六线鱼、红鳍笛鲷、斜带髭鲷、双斑东方鲀、花尾胡椒鲷、许氏平鲉、点带石斑鱼、斑点海鳟和紫红笛鲷，等等。

## 二、网箱的发展概况

20世纪80年代以来，由于出现了世界范围内的捕捞过度和环境污染等问题，渔业资源出现了严重衰退。为此，将渔业生产的重点由传统的狩猎式捕捞渔业转向放牧式的增养殖渔业，尤其是避开近海内湾的易污染环境，转向外海去发展高经济价值鱼类的海水抗风浪网箱养殖业或围网养殖业，已成为世界各国的共识。海水抗风浪网箱作为一种产业，可以缓解渔业资源衰退带来的捕捞压力；带动网箱制作、苗种培育、饵料生产、加工保鲜、销售运输等相关产业的发展；减少因200海里专属经济区渔场划界造成的损失等负面影响；对降低近岸水域养殖强度、推动捕捞渔民转产转业与养殖农渔民增产增收都有积极作用。

海水抗风浪网箱是一种新型的养殖载体，其主体部分多由框架、箱体和锚泊系统等组成，个别网箱还配备水下监控、自动投饵、自动收鱼等附属装备。随着高新技术在海水抗风浪网箱养殖业中的创新应用，海水抗风浪网箱养殖已发展为科技含量高的海水养殖方式之一。海水抗风浪网箱具有抗风浪能力强、可在（半）开放海区养殖鱼类等特点，与传统小网箱相比，它集约化程度更高、养殖密度更大、网箱养殖鱼类的食物来源更加丰富、鱼类生长速度更快、肉质更好、品质更接近野生鱼类。因海水具有一定的流速，网箱养殖鱼类的排泄物会很快被海水带走，因而，与传统近岸小网箱相比，海水抗风浪网箱养殖鱼类病害较少。诸多优势使得海水抗风浪网箱的养殖产品质量上乘、养殖经济效益显著。

国际上从20世纪30年代开始，网箱养殖逐渐成为一种重要且具有特色的鱼类养殖方式。主要渔业国家（如挪威、冰岛、英国、丹麦、美国、加拿大、澳大利亚、法国、俄罗斯和日本等）早在20世纪70年代就投入大量人力、物力开展海水抗风浪网箱养殖。随着科学技术的进步以及新材料、新技术的开发应用，海水抗风浪网箱养殖的范围和规模正不断扩大，其中离岸网箱养殖设施和技术已达到较高水平。网箱框架材料不断升级换代，框架可采用高强度塑料、塑钢橡胶、不锈钢、合金钢、钢铁等新型材料；网箱箱体网衣纤维材料由传统的合成纤维逐步向高强度纤维材料、超高强度纤维材料（如特力夫纤维等）方向发展，另外，钛合金金属纤维、镀锌铁丝、锌铝合金丝、镀铜铁丝、铜锌合金丝和合金板材等合金材料也逐步得到试验或应用；网箱形状有长方形、正方形、圆形和多角形等各种形状；网箱养殖形式由固定浮式发展到升降式、半沉式和沉式等多种形式；网箱容积由几十立方米增加到几千立方米甚至上万立方米；网箱年单产鱼类由几百千克增加到近百吨；养殖品种扩大到几十种，几乎涉及市场需要量大、经济价值高的所有品种；养殖方式也由单一鱼类品种养殖，到鱼、虾、蟹等多品种混养或立体养殖；网箱养殖管理正逐步往自动化方向发展，在养殖生产中可因地制宜地采用自动投饵、水质分析、水下监控、生物测量、鱼类分级、自动吸鱼、垃圾收集等自动装置；同时在苗种培养、鱼类病害防治和免疫、配合饵料、绳网材料抗老化、网衣防污损等方面正加速开发研究和推广应用。

我国是世界上唯一一个养殖产量超过捕捞产量的国家，但我国海水养殖仍处于初级阶段，从区域划分来看，传统近岸小网箱主要分布在 10 m 水深左右的港湾海区，对港湾与滩涂的利用率较高、对浅海利用率较低。近岸小网箱养殖品种主要有石斑鱼、真鲷、黑鲷、尖吻鲈、花鲈、大黄鱼、牙鲆和大菱鲆等品种。近岸小网箱鱼种主要来自天然鱼苗和人工繁殖培育，饵料多以低值小杂鱼为主，辅以配合饲料。近年来我国传统近岸小网箱发展较快，从南海到黄、渤海，传统近岸小网箱总数已经达到 120 多万只。由于海况以及养殖成本等原因，12~40 m 深水中的海水抗风浪网箱较少，这说明我国沿海海水水域还未充分利用。我国传统近岸小网箱主要设置在沿岸半封闭性港湾内，大多是以木板、毛竹或无缝钢管等为框架的浮式网箱，其抗风浪能力较差。传统近岸小网箱一般只能抵御 3 m 以下波高的海浪侵袭，一旦遇强风暴袭击便损失惨重。

我国海水抗风浪网箱养殖是从 1998 年海南引进挪威全浮式重力网箱开始，1998 年夏季海南省临高县首先从挪威 REFA 公司引进圆形双浮管重力式网箱，到 2000 年年底广东、福建、浙江、山东等省又相继引进同类型网箱，2001 年浙江省嵊泗县从美国引进了 Ocean Spar 公司的刚性双锥形网箱（飞碟形网箱），2002 年从日本引进了金属框架的升降式网箱。由于国外引进的网箱价格高，导致其难以在我国大面积推广使用。2000 年起，国家科技部、农业部以及有关省市企业将海水抗风浪网箱养殖设施研究列入各类研究计划，助力了我国海水抗风浪网箱工程技术的国产化研究；通过 10 多年的网箱创新研发示范应用，中国水科院各海区所、中山大学、大连理工大学、中国海洋大学、浙江海洋大学、海南大学以及省市地方所等高校院所及名企已开发出具有中国特色的海水抗风浪网箱，由于我国自主研发的海水抗风浪网箱价格低于国外同类产品，因此在国内迅速得到推广应用；据相关机构调查报告资料显示，目前我国拥有海水抗风浪网箱约 1 万只，主要分布在海南、广东、广西、山东、浙江、福建、辽宁和江苏等地。目前我国生产的海水抗风浪网箱除国内养殖使用外，还出口到国外，如东莞市南风塑料管材有限公司（以下简称“南风管业”）配备了齐全的网箱生产设备，可年产网箱 1 万组以上，部分网箱工程案例如图 1-2 所示。上述网箱工程项目的成功实施为网箱养殖业的发展做出了贡献。

养殖围网亦称养殖网围。海水养殖围网与港湾围栏养殖是利用滩涂和浅海资源，采用围网与围栏等手段开展的一种水产养殖模式，其养殖水体大、养殖密度低，底部是海底，养殖环境接近自然，是一种半人工、介于养殖与增殖之间的接近海域生态的养殖方式。传统海水养殖围网与港湾围栏养殖等因采用简易设施，存在抗风浪能力差、网衣易于破损等缺陷；与养殖围网相比，普通海水网箱存在养殖水体相对较小、网箱底部为网衣等特点，水产养殖业急需发展抗风浪能力强（可抵抗 12 级台风袭击）、网衣牢固（网衣在 12 级台风下无破损）、养殖水体大（单个围网养殖区域面积超过 10 亩①）的（超）大型海水抗风浪网箱与（超）大型牧场化养殖围网。

“十五”后期以来，我国一些养殖企业或技术人员致力于（超）大型养殖网箱的开发，如南海水产研究所开发了周长 160 m 的 HDPE 网箱，浮管采用直径 400 mm 的 HDPE

---

① 亩非我国法定计量单位，1 亩 = 666.667 米$^2$。

图 1-2　南风管业工程案例

（图片来源于南风管业公司产品手册）

管加工制作，并于 2007 年在湛江海水网箱养殖基地进行现场试验；南风管业成功开发并产业化生产周长 120 m 的 HDPE 网箱；东海水产研究所石建高研究员课题组联合山东爱地高分子材料有限公司（以下简称“山东爱地”）等单位设计开发了周长 200 m 特力夫超大型深海养殖网箱，并在福建海区成功安装与下海试验；2015 年联合三沙美济渔业有限公司（以下简称“美济渔业”）、中国海洋大学等单位率先开发出美济礁抗风浪金属框架网箱，石建高研究员课题组成功实现深远海金属网箱的设计制作、下海安装以及产业化养殖应用；2016 年石建高研究员联合温州丰和海洋开发有限公司（以下简称“温州丰和”）、美济渔业等单位设计开发了周长 240 m 的大型浮绳式网箱、周长 158 m 美济礁大型浮绳式网箱，分别用于大黄鱼、石斑鱼养殖。南风管业联合中山大学、东海水产研究所石建高研究员课题组等单位创新开发（超）大型网箱用 HDPE 管及其配套隔舱、特种工字架（包括三角形工字架、联体工字架等）以及钢丝网增强 PE 实壁管、新型三角形工字架海水抗风浪网箱等（图 1-3 至图 1-6）；目前石建高研究员课题组正联合南风管业、山东爱地、美济渔业、平阳县碧海仙山海产品养殖有限公司（以下简称“碧海仙山”）等单位的相关专家、学者、企业家和技术人员从事各类（超）大型海水抗风浪网箱设计开发，等等。上述工作有望引领我国海水抗风浪网箱向深水、远海、离岸、大型化、智能化和数字化方向发展，助力我国海水抗风浪网箱健康发展。

图 1-3　直径 1 m 的 HDPE 管及其隔舱

图 1-4　特种工字架

图 1-5　钢丝网增强 PE 实壁管

图 1-6　新型三角形工字架海水抗风浪网箱框架实景

随着海水抗风浪网箱、传统小型养殖围网的发展，我国技术人员、养殖企业等开始通过创新立体生态健康养殖技术、新材料技术、渔具优化设计技术、智能化投喂技术、渔业互联监控技术、精准起捕技术、海上管桩施工技术和水下施工技术等各类技术来研制开发新型浅海养殖围网设施或（超）大型牧场化养殖围网，而养殖产业也亟须通过发展“海水抗风浪网箱+（超）大型牧场化养殖围网”接力养殖新模式来提高养成鱼类品质、养殖设施抗风浪能力和养殖效益。在海水抗风浪网箱养殖鱼类达到一定规格后将其转移至养殖水体更大、养殖水流更通畅、养殖设施抗风浪能力更强的新型浅海养殖围网设施或（超）大型牧场化养殖围网内生态健康养殖无疑是一个值得开发的新型养殖模式。国内外相关单位、专家学者和技术人员为此开始了一系列的研发设计、应用示范与产业化生产工作。创新（超）大型牧场化养殖围网设施及生态养殖关键技术研发与产业化应用，对发展深蓝渔业、建设海上粮仓、推进蓝色海洋经济、助力转产转业等十分必要。

在各类项目的支持下，浙江海洋大学、东海水产研究所和碧海仙山等单位围绕材料及设施、生态养殖等关键核心技术进行浅海养殖围网设施及生态养殖技术研发与产业化应用，该项目获浙江省科技进步奖。碧海仙山联合相关单位开展了“海水抗风浪网箱+藻鱼贝浮绳式围网生态养殖产业化应用”，公司养成的南麂大黄鱼“游”上 20 国集团峰会餐桌，成果被温州网等媒体报道（图 1–7）。

图 1–7　浮绳式围网养殖

2000 年以来，在“渔用超高分子量聚乙烯绳网材料的开发研究”“高性能网具与网具材料在渔业上的研究与应用示范”“渔网防藻剂试验开发研究项目”“环保型防污功能材料的开发与应用”“环保型渔网防污剂在扇贝笼及网箱上的应用示范”“水产养殖大型围网工程设计合作”“牧场化大型养殖围网及 MHMWPE 单丝绳网的研发与应用示范”“特力夫纤维渔网标准制定及其在大网箱与养殖围网上的应用”“白龙屿生态海洋牧场项目堤坝网具工程设计”“白龙屿栅栏式堤坝围网用高性能绳网技术开发”和“桩式大围网及藻类养殖设施的开发与示范”等 10 多项研发项目的持续支持和帮助下，东海水产研究所石建高研究员课题组开始了渔业装备与工程用特种（超）高强纤维绳网材料、HDPE 框架特种组合式网衣网围、管桩式（超）大型牧场化养殖围网设施技术系统研究，联合山东爱地高分子材料有限公司、台州市恒胜水产养殖专业合作社、浙江东一海洋经济开发有限公司、温州丰和、台州广源渔业有限公司、社会团体等设计开发出 HDPE 框架特种组合式网衣网围、双圆周（超）大型组合式网衣养殖围网、生态海洋牧场堤坝围网及其内置网格式围网（白龙屿生态海洋牧场项目一期利用绳网在白龙屿生态海洋牧场内围网形成 88 亩的养殖网格，并开展了大黄鱼养殖试验；项目二期利用绳网在白龙屿生态海洋牧场两边栅栏式堤坝进行围网，形成 650 亩白龙屿生态海洋牧场养殖海区）、方形管桩式超大型抗风浪养殖围网、双圆周大跨距管桩式围网（内外圈跨距高达 10 m）、“田”字形管桩式超大型抗风浪养殖围网等多种养殖围网新模式（图 1–8 至图 1–11），申请“一种大型复合网围”“养殖网围用立柱桩”“海洋牧场堤坝网具组件的装配方法”等 10 多项（超）大型牧场化养殖围网设施国家发明专利，上述（超）大型牧场化养殖围网设施技术安全可靠、抗风浪能力强、养殖鱼类品质高、经济效益显著，成果技术成效已获得水产行业高度认可并在台州、洞头等地大力发展，成果前景广阔。限于篇幅，本书对（超）大型牧场化养殖围网设施不作详细介绍，有兴趣的企业、读者等可与东海水产研究所石建高研究员课题组联系，共同推动（超）大型牧场化养殖围网设施在水产养殖上的创新应用。（超）大型牧场化养殖围网养殖技术等养殖围网技术成果有利于“海水抗风浪网箱+（超）大型牧场化养殖围网”接力养殖新模式的大规模发展，（超）大型牧场化养殖围网新模式已被《水产前沿》等媒体报道，成果将助力水产养殖业的可持续健康发展。

图 1-8　双圆周大跨距管桩式围网

图 1-9　双圆周超大型组合式网衣养殖围网

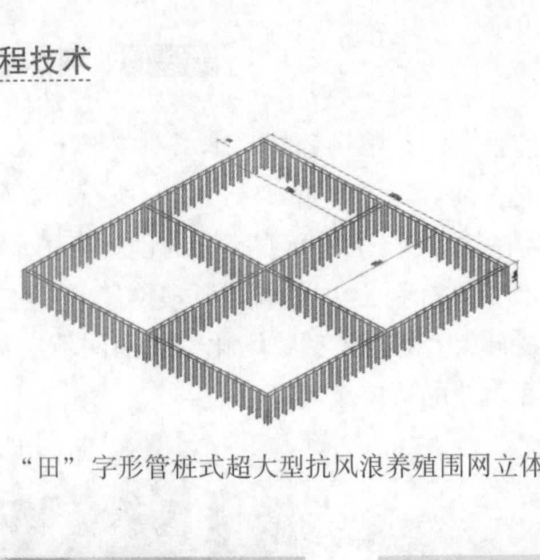

图 1-10 “田”字形管桩式超大型抗风浪养殖围网立体布局示意

图 1-11 白龙屿生态海洋牧场堤坝围网及其内置网格式围网

（超）大型牧场化养殖围网新模式为海水抗风浪网箱的技术延伸与升级，它将与（超）大型抗风浪网箱一起成为未来水产养殖的重要发展方向，值得大家深入研究与推广应用。

## 第二节　网箱的分类

网箱发展至今形式多种多样，就形状而言有圆形网箱、方形网箱、多角形网箱等；就个数而言则有单独网箱、双拼网箱或组合网箱等；以制作网箱框架的材质分有钢质框架网箱、HDPE 框架网箱、木质框架网箱、钢丝网水泥框架网箱和浮绳式网箱等；以养殖鱼种分有鲈鱼网箱、黑鲳网箱、石鲽网箱、黑鲷网箱、真鲷网箱、牙鲆网箱、金鲳网箱、大黄鱼网箱、石斑鱼网箱、黄鳍鲷网箱、河鲀网箱、大菱鲆网箱、军曹鱼网箱、美国红鱼网箱和日本黄姑鱼网箱等。参照水产行业标准《水产养殖网箱名词术语》（SC/T 6049—2011）以及相关文献资料，水产养殖网箱分类如下。

1. 按养殖水域分类

按养殖水域分类，水产养殖网箱分为海水网箱（sea cage）、内湾网箱（inshore cage）和内陆水域网箱（inland cage）等。

2. 按作业方式分类

按作业方式分类，水产养殖网箱分为移动网箱（movable cage）、浮式网箱（floating cage）、升降式网箱（submersible cage）和沉式网箱（submerged cage）等。

3. 按形状分类

按形状分类，水产养殖网箱分为圆柱体网箱（circular cylinder cage）、方形网箱（square cage）、球形网箱（spherical cage）和双锥形网箱（two cones shaped cage）等。

4. 按张紧方式分类

按张紧方式分类，水产养殖网箱分为锚张式网箱（anchor tension cage）和重力式网箱（gravity cage），重力式网箱又可以分为强力浮式网箱（farm ocean offshore cage）和张力腿网箱（tension leg cage）等。

5. 按固定方式分类

按固定方式分类，水产养殖网箱分为多点固泊网箱（multi-point mooring cage）和单点固泊网箱（single-point mooring cage）等。

6. 按框架材质分类

按框架材质分类，水产养殖网箱分为钢质框架网箱（steel cage）、高密度聚乙烯框架网箱（HDPE cage）、木质框架网箱（wooden cage）、钢丝网水泥框架网箱（ferro-cement cage）和浮绳式网箱（flexible rope cage）等。

7. 按网衣材料分类

按网衣材料可以分为纤维网衣网箱（fiber net cage）和金属网衣网箱（metal net cage）等。

除水产行业标准《水产养殖网箱名词术语》（SC/T 6049—2011）所述分类方法外，人们还根据地域文化或实际生产需要等使用其他网箱分类方法。如根据网箱是否抗风浪分为抗风浪网箱和不抗风浪网箱（主要指无法抵抗大风大浪的传统近岸小网箱）；根据网箱框架材料的柔性，将网箱分为柔性框架网箱和刚性框架网箱；根据网箱养殖对象的种类，将网箱分为海参网箱、鲍鱼网箱、大黄鱼网箱、鲆鲽类网箱、金鲳鱼网箱和金枪鱼网箱等；根据箱体网衣材料种类，将网箱分为单一网衣网箱和组合式网衣网箱；根据金属网箱框架材料和箱体网衣材料种类，将金属网箱分为全金属网箱、金属网衣网箱和金属框架网箱等。

“十五”以来，我国致力于新型网箱的研发，取得了大量网箱专利，但研制的新型网箱大多处于性能测试阶段，或由于成本、抗风浪性能、产业市场等原因而没有得到全部推广应用。近年来，我国研发的代表性新型网箱主要包括金属框架网箱、（HDPE 框架）升降式海参养殖网箱、C160 大型 HDPE 网箱、多层次结构网箱、新型三角形工字架结构海水抗风浪网箱、SLW 顺流式网箱、鼠笼式沉式网箱、PDW 鲆鲽类专用升降式网箱、自减流低变形网箱、HDPE 鲆鲽类专用升降式网箱、钢质鲆鲽类专用升降式网箱、多元生态养殖网箱、HDPE 组合式方形网箱、大型海参生态养殖网箱、金属网衣网箱、气囊移动式网箱、特力夫超大型深海养殖网箱、美济礁抗风浪金属框架网箱、耐流非对称网箱、周长 240 m 超大型浮绳式网箱、周长 158 m 美济礁大型浮绳式网箱，等等。

## 第三节　几种主要深海网箱的特点

本节介绍几种主要深海网箱的性能和特点。

### 一、浮式网箱

水产行业标准《水产养殖网箱名词术语》（SC/T 6049—2011）中将框架浮于水面的网箱称为浮式网箱（floating cage）。浮式网箱一般无工作台结构、不可潜入水中，或工作台始终位于水面以上。浮式网箱主要包括圆形浮式网箱、方形浮式网箱、浮绳式网箱和牧海型网箱等。

1. 圆形浮式网箱

圆形框架和网衣围成的圆柱状，浮于水面的网箱称为圆形浮式网箱，圆形浮式网箱亦称圆柱体浮式网箱或圆桶形浮式网箱或圆形浮式网箱。在我国，圆形浮式网箱中应用最广的为 HDPE 框架圆形浮式海水抗风浪网箱（HDPE 框架圆形浮式海水抗风浪网箱称谓较多，它也被称为“HDPE 圆形双浮管浮式海水抗风浪网箱”“HDPE 圆形海水抗风浪网箱”“HDPE 圆形深水网箱”“HDPE 重力式深水网箱”“PE 圆形抗风浪网箱”，等等，见图 1-12）。HDPE 圆形浮式网箱最早由挪威的 REFA 公司开发和制造，外形为圆柱形。HDPE 圆形浮式网箱的浮框主要以 HDPE 为材料，多为 2~3 圈等直径管（主管外径一般为 200~400 mm，常见 HDPE 管规格有 200 mm、250 mm、300 mm、350 mm、400 mm 等），用以网箱成形和产生浮力；扶手栏杆通过聚乙烯支架与水面浮框相连，作为工作台供操作人员进行生产作业或维护保养。国内 HDPE 圆形浮式网箱规格通常为 40～100 m，网衣深度则根据海域水深和养殖对象而定。南风管业联合石建高研究员课题组等正从事周长 120～1 000 m（超）大型海水抗风浪网箱设施的设计开发（拟设计开发或已产业化的网箱主管外径规格有 350 mm、400 mm、450 mm、500 mm 和 600 mm 等；网箱工字架种类包括“南风王”工字架、联体工字架、三角形工字架，等等）。HDPE 框架圆形浮式海水抗风浪网箱如图 1-12 所示，图 1-13 为湛江圆形浮式网箱实景图。

图 1-12 HDPE 框架圆形浮式海水抗风浪网箱实景

图 1-13 湛江圆形浮式网箱实景

HDPE 圆形浮式网箱主要优点：

（1）HDPE 圆形浮式网箱框架的设计抗风能力为 12 级、抗浪能力为 5 m、抗流能力小于 1 m/s，其使用寿命达 10 年以上；

（2）HDPE 圆形浮式网箱操作、管理和维护过程简单，易于投饵和观察鱼群的摄食情况，适应范围较广。

HDPE 圆形浮式网箱存在问题：

（1）HDPE 圆形浮式网箱在承受波和流的共同作用时，锚泊系统与水面浮框的连接点处容易损坏；

（2）HDPE 圆形浮式网箱在海流作用下合成纤维网衣漂移严重，其容积损失率高。

除 HDPE 圆形浮式网箱外，国内外也有金属框架圆形浮式网箱等形式的圆形浮式网箱，这里不再详细介绍。

2. 方形浮式网箱

传统的海水养殖网箱外观绝大多数为方形，边长较短，材料多为木材、毛竹等，不适宜在风浪较大的半开放海区养殖。随着渔用材料的发展，运用塑料或金属材料制造的规格较大、结构安全的方形浮式网箱（如韩国、中国等使用的养殖用塑料渔排等）也逐渐在使用。国内目前使用的方形浮式网箱周长通常为 4～80 m，网衣深度则根据海域水深和养殖对象而定。图 1-14 为我国沿海常见的方形浮式网箱组合示例；图 1-15 为我国福建、浙江海区使用的方形塑胶渔排网箱示例；图 1-16 为周长 200 m 的特力夫超大型深海养殖网箱（石建高研究员联合山东爱地材料有限公司、台州大陈岛养殖有限公司等单位设计开发而成）。

图 1-14　方形浮式网箱组合实景

图 1-15　方形塑胶渔排网箱实景

图 1-16　特力夫超大型深海养殖网箱实景

方形浮式网箱主要由方形浮框、走道（少数种类为无走道的结构）、网衣、沉子和锚泊系统等构成。有些方形浮式网箱的浮框用高强度聚乙烯材料制成柔性框架结构，是网箱的主要支撑框架。网箱浮框中部设有一只格栅式方框，作为收集死鱼、残余饵料的分离存储装置。网箱底部配有一定数目的沉子，起到配重和确保网衣在水中形状的作用。方形网箱结构如图 1-17 所示。

方形浮式网箱主要优点：

(1) 可以按照养殖者的不同需求制作不同尺寸的方形网箱，或按操作习惯设置不同宽度的走道，给养殖者更多的生产操作空间；

(2) 便于组合成不同规模，既节约投资，又方便管理。

方形浮式网箱存在问题：

(1) 四边形结构具备的空间不稳定性对方形网箱的安装难度提出较高要求，方形网箱框架安装不规则易导致其自身的扭曲变形；

(2) 四边形直角交接部位为应力集中点，容易断裂损坏，限制了方形网箱的使用水域。

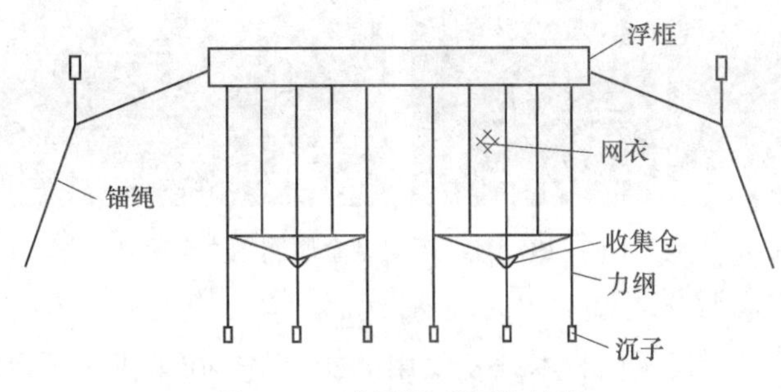


图 1-17　方形浮式网箱结构

在方形浮式网箱中，还有一种框架由金属材料制成的框架式金属网箱（亦称金属框架网箱），最常用的结构为“金属框架+聚苯乙烯泡沫浮筒”，框架式金属网箱的上框架上还需安装盖网（图 1-18）。典型的日产方形框架式金属网箱的基本结构为桁架型（桁架型金属框架由上梁管、外梁管和内梁管组合而成，见图 1-19），人们习惯称之为“桁架型金属网箱”。桁架型金属网箱的上端部，也就是侧网上端部固定在浮架的上框（挂网框）。当桁架型金属网箱箱体使用锌铝合金网衣或铜锌合金网衣时，箱体有一定的刚性，可承受水流冲击。

框架式金属网箱的锚泊系统采用多个网箱组合定位的形式，是由浮筒、绳索和混凝土锚碇组成的“井”字形锚泊系统；每个网箱被连接在绳格的中部，系统大而稳定，造价低廉。框架式金属网箱需要调换时，只需解开连接绳而无须移动锚绳。框架式金属网箱锚泊系统规模可根据生产需要扩大和缩小，操作方便。

3. 浮绳式网箱

采用绳索和浮体连接成软框架的浮式网箱称为浮绳式网箱（flexible rope cage）。浮绳

图 1-18　国产框架式金属网箱实景

图 1-19　日产桁架型金属网箱实景

式网箱又称软体网箱，它最早由日本开发使用，20 世纪 90 年代末，我国海南和浙江等省开始推广台湾地区开发的浮绳式网箱，并取得了一定的效果。浮绳式网箱主要由绳索、箱体、浮子、沉子及锚泊系统构成，浮在水面的绳索框架和浮子可随着海浪的波动而起伏，柔性好；箱体部分是一个六面封闭的结构，其柔性框架可由两根公称直径为 25 mm 左右的聚烯烃绳作为主缆绳，多根公称直径为 17 mm 左右的尼龙绳或聚烯烃作副缆绳，连接成一组若干个网箱的软框架。2011 年东海水产研究所汤振明、石建高等制定了我国第一个浮绳式网箱行业标准《浮绳式网箱》（SC/T 4024—2011）。

浮绳式网箱操作管理比较方便、制作容易、价格低廉。从便于养殖管理的角度来看，15 m×20 m×8 m 大小的浮绳式网箱较适于港湾及近海海域的养殖。2016 年石建高研究员联合温州丰和、美济渔业等单位设计开发了周长 240 m 的大型浮绳式网箱、周长 158 m 的美济礁大型浮绳式网箱（图 1-20）。图 1-21 为浮绳式网箱实景图，表 1-1 为台湾地区浮绳式网箱规格和技术参数。

浮绳式网箱主要优点：

（1）制作和管理方便，养殖者可自行购买材料制作，价格低廉；

（2）投饵方便，易观察鱼类的摄食状况。

浮绳式网箱存在问题：

（1）在海流作用下，浮绳式网箱的容积损失率较高；

（2）浮绳式网箱抗风浪能力不足。

图 1-20　大型浮绳式网箱装配及海上养殖实景

图 1-21　浮绳式网箱实景

**表 1-1　台湾地区浮绳式网箱规格和技术参数**

| 网箱型式 | 改良式浮绳网箱 | | | |
|---|---|---|---|---|
| 框架形状 | 四角 | | 八角 | |
| 单组浮框数 | 12 | | 3 | |
| 直径（m） | 8 | 10 | 20 | |
| 网深（m） | 5 | 8 | 8 | 10 |
| 容积（$m^3$） | 320 | 800 | 2 650 | 3 320 |
| 最大养殖量（t） | 6. 4 | 16 | 52 | 66 |
| 养殖鱼种 | 鰤鱼、石斑鱼、笛鲷、黄鲷、红拟石首鱼、卵形鲳鲹等 | | | |
| 养殖密度（$kg/m^3$） | 15~20 | | | |

## 4. 牧海型网箱

瑞典牧海型（farmocean）网箱主要由网箱主体和锚泊系统两大部分组成。牧海型网箱主体又可分上下两个部分。其上部浮管构成的圆形工作台通过六根辐条与主浮环连接形成网架。经防污损处理的无结网绷紧于牧海型网箱网架和纲绳之间，并设有可打开的鱼通道口，以方便鱼苗的输送或转移。牧海型网箱下方为下部主网箱，同时在主网箱的底部外圈设置一沉环，通过吊绳与主浮环相连。牧海型网箱的沉环提供了一个适当的重力，与主浮环和浮管提供的浮力相平衡，用以稳定牧海型网箱。同时，通过绳索与主网箱底部纲绳张紧，又可防止牧海型网箱在海流中的变形。图 1-22 为牧海型网箱工作台实景图。

图 1-22　牧海型网箱工作台实景

牧海型网箱主要优点：

（1）牧海型网箱结构设计新颖，工作原理类似于半下沉的油井平台，其特殊的沉环结构使重力作用在一环形圆圈上，加上锚泊系统采用三点锚碇方式，更有利于网箱的平衡和稳定；整个框架是由特制的高强度结构钢构造而成，并采用了双阴极防腐技术，结实的框架在大风浪下也很少发生变形，适合深海各种复杂海况的养殖要求；

（2）牧海型网箱科技含量高，融合了现代微机控制和自动化技术，网箱顶部设有工作平台，装备了风力发电机、航标灯和其他一些相关辅助设备；微机监控的自动喂饲料系统可对水温、水流、波浪和鱼的生长情况予以实时动态监测，以确定最佳投喂饲料方案实施投喂饲料；饲料仓可一次储存 3.5 t 饲料，并可通过无线电控制技术在岸边进行遥控，保证在恶劣的海况下投喂饲料的连续性。

牧海型网箱存在问题：

（1）牧海型网箱设备成本一次性投入过高；

（2）牧海型网箱结构繁杂，设施先进，对工作人员素质和相关技术支持也提出了很高的要求。

## 二、升降式网箱

具有升降功能的网箱称为升降式网箱（submersible cage），升降式网箱又称可潜式网箱。整个升降式网箱在必要时能沉入水中，并能根据需要控制下沉深度，因此，升降式网箱在海水养殖中得到广泛应用。升降式网箱主要包括圆形升降式网箱、碟形网箱、俄罗斯钢结构网箱、挪威张力腿网箱、锚张式网箱和全金属网箱等。

1. 圆形升降式网箱

在原有的不可升降的HDPE圆形海水抗风浪网箱的基础上，重新进行结构上的设计，改变原有的主管道设置方式，将圆形浮管进行分区域隔离密封，然后对每个隔离区域设置进排气管路及进排水管路控制系统，安装气路接口、气路密封阀门、气路分配器等设备，进而可实现网箱在水中的可升降操作；在强台风来临前，该升降式网箱可预先下潜至水面一定深度以下，从而避开风浪的冲击，保证了网箱养殖的安全性，提高了网箱养殖的经济效益。图1-23为圆形升降式海珍品生态养殖网箱实景图。

图1-23　圆形升降式海珍品生态养殖网箱实景

圆形升降式网箱升降原理：

HDPE圆柱管材的内部结构是空心的，可用密封板将其分隔为多个各自独立并且互相密封的区域，在每个区域上安装进排气和进排水系统，并通过通气管分别与进排气分配装置、水管和进排水系统连接，加装控制阀门以调节进气量和进水量大小。操作中，只要能在各个不同的方位控制好进排气、进排水的均匀性，网箱的平稳和平衡性就得以保证。

圆形升降式网箱主要优点：

（1）升降式网箱用圆柱空心管材也可以制作成分段的构件形式，然后运至安装现场后再进行拼装，便于运输；

（2）升降式网箱用环形圈数量可适当增加，结构更加牢固。

圆形升降式网箱存在问题：

（1）在圆形升降式网箱实施升降操作中，必须使用进排气分配控制装置，以保证各分区均匀进排气，实现均衡升降；

（2）圆形升降式网箱使用材料应有一定强度，最好使用耐海水腐蚀的不锈钢材料作为管路接口；

（3）升降式网箱用进排气管路系统必须密封良好，一旦漏气，升降式网箱就会自动下沉从而影响使用，严重的会造成重大经济损失。

2. 碟形网箱

碟形网箱最早由美国 Ocean Spar 公司设计和制造，是典型的钢制刚性网箱的代表。碟形网箱主体部分主要是由立柱、浮环、工作平台、平衡块、纲绳、网衣以及其他连接绳索等构成。立柱和浮环作为碟形网箱的关键部件，为整个网箱提供浮力。碟形网箱工作平台属钢质焊接结构，装有安全栏杆；工作平台是为方便管理人员工作而设置，以进行网具安装、饲料投放以及升降操作等。平衡块由钢筋混凝土制成，垂直悬于下立柱的底部，用于防止碟形网箱在风浪作用下过度晃动和摆动，影响碟形网箱养殖效果，并且当碟形网箱需要进行升降操作时，在升降中起到重力配重作用，以使碟形网箱能够在水中垂直升降和控制升降速度。图 1-24 为碟形网箱结构示意图，图 1-25 为水流对碟形网箱工作状态的影响，图 1-26 为碟形网箱安装照片，图 1-27 为国产碟形升降式网箱。

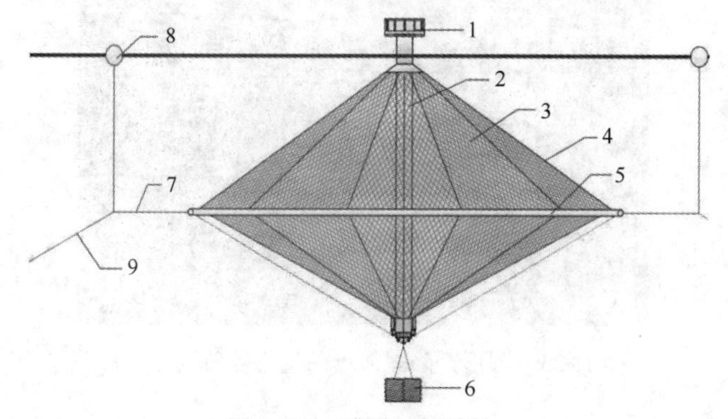


图 1-24　碟形网箱结构

1. 工作平台；2. 立柱；3. 网衣；4. 纲绳；5. 浮环；6. 平衡块；7. 张纲；8. 浮子；9. 锚绳

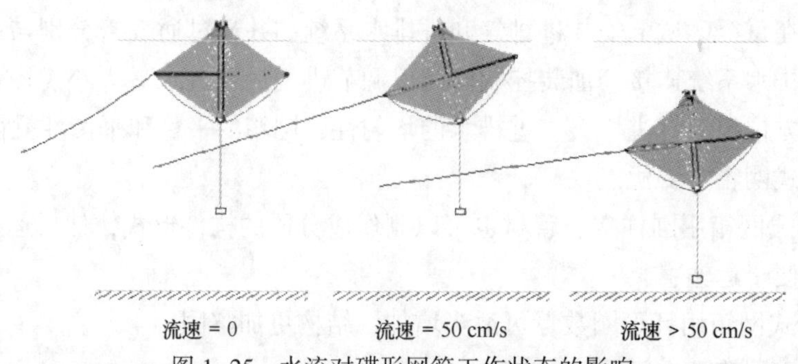


图 1-25　水流对碟形网箱工作状态的影响

图 1-26 碟形网箱安装

图 1-27 国产碟形升降式网箱

2001 年浙江省嵊泗县从美国引进了两套 Ocean Spar 公司开发的刚性双锥形网箱（飞碟形网箱），网箱主要技术参数为：抗流≤1.5 m/s；抗风速≤35 m/s；抗浪高≤7 m；适用水深≥20 m；养殖水体 3 000 $m^3$。该网箱投入使用后不久，就出现事故和损坏，导致网箱无法正常生产。之后，在引进单位嵊泗县蓝海洋生态产业发展有限公司的努力下，通过对网箱的材料、结构和锚泊方式等进行改进，基本能满足要求，为在开放式海域进行网箱养殖，积累了一定的经验。与此同时，杭州飞鹰船艇有限公司在浙江省海洋水产研究所科研人员的配合和支持下，研制出改进型碟形网箱。该网箱主体结构为钢质，网衣采用锦纶（PA）经编无结网，网目长度为 25~50 mm。工作平台的外径 3 m、内径 1.8 m、高 0.5 m；中环外径 23.18 m；中间立柱高 13.85 m、总高 16 m；网箱容积 1 500 $m^3$。该网箱为可升降式，可在水下 25 m 左右海域安全生产，下潜深度在 5 m 以上，能抵御高达 35 m/s 的风速和 6 m 以内的浪高，在 1.0 m/s 流速下容积保持率大于 80%；网箱主体结构寿命为 5~

10 年，网片寿命为 2 年以上。

碟形网箱的锚泊系统则主要由锚碇、锚绳、张紧浮球、张纲、分力器、卸夹和适量绳索等构成。水泥锚用于拉紧和固定网箱；顶部连接环和浮球标记相连接；后部连接环和水泥锚的倒拔绳索相连接。当水泥锚的前部被网箱的张纲拉动时，会随着锚的局部移动而陷入底泥里，从而起到拉紧和固定网箱的作用。碟形网箱分力器可以使绳索连接，稳定可靠，受力均匀。

碟形网箱升降原理：

立柱相当于一个直立的全封闭浮筒，其内部通过进排水口与海水相通。当从网箱的工作平台处通过通气管向立柱中注入压缩空气时，立柱中的海水在空气压力作用下，就逐渐通过进排水口从下立柱中排出，这样立柱中的浮力逐渐增加，也就是整个网箱的浮力逐渐增加，网箱在浮力作用下，向上慢慢浮出水面。反之，当立柱外的海水逐渐通过进排水口进入立柱时，网箱在重力作用下，向下慢慢沉入水中。

碟形网箱主要优点：

（1）碟形网箱可设置在没有屏障的开放性海域，能抵御 12 级以上台风的袭击，在 3 kn 流速下碟形网箱容积损失小于 15%，碟形网箱主体结构使用年限达 8~10 年；

（2）碟形网箱体积大，可一次养鱼 50~60 t；

（3）碟形网箱为全封闭式结构，网具为全固定拉紧式，不会摇摆和漂动，碟形网箱沉浮深度可人为控制。

碟形网箱存在问题：

（1）碟形网箱投资成本高；

（2）碟形网箱安装有一定的技术要求，配套设备也相对较多，养殖管理等方面对养殖人员的素质要求较高；

（3）碟形网箱换网、起捕鱼的操作较为困难。

### 3. 俄罗斯钢结构网箱

俄罗斯钢结构网箱为六棱形的结构形式。俄罗斯钢结构网箱箱体主要分两部分，上半部分为网状的全封闭腔体，下半部为环状结构的可进排水的环状浮体。俄罗斯钢结构网箱的罩型网状主框架和下部的支撑环通常采用一定厚度的无缝钢管焊接而成，外表面整体喷锌，以增加抗腐蚀的能力。上述二者一起构成俄罗斯钢结构网箱的框架结构，起到支撑整个网箱的作用，并为整个网箱提供浮力和在升降时起平衡作用。俄罗斯钢结构网箱罩型网状主框架的顶部装有工作平台和自动投饵设备，内侧的四周则开有用于扎牵网具绳索和卸夹的孔，用于整个网箱网衣的安装。平衡块和配重链安装于俄罗斯钢结构网箱支撑环的底部，二者之间采用绳索连接。当配重链接触到海底时，则配重链对俄罗斯钢结构网箱的拉力作用就会消失，网箱则不再下沉。图 1-28 为俄罗斯钢结构网箱结构。

俄罗斯钢结构网箱具有与美国碟形网箱相似的锚泊系统结构；在其海上安装和固定过程中，要首先进行锚碇的海上定位和设置；随后进行罩型网状主框架的安装，通过绳索将

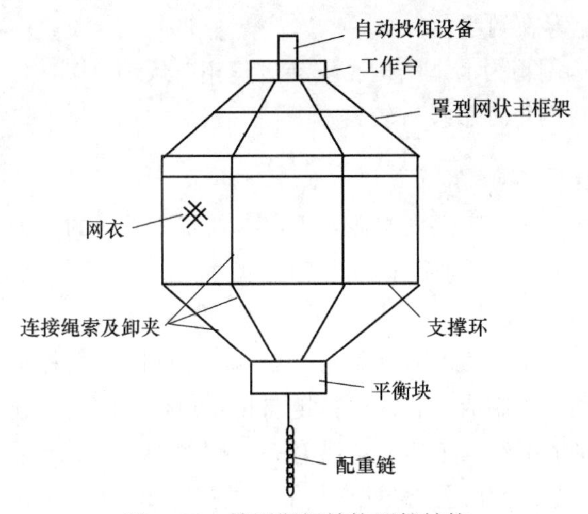


图 1-28 俄罗斯钢结构网箱结构

其和锚绳相连接；继而进行网箱支撑环、平衡块和配重链的安装；最后进行网衣的安装，组成一个完整的网箱。图 1-29 为俄罗斯钢结构网箱的锚泊系统示意图。

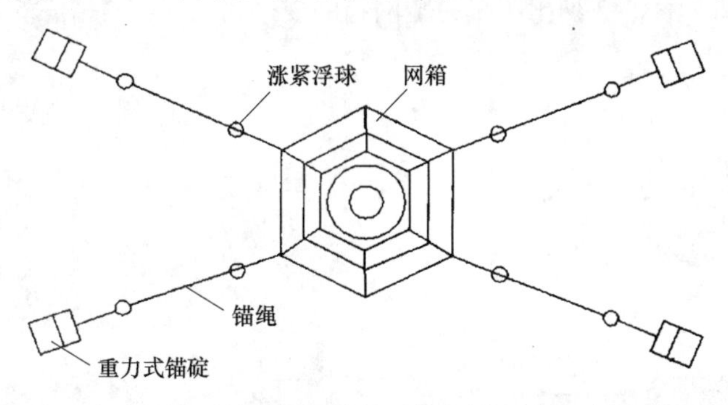


图 1-29 俄罗斯钢结构网箱的锚泊系统示意

俄罗斯钢结构网箱升降原理：

在俄罗斯钢结构网箱罩型网状主框架下半部分的环状结构浮体上，装有进排气和进排水管道；当从网箱的工作平台处通过通气管向下部环状结构中注入压缩空气时，整个网箱的浮力逐渐增加；当该力超过自身钢结构框架、平衡块和配重链的自重时，网箱慢慢浮出水面；反之，当海水逐渐进入下部环状结构时，网箱就慢慢向下沉入水中。俄罗斯钢结构网箱在水深 40 m 左右的海中进行升降操作时，完成单程的升降操作一般需要 30 min。

俄罗斯钢结构网箱主要优点：

（1）俄罗斯钢结构网箱能抵御 12 级以上台风的袭击，抗风浪性能突出；

（2）俄罗斯钢结构网箱为重力拉紧式结构，可设置在没有屏障的开放性海域，水深可达 40~60 m；

（3）俄罗斯钢结构网箱在海上固定后，不会出现移锚等现象，安全性好。

俄罗斯钢结构网箱存在问题：

（1）俄罗斯钢结构网箱为上下结构，安装过程相对烦琐；

（2）俄罗斯钢结构网箱资金投入较大。

4. 挪威张力腿网箱

顶部靠浮力撑开网箱体，底部采用绳索固定，随海流漂摆的重力式网箱称为张力腿网箱（tension leg cage）。张力腿网箱简称为TLC型网箱，又可称张力框架网箱，由挪威REFA公司开发研制，结构上主要分为坛子形箱体、张力腿和锚碇三个部分。张力腿网箱的坛子形箱体是网箱的主体，其顶部有盖网，盖网与颈部网衣由特种拉链连接。张力腿网箱肩颈部由HDPE浮性环管制成，它通过拉链与正六角柱形网身相连，以利于鱼种放养和成鱼收捕。张力腿网箱上纲的六个角上各系有一个塑料浮筒，以便在水中支挂网身和固定形状。张力腿网箱下纲的六个角通过悬挂在其下方的张力腿的吊举结构与锚碇相连接。张力腿网箱装有下锚浮筒，其主要作用是支挂张力腿和固定网身下纲的形状。张力腿则是六条可伸长的绳索，将坛子形网箱与锚碇连接在一起。为了固定下锚浮筒和张力腿的位置，在张力腿网箱下锚浮筒的下方还加装了一个能圈住张力腿的具有伸缩性的加强环。图1-30为张力腿网箱的结构示意图，表1-2列出了张力腿网箱的规格和不同养殖密度的鱼产量情况。

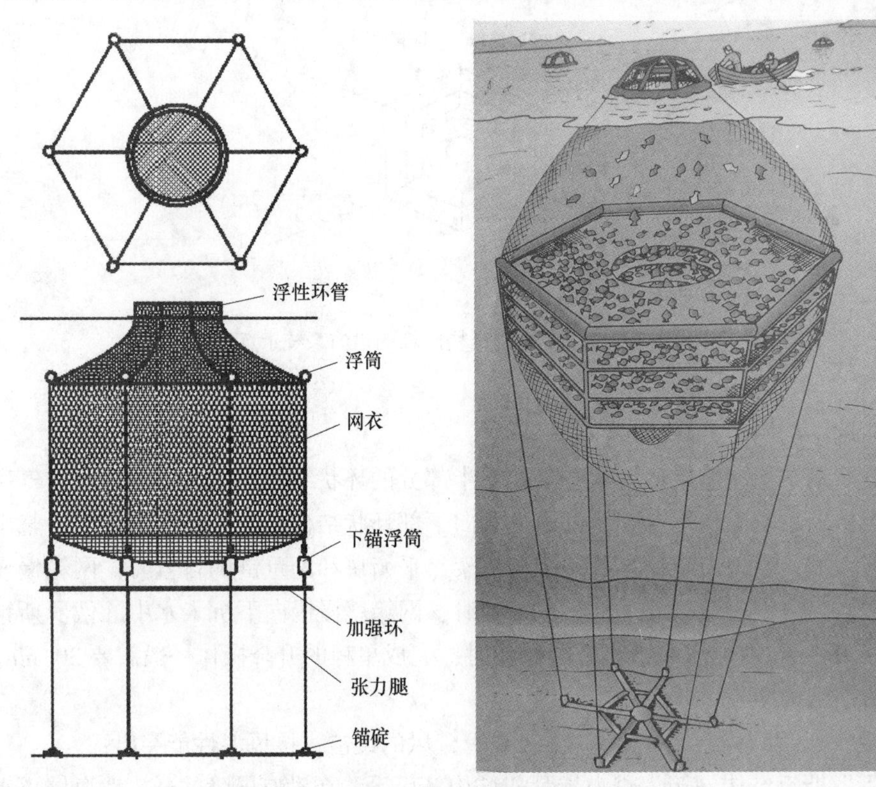


图1-30　张力腿网箱结构及其工作状况示意

表 1-2 张力腿网箱的规格和不同养殖密度的鱼产量

| 型号 | 箱体规格 | | | 养殖鱼产量（t） | |
|---|---|---|---|---|---|
| | 直径（m） | 高度（m） | 容积（$m^3$） | 养殖密度为 16 $kg/m^3$ | 养殖密度为 25 $kg/m^3$ |
| 1800 | 16 | 9 | 1 800 | 30 | 45 |
| 2200 | 16 | 11 | 2 200 | 35 | 55 |
| 2600 | 20 | 8 | 2 600 | 42 | 65 |
| 3000 | 20 | 9.5 | 3 000 | 50 | 75 |
| 3600 | 20 | 11.5 | 3 600 | 60 | 90 |
| 4200 | 20 | 13.5 | 4 200 | 67 | 105 |
| 5200 | 24 | 12 | 5 200 | 85 | 130 |
| 6200 | 24 | 14 | 6 200 | 100 | 155 |
| 7000 | 24 | 17 | 7 000 | 120 | 190 |
| 10000 | 28 | 18 | 10 000 | 160 | 250 |

张力腿网箱锚碇的大小取决于网箱的大小和风浪、海流等实际海况。一个张力腿网箱一般有六个锚碇，通过六根张力腿与箱体部分相连。锚碇在海底的分布正好与张力腿网箱箱体的六个角相对应，从而保持箱体的形状。

张力腿网箱升降原理：

张力腿网箱通过张力腿的牵引作用牢固地系在锚碇上，并可以在海水中随波逐流，风平浪静时可以漂浮于海面，当风浪作用逐渐增强时，张力腿网箱顶部的圆形框架将侧移并逐渐潜入水中，风浪越大，下潜深度越深，大风大浪时整个网箱被淹没在海水之中，避免风头浪尖的冲击。据挪威网箱养殖试验站科技人员介绍，张力腿网箱经受过 11.7 m 浪高的考验，其抗风浪性能要优于重力式网箱和碟形网箱，因此，张力腿网箱比较适合在频繁出现台风的海区使用。图 1-31 为张力腿网箱的升降原理示意图。

张力腿网箱主要优点：

（1）张力腿网箱与重力式网箱和碟形网箱相比，其结构简单、安装方便，由于在张力腿网箱的颈部设置一个 HDPE 材料的圆形浮力环管，因而降低了张力腿网箱的造价；

（2）在流速为 1 kn 的情况下，张力腿网箱容积损失率小于 10%，它最大可以抵抗 3 kn 流速的作用。

张力腿网箱存在问题：

（1）张力腿网箱养殖区域水深必须大于 25 m；

（2）张力腿网箱下潜方向不定且网箱长期处于水下，不利于观察鱼类养殖情况。

5. 锚张式网箱

由锚和锚绳固泊的数根刚性立柱张紧箱体的网箱称为锚张式网箱（anchor tension

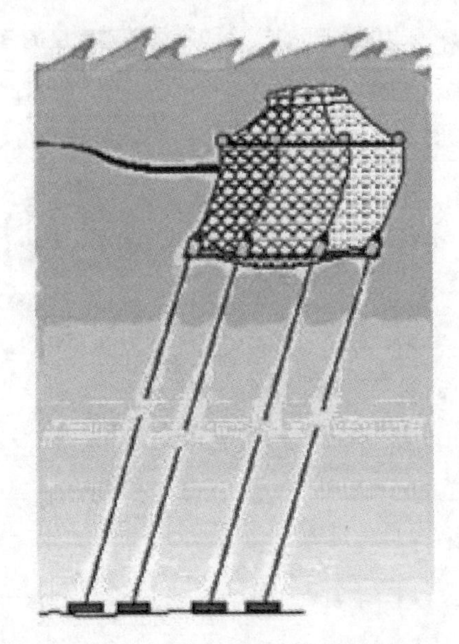

图 1-31　张力腿网箱的升降原理示意

cage)。锚张式网箱由美国 Ocean Spar 公司开发制造，主要通过四根 15 m 长的钢柱和八根 80 m 长的钢丝边围成。锚张式网箱钢柱依靠锚碇和箱体网衣保持直立固定，网衣为 Dyneema 纤维制成的无结网。图 1-32 为锚张式网箱及其锚泊系统的结构示意图。

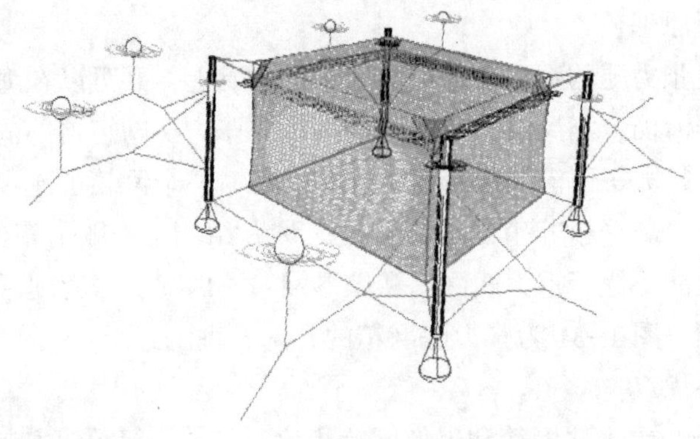

图 1-32　锚张式网箱及其锚泊系统示意

锚张式网箱升降原理：

当大风浪天气时，依靠圆柱浮力的变化，整个锚张式网箱可沉至水下无波浪处，升降过程仅需 30 s 就可完成。

锚张式网箱主要优点：

（1）锚张式网箱在 1.75 m/s 强流条件下仍能具有 90%以上的容积保持率；

（2）与其他网箱不同的是，在工作状态下，锚张式网箱箱体网衣始终处于绷紧状态，因此，不仅有利于网箱养殖的安全生产，也使得箱体网衣清洗工作大大便捷。

锚张式网箱存在问题：

（1）锚张式网箱应用较少，缺少可供网箱养殖业者借鉴的经验；

（2）锚张式网箱结构简单但覆盖水域大，对箱体网衣材料的强度等要求相当高。

6. 全金属网箱

全金属网箱是由日本研制成功的，它能抵御频繁发生的台风侵袭，在日本已规模化使用。全金属网箱主要由金属网箱框架、金属网衣、升降系统和锚泊系统等部分构成。全金属网箱框架可选用直径为 65 mm、厚度为 5 mm 的特种镀锌管材焊接成三角钢架结构，具有很强的力学抗击能力。全金属网箱框架经超陶喷涂技术或其他特种技术进行防腐处理，确保金属框架在高腐蚀的海水环境中十几年不易生锈。金属网衣采用锌铝合金网衣和铜锌合金网衣等。全金属网箱的规格一般有 5 m×5 m、5 m×10 m、10 m×10 m 和 15 m ×15 m 等几种，全金属网箱深度一般为 3~15 m，规格为 10 m×10 m×8 m 的金属网箱仅金属网衣部分就重达 2.5 t 左右，所以全金属网箱在水流较急的海域尤其适用，全金属网箱成型好，在流速高达 1.2 m/s 的水域基本不变形，而现有小规格传统合成纤维网衣网箱和大型 HDPE 框架海水抗风浪网箱容积损失率较高。

全金属网箱养殖品种在成活率、生长速度、鱼体体色以及鱼体体形等方面明显优于传统小型合成纤维网衣网箱，相关试验显示，同期、同批放养在木制小网箱的赤鳍笛鲷平均个体要较同期全金属大网箱养殖个体轻 100 g 左右，而且全金属网箱养成的赤鳍笛鲷体色鲜红艳丽。升降式浮筒设置在全金属网箱每边框架的中部，下沉时放气进水，上浮时使用压缩空气排水。全金属网箱的升降式浮筒的浮力必须做到对称平衡。为保证全金属网箱在漂浮状态时的稳定性，浮力应为升降式全金属网箱水中重量的两倍以上。升降式全金属网箱框架下还设有耐压式浮筒，以保证升降式全金属网箱在浪、流中的稳定性，其浮力为升降式全金属网箱水中重量的 80%~90%。升降式全金属网箱调节升降用浮筒示例如图 1-33 所示。

图 1-33　全金属网箱调节升降用浮筒示例

全金属网箱具有很好的有效养殖空间利用率，养殖单位产量比普通网箱养殖模式提高

20%以上；全金属网箱的另一个特点就是具有很强的抗风浪能力，可抗击12级以上台风和5 m以上风浪，选择布置全金属网箱海域可远离水质较差的近岸海域；全金属网箱的金属网衣具有较强的抗附着能力，网衣可利用机械或潜水员操作高压水枪清洗方式进行清洗；浸泡药物防鱼病及起鱼等都非常容易。全金属网箱可以在网箱养殖区采用分散型的纵向组合排列，网箱水流交换通畅，可杜绝传统近岸小网箱因养殖过密造成的水体交换差、水质污染严重等弊端，整个网箱养殖区布置合理，符合国家对海域整体规划的要求。图 1-34 为国产钢结构框架升降式金属网箱实景图。

图 1-34　国产钢结构框架升降式金属网箱实景

全金属网箱升降原理：

金属网箱沉浮式浮筒设置在每边框架的中部，下沉时放气进水，上浮时压缩空气排水。全金属网箱升降式浮筒的浮力需做到对称平衡。为保证框架式金属网箱在漂浮状态时的稳定性，浮力为网箱水中质量的两倍以上。全金属网箱框架下还设有耐压式浮筒，以保证网箱在浪、流中的稳定性，其浮力为网箱水中重量的80%~90%。

全金属网箱主要优点：

(1) 金属圆管框架具有很高的强度，由于框架材料采用镀锌处理，使用1年后框架仍然完好，无腐蚀现象；

(2) 全金属网箱藻类附着程度比合成纤维网片要低得多；

(3) 全金属网箱锚泊系统可按生产规模自行设计。

全金属网箱存在问题：

(1) 在潮涨潮落的过程中，由于潮差大、水流急，网箱在海面上倾斜严重，较多的养殖空间露出水面；

(2) 箱体网衣在水流作用下，相互之间会产生摩擦，当镀锌层磨损后，在海水中很快腐蚀，导致箱体网衣破裂，会引起网破鱼逃的事故。

总的来说，由于海水抗风浪网箱在我国发展的时间还比较短，因此，我国网箱养殖渔民对海水抗风浪网箱的使用情况还不是很了解。为此，在选购海水抗风浪网箱时，应先考虑网箱的性能、网箱养殖的鱼类和设置的海区，以便在生产中能使养殖鱼获得较好的生长条件和较高的存活率。现阶段，我国重力式网箱产品较多（如挪威、澳大利亚以及我国台湾省的产品），而且，我国浙江、广东、福建和山东等省也已经批量制造该类型网箱。表 1-3 列出了不同类型网箱及其使用情况，养殖户可根据实际情况进行选择。

**表 1-3 不同类型网箱及其使用情况**

| 类别 | 浮绳式网箱 | 圆形重力式网箱 | 框架式金属网箱 | 碟形网箱 |
|---|---|---|---|---|
| 抗风能力 | 可经受台风袭击 | 可经受台风袭击 | 可经受台风袭击 | ≤35 m/s |
| 抗流能力（m/s） | — | ≤1 | ≤1.7 | ≤1.5 |
| 抗浪能力（m） | — | ≤5 | ≤5 | ≤7 |
| 沉降深度（m） | 无 | 无 | 6 | 8~10 |
| 主尺寸 | 5 m×5 m×6 m | 直径 15 m，高 5~8 m | 8 m×8 m×7 m | 浮环直径 6~21 m，高 5~11 m |
| 养殖容积（$m^3$） | 150 | 1 400 | 450 | 3 000 |
| 养殖容量（尾/$m^3$） | 4 | 10 | 20~25 | 25 |
| 网箱材料 | PP、PE | HDPE | 镀锌钢管、金属网 | 合金钢框架 |
| 单位水体的网箱成本投入（元/$m^3$） | 120 | 135 | 270 | 750（进口）<br>330（国产） |
| 主要问题 | 难以抵御强流冲击 | 框架强度不高 | 网片编织方式不能适应交变水流 | 进口网箱的浮环强度不够 |
| 特点 | 在水流低、风浪小的场合较合适 | 在流速不大于 0.5 m/s 的场合使用较佳 | 锚泊系统稳定 | 可抵御较大水流（1.5 m/s），使用效果好 |

## 三、其他类型的网箱

除了上述网箱外，国内外典型海水抗风浪网箱还包括美国产 OFT 球形网箱、挪威产可移动式海水抗风浪网箱、瑞典 FARMOCEAN 网箱、美国海洋站深海网箱、日本船形组合网箱、日本浮绳式（柔性）网箱、以色列产浮台海水抗风浪网箱、浮柱形升降式网箱、伸缩式笼形海水抗风浪网箱、三角形工字架海水抗风浪网箱，等等。

## 四、海上工业化养鱼设施

海上工业化养殖鱼类，就是依靠海上浮动的载体，运用机电、化学、自动控制学等学科原理，对养鱼生产中的水质、水温、水流、投饵、排污等实行半自动或全自动化管理，始终维持鱼类的最佳生理、生态环境，从而达到健康、有效生长和最大限度提高单位水体鱼产量和质量的一种高效养殖方式。海上工业化养殖鱼类有较多模式，现在国际上用得较多的是养鱼平台和养鱼工船。养鱼平台主要起始于公海石油平台，石油气采完后，就改建为养鱼平台，以平台为基地，周围布置一群大型全自动化的海水养殖网箱，发展“石油后”产业。比较典型的是西班牙彼斯巴卡公司养鱼平台，年产鱼在400 t左右，还有日本北海道北联水产公司，专门养殖昂贵的食用鱼，每年向市场投放20万t优质鱼，销售额达几十亿美元。

西班牙IZAR造船集团公司研制而成的用于暂养蓝鳍金枪鱼的养殖设施（图1-35），其长189.4 m、宽56 m、水线深度27 m，主甲板深度47 m，最小吃水10 m、锚泊吃水37 m，推进功率3×6 750 kW，航速8 kn，定员30人。该养殖网箱设施有两种工作状态，一种为移动时的设施，另一种为锚泊时的设施。移动时船舱与网箱合为一体，其养殖容积为95 000 $m^3$，整个设施能用8 kn航速行驶。锚泊时网箱下降至船底平台龙骨下，其与船舱一起成为一个长120 m、宽45 m、深45 m的大型网箱养殖设施，养殖容积（网箱和船舱）为195 000 $m^3$。多用途的辅助网箱位于船体上部的支撑结构和水下船体之间，用网衣将水体围成三个部分，根据不同的任务分别用于捕捞、鱼的销售、金枪鱼的移入和鱼病治疗等。网箱网衣的清洗是通过设置于船底四周的管道，用高压水从里向外冲洗上、下移动时的网衣。此外，该离岸养殖设施还设有投饵系统、死鱼清除装置、氧气发生装置和金枪鱼行为生态监控系统等。另外，该设施还设有5 000 $m^3$容积的冷藏库，足以保证从欧洲航行至日本途中的饲料需求。该设施一般位于渔船的作业海区，通过一艘辅助船将装有金枪鱼的网箱移至该设施的尾部，然后，采用不同的方法向船首方向移动，直至移动到三个分隔水体中的一个为止。金枪鱼的捕捞是通过一个取鱼网把养殖网箱移到辅助网箱，然后，提升该养殖设施，使水池中的水量下降，迫使鱼集中至一个特定的区域，以利于捕捞操作。

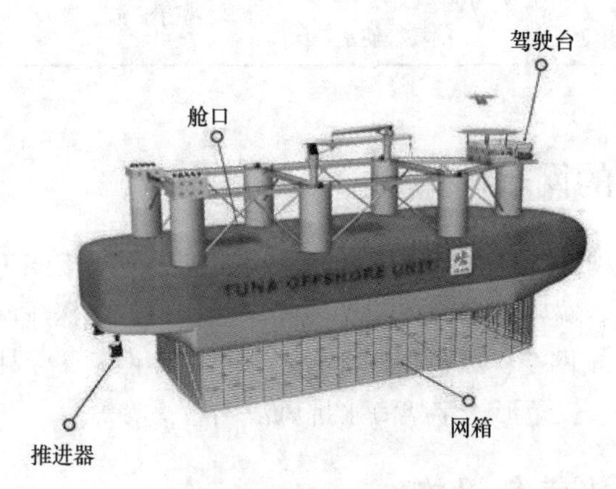


图1-35　金枪鱼养殖设施

利用船期已满的大吨位退役油船或散装货船、废弃货船等船舶，经过改造成为适合养鱼的工作船（图1-36），这种养鱼工作船能克服原来养殖模式的诸多弊端和不足，在养殖鱼类过程中，充分利用优越的自然条件和科学养殖方法有机结合。在渔业装备与工程的合作研发项目（TEK20151116）的支持下，东海水产研究所石建高研究员课题组联合台州广源渔业有限公司等单位设计出一种养殖工船，其养殖舱室分布如图1-37所示。法国和挪威合养的一艘270 m长、总排水量10万$m^3$的养殖工船，年产3 000 t三文鱼；挪威养殖技术公司的7 000吨级养殖工船，还配有先进的孵化设备及循环水系统，分为若干个作业区、加工区，还有包装和冷冻设备；日本长崎县“蓝海”号养鱼工船，4.7万吨级，在20~30 m水深处，专门养殖比较高档名贵的鱼类。养殖工船也设有控制室、投饵系统、仓库及员工休息室等。大部分外海养殖均使用养殖工船，这样必要时可以离开网箱养殖区进行补给或避风。

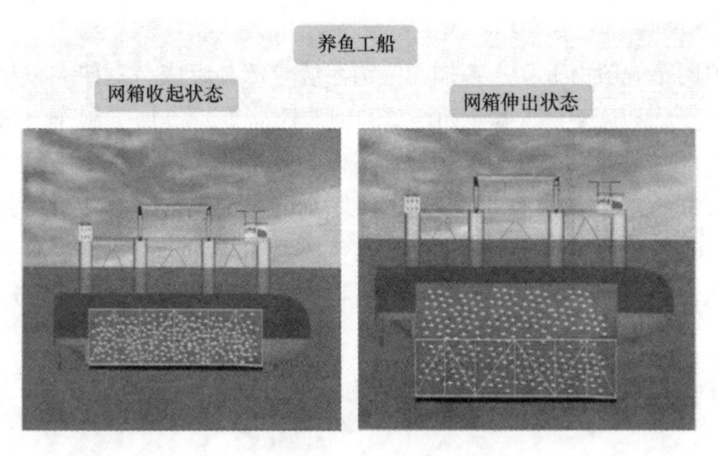


图1-36　养鱼工船示意

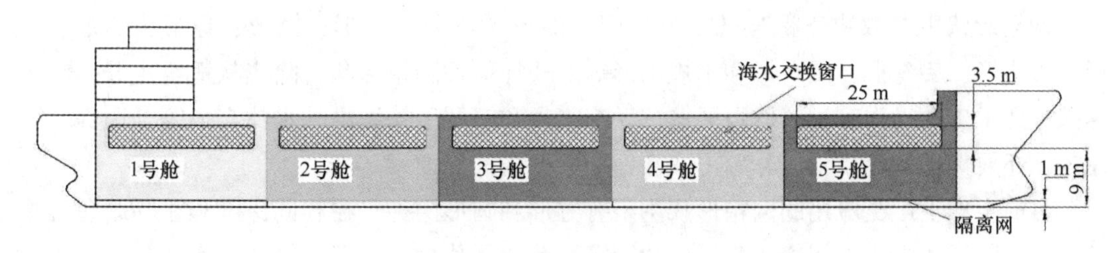


图1-37　养殖工船养殖舱室分布

# 第二章　海水抗风浪网箱的结构和装配

海水抗风浪网箱一般由框架、箱体和锚泊系统等部分组成。框架大多是用高密度聚乙烯（HDPE）管、无缝钢管、浮体（如浮球和泡沫浮筒等）等加工制作。箱体也有人称之为网袋、网体、网衣、网囊和囊网等。网箱箱体除侧网和底网外，为满足网箱养殖中的防鸟或升降需要，有的箱体上部还需安装盖网或防鸟网；为满足网箱养殖中的底网形状或网箱容积保持率，有的箱体底网外侧还需安装张网架（亦称底框等）。锚泊系统起固定网箱作用。海水抗风浪网箱的结构和装配的好坏直接影响到网箱使用寿命和养殖效果。

## 第一节　海水抗风浪网箱的基本形状与结构

### 一、网箱的基本形状

网箱形状主要取决于框架的造型。网箱的形状可分为方形、圆形、球形、船形、锥形、多边形、飞碟形、圆台形和不规则形等。选择何种网箱形状，除应从适合主养殖品种养殖、便于工人操作管理、增强网箱抗风浪能力和有利于箱体内外水体交换等方面综合考虑外，还要考虑网箱成本、养殖习惯和辅助装备条件等因素。

目前生产上广泛应用的网箱形状主要有方形和圆形两种。在相同深度和相同载鱼容积情况下，圆形或多边形网箱比其他形状网箱可节省网片材料，但网箱的制作和操作均为不便。考虑到有利于网箱内水体交换，较小的网箱（网口面积 16 $m^2$ 以下）以正方形为宜，较大的网箱则以长方形为宜。因为同样大小的网箱，面朝水流方向的宽度越大，其水体交换率也越大，所以同样面积的网箱，长方形网箱具有最佳水体交换率，其次是正方形、圆形、多边形。在同一水体环境中，网箱的大小对养殖鱼类的生长和经济效益有一定影响。在选择网箱大小时需要考虑以下几点：

（1）按网箱的单位养殖水体计算，网目大小和网线直径相同条件下，大网箱使用材料少，单位面积造价低。

（2）同样流速条件下，网箱越小，箱内水体交换次数越多，溶氧状况越好，有利于鱼的摄食和对饵料的利用。网箱内容积越小，鱼的活动范围和强度也越小，鱼的能量消耗也少，生长快，产量高；网箱面积越大，单位面积产量越低。

（3）网箱养殖水体越大，造成破网逃鱼的机会也越多。

(4) 小网箱易于清洗与操作。

(5) (超) 大型网箱养殖鱼类具有优异的仿野生生态鱼类品质，因此市场售价更高，更受市场欢迎等。

在技术条件有限的前提下，网箱的养殖水体不宜太大；但在技术条件许可的前提下，海水抗风浪网箱向离岸、深水、大型化、现代化、机械化和数字化等方向发展。2016 年，石建高研究员联合南风管业、惠州网业等单位开始从事大型浮绳式网箱与（超）大型三角形工字架海水抗风浪网箱设计开发等。目前国内浅海网箱分为 3 m×3 m、4 m×4 m、4 m×8 m、5 m×5 m、7 m×4 m、8 m×8 m、10 m×10 m、16 m×12 m 和 16 m×16 m 等。浅海网箱的高度多为 3~10 m，有效水深 2.5~8 m。

海水抗风浪网箱使用较多的是方形和圆形。其基本结构示例如图 2-1 和图 2-2 所示。此外，还有六角形、八角形等。

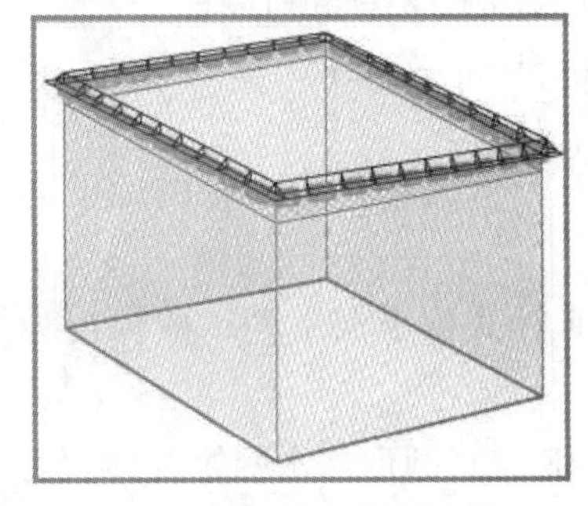

(a) 方形桁架型海水抗风浪网箱

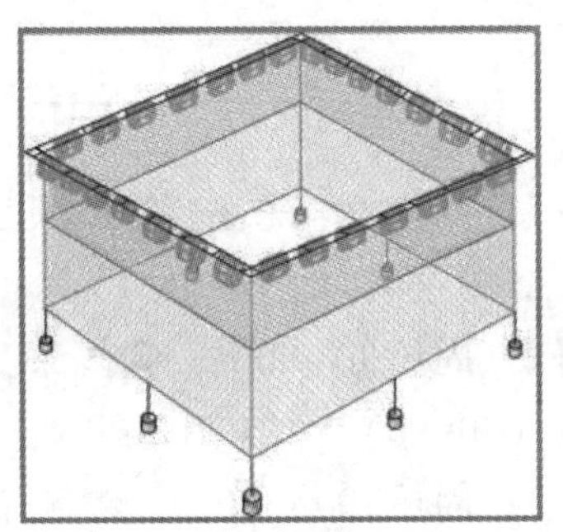

(b) 方形平面型组合式海水抗风浪网箱

图 2-1　方形海水抗风浪网箱结构示意

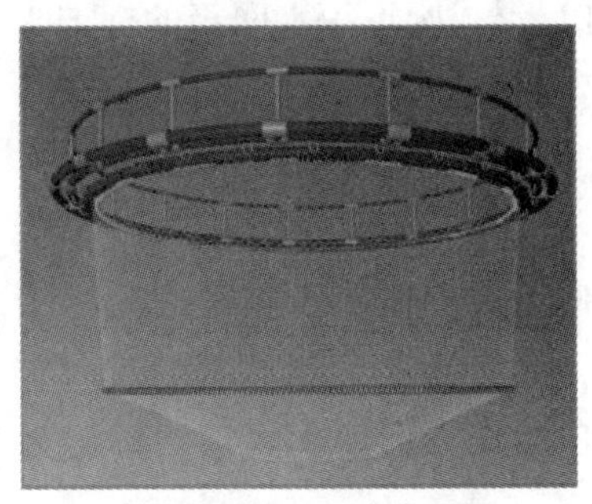

(a) HDPE 框架海水抗风浪网箱

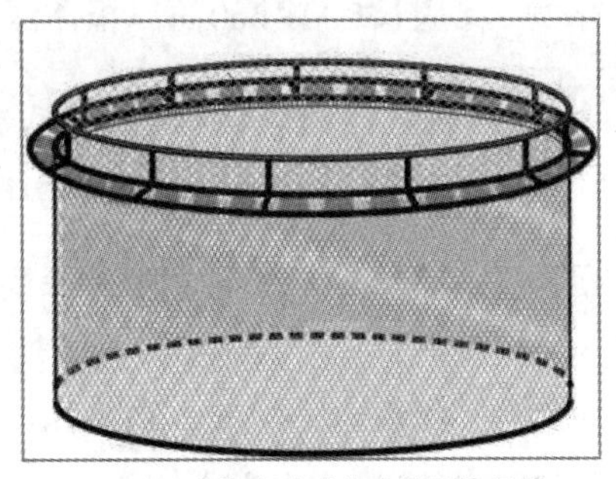

(b)HDPE 框架组合式海水抗风浪网箱

图 2-2　圆形 HDPE 框架海水抗风浪网箱结构示意

海水抗风浪网箱标记目前尚无正式发布的国家标准或行业标准，随着海水抗风浪网箱养殖技术的发展，国内外同行间的技术合作交流日益增多，海水抗风浪网箱标记越来越清晰。为便于国内外网箱技术交流、生产加工、产业合作、行政管理、贸易统计和分析评估等各类需要，下面给出 HDPE 框架圆形浮式海水抗风浪网箱（圆形 HDPE 浮式网箱）、金属框架浮式网箱和浮绳式网箱标记方法示例（其他种类的海水抗风浪网箱），供产学研单位参考使用。

1. HDPE 浮式网箱标记方法（一）

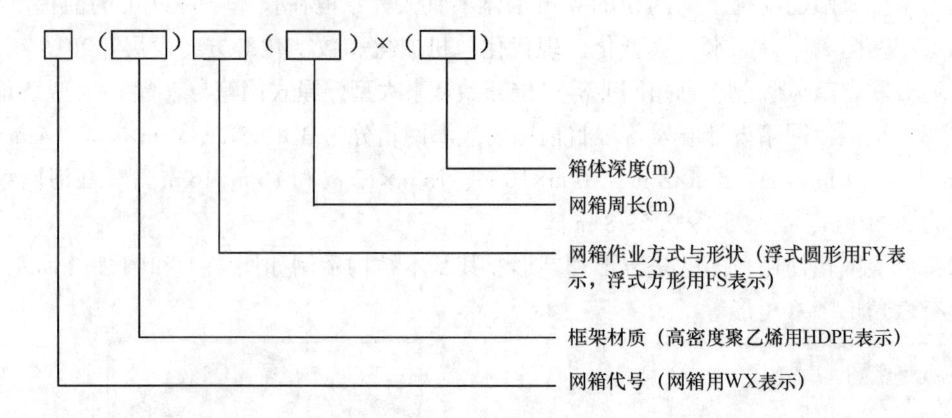


**示例 1**：周长 40~60 m、箱体深度 5~10 m 的 HDPE 浮式圆形深水网箱的标记为 WX（PE）FY（40-60）×（5-10）；

**示例 2**：周长 70~90 m、箱体深度 5~10 m 的 HDPE 浮式圆形深水网箱的标记为 WX（PE）FY（70-90）×（5-10）；

**示例 3**：周长 100~120 m、箱体深度 5~10 m 的 HDPE 浮式圆形深水网箱的标记为 WX（PE）FY（100-120）×（5-10）；

**示例 4**：周长 130~150 m、箱体深度 5~10 m 的 HDPE 浮式圆形深水网箱的标记为 WX（PE）FY（130-150）×（5-10）；

**示例 5**：周长 300~600 m、箱体深度 5~10 m 的 HDPE 浮式圆形深水网箱的标记为 WX（PE）FY（300-600）×（5-10）；

**示例 6**：周长 8~20 m、箱体深度 3~6 m 的 HDPE 浮式方形深水网箱的标记为 WX（PE）FS（8-20）×（3-6）；

**示例 7**：周长 24~32 m、箱体深度 4~10 m 的 HDPE 浮式方形深水网箱的标记为 WX（PE）FS（24-32）×（4-10）；

**示例 8**：周长 36~48 m、箱体深度 4~10 m 的 HDPE 浮式方形深水网箱的标记为 WX（PE）FS（36-48）×（4-10）；

**示例 9**：周长 52~60 m、箱体深度 5~10 m 的 HDPE 浮式方形深水网箱的标记为 WX（PE）FS（52-60）×（5-10）；

**示例 10**：周长 100~600 m、箱体深度 5~18 m 的 HDPE 浮式方形深水网箱的标记为 WX（PE）FS（100-600）×（5-18）。

2. HDPE 浮式网箱标记方法（二）

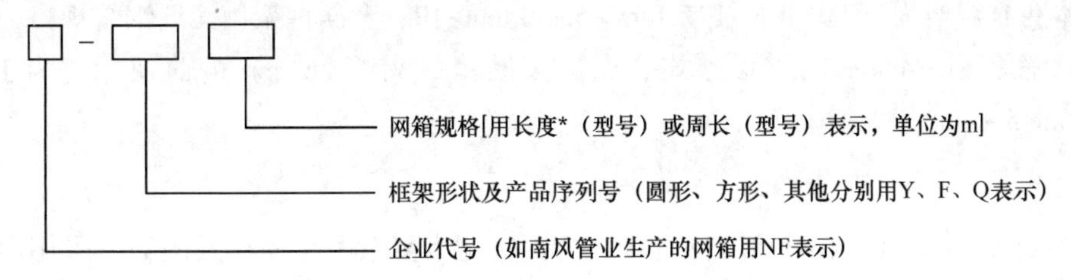


**示例 11**：长度 3 m、宽度 3 m，产品序列号为 38 的南风管业生产的 a 型号 HDPE 浮式方形网箱的标记为 NF-F38 3 m×3 m（a）。

**示例 12**：周长 40 m，产品序列号为 18 的南风管业生产的 a 型号 HDPE 浮式圆形网箱的标记为 NF-Y18 40 m（a）。

3. HDPE 浮式网箱标记方法（三）

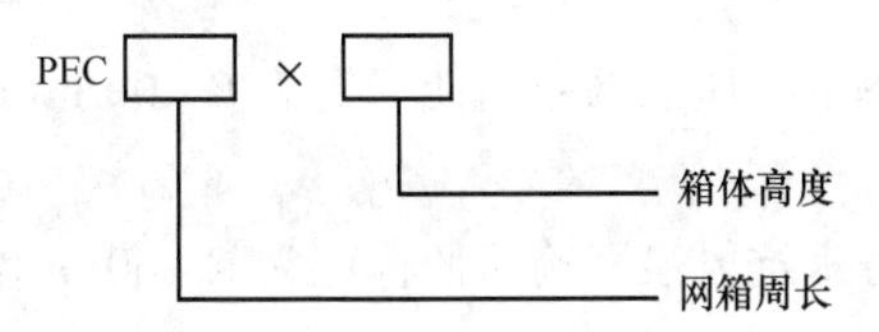


**示例 13**：周长为 60 m、高为 8 m 的圆形 HDPE 浮式网箱简便标记为 PEC 60 m×6 m 或 PEC 60。

4. 金属框架浮式网箱标记方法

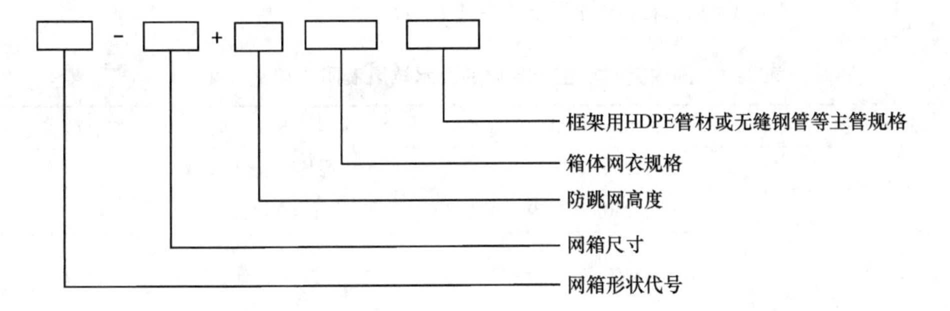


在网箱标志、网箱制图和网箱合同等场合全面标记太复杂时，可采用简便标记。网箱简便标记，应按次序包括网箱形状代号或网箱形状代号、网箱尺寸两项。

**示例 14**：金属框架周长 40.0 m、箱体高度 8.0 m、防跳网高度 1.0 m、箱体网衣规格为 PE-36tex×30×3-60 mm SJ、金属框架用无缝钢管规格为外径 D 76 mm/壁厚 S 6.0 mm 的方形浮式金属框架网箱的标记为 JF-40.0 m×8.0 m+1.0 m　PE-36tex×30×3-60 mm SJ D 76 mm/ S 6.0 mm。

**示例 15**：金属框架长度 6.5 m、金属框架宽度 6.5 m、箱体高度 5.0 m、防跳网高度 0.5 m、箱体网衣规格为 UHMWPE-177.8tex×5-50 mm-JB、金属框架用无缝钢管规格为外径 D 48 mm/壁厚 S4.34 mm 的方形浮式金属框架网箱（周长 26 m）的简便标记为 JF-6.5 m×6.5 m×5.0 m 或 JF-26。

5. 浮绳式网箱标记方法

在网箱标志、网箱制图和网箱合同等场合全面标记太复杂时，浮绳式网箱可采用简便标记。浮绳式网箱简便标记，应按次序包括“网箱周长”或“网箱周长×箱体高度”两项。

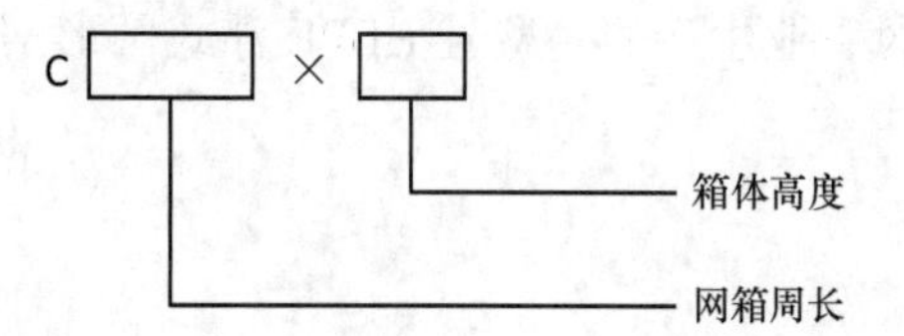


**示例 16**：周长为 200 m、高为 6 m 的浮绳式海水抗风浪网箱简便标记为 C 200 m×6 m 或 C 200。

**示例 17**：周长为 260 m、高为 8 m 的浮绳式海水抗风浪网箱简便标记为 C 260 m×8 m 或 C 260。

海水抗风浪网箱种类和形状的选择取决于海况、养殖鱼种、放养尾数、设置水域环境、辅助装备条件和养殖企业经济状况等综合因素，国内某网箱生产企业加工的方形海水抗风浪网箱和圆形海水抗风浪网箱的规格如表 2-1 所示。

**表 2-1　国内某网箱生产企业的海水抗风浪网箱规格**

| 网箱类型 | | 管材规格（mm） | 箱体规格（m） | 组合形式 |
|---|---|---|---|---|
| 方形网箱 | | 200×（11.9~18.4） | 周长 24~50 | 2×2、2×3 |
| | | 250×（11.9~23.2） | 周长 60~160 | |
| 圆形浮式网箱 | 双浮管 | 250×（11.9~23.2） | 周长 30~160 | 2×2、2×3 |
| | 三浮管 | | | |
| 升降式 HDPE 框架网箱 | | 250×（11.9~23.2） | | 2×2、2×3 |

## 二、网箱的基本结构

海水抗风浪网箱由框架、网衣、沉子、固定锚、缆绳、连接件、浮筒、夜间警示灯、系箱绳等部分组成（图 2-3）。

海水抗风浪网箱框架材料主要有 HDPE 管和金属管两种。目前，国内金属框架网箱

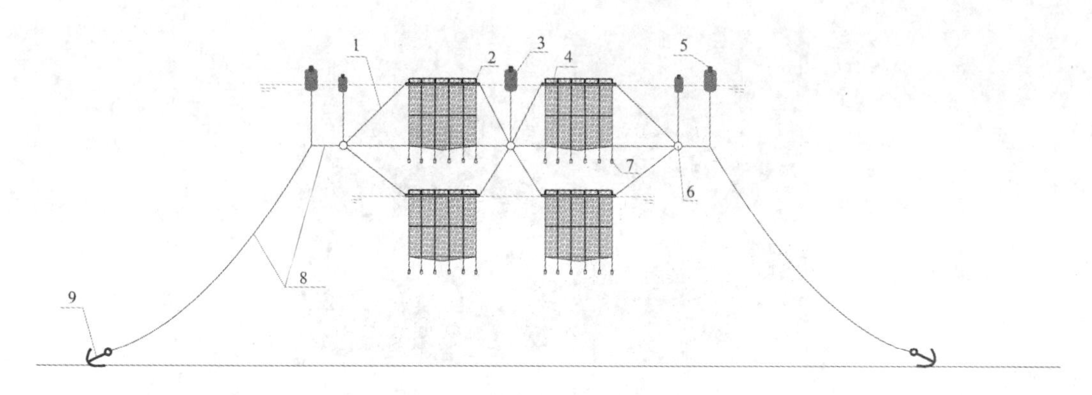


图 2-3 海水抗风浪网箱结构

1. 系箱绳；2. 框架；3. 浮筒；4. 网衣；5. 夜间警示灯；6. 连接；7. 沉子；8. 锚绳；9. 固定锚

基本结构主要分为两种类型，一种是由上梁管、外梁管和内梁管组合成的桁架型（图 2-4），另一种是由外梁管和内梁管组合成的平面型（图 2-5）；目前桁架型较平面型使用广泛。桁架型的上端部，也就是侧网上端部固定在框架（或浮架）的上框（挂网框）。吊绳以直径为 16~30 mm 的合成纤维绳索为宜，在条件许可的前提下优先选用高强度、耐磨和耐老化的超高分子量聚乙烯绳索或尼龙绳索等。方形桁架型深海抗风浪金属框架网箱的吊绳装在网箱的各个弯角部位以及网箱各边的中央部位，而圆形海水抗风浪网箱将所需要的数根吊绳以等间隔配置。海水抗风浪网箱上的这些吊绳大大增加了侧网强度，在新设置海水抗风浪网箱时，可用吊绳将卷缩的侧网暂时固定在网箱浮框上，到达锚泊地后再慢慢松开吊绳，使侧网网衣垂直向下张开。图 2-6 为海水抗风浪网箱断面构造图。

图 2-4 桁架型海水抗风浪网箱实景

图 2-5　平面型海水抗风浪网箱实景

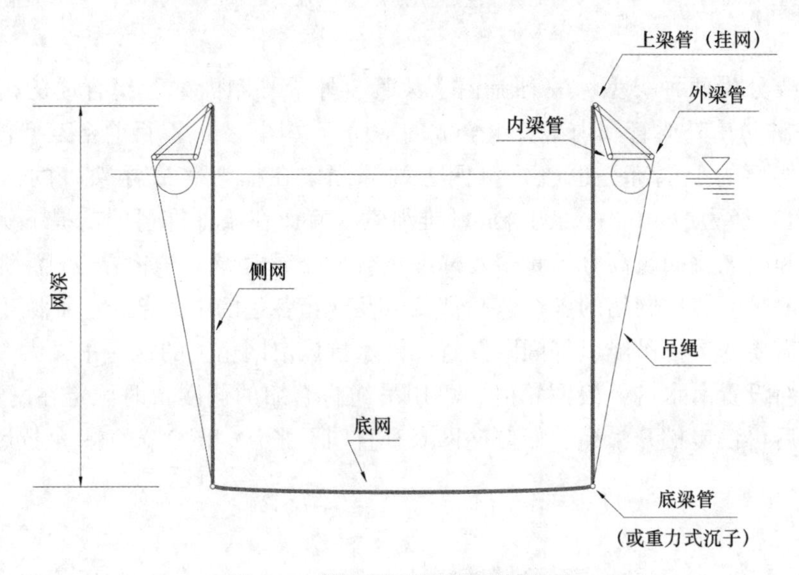


图 2-6　海水抗风浪网箱断面构造

## 第二节　海水抗风浪网箱框架的材料与结构

### 一、网箱框架的材料

海水抗风浪网箱是用于养鱼的载体，其制作材料的选用对养殖网箱的安全可靠性和抗灾能力至关重要。用于建造小型传统网箱的主要框架材料有木板、毛竹、圆木、浮绳和钢管等，建造大型海水抗风浪网箱的框架材料有 HDPE 管、金属管、浮绳、橡胶管和玻璃钢管（简称 FRP 管）等，在碟形网箱上也有用特制的高强度钢管。下面分别介绍海水抗风浪网箱框架用的 HDPE 管和金属钢管。

1. HDPE 管

海水抗风浪网箱用 HDPE 框架由管壁较厚的高密度聚乙烯挤压管（简称 HDPE 管或 HDPE 浮管）制成（图 2-7 和图 2-8）。对海水抗风浪网箱而言，使用 HDPE 框架有诸多优点：HDPE 管材密度仅为 0.96 g/cm$^3$，它能浮于水面；HDPE 管韧性好，它在-60~60℃温度范围内不会因小的外力撞击而产生形变；HDPE 管抗拉、抗弯能力强，并且在不加热的情况下可进行曲率半径大于管径 20 倍的弯度安装；与 PVC 管材对比，在相同高压状况下，PVC 管材的破损是缝隙，而 HDPE 管的破损仅为一个点。通过材料改性，海水抗风浪网箱用 HDPE 框架的使用寿命长达 15 年以上，具有很强的抗风浪流能力。

HDPE 框架主体管件的管径有 200 mm、250 mm、315 mm 等。HDPE 框架用 HDPE 管规格以管径（mm）×壁厚（mm）表示。网箱工程用 HDPE 管规格有 110 mm×10 mm、125 mm×9.2 mm、200 mm×14.7 mm、250 mm×18.4 mm、315 mm×23.2 mm 等。HDPE 框架主体管件每隔一定距离宜焊接一个 HDPE 塞头（俗称 HDPE 阻头或 HDPE 隔舱等），以增强 HDPE 网箱的安全性。对框架为 HDPE 的升降式海水抗风浪网箱而言，螺纹阀设于每根 HDPE 管的两端，以让空气与水注入和排出 HDPE 管，以此来调节升降式海水抗风浪网箱的漂浮力。在对角的 HDPE 管内预设一根软管，其一端与一个螺纹阀相连，以利于从对角的 HDPE 管的管件近水面一端调节水与空气的注入和排出。

图 2-7 网箱框架用 HDPE 管

图 2-8 网箱框架用 HDPE 管及配件生产设备

表 2-2 对各种海水抗风浪网箱的框架性能做了一个基本对比，其中浮管式框架的材料大多由 HDPE、橡胶或玻璃钢（FRP）等材料制成，以 HDPE（浮）管制成的重力式网箱应用范围最广，代表产品为挪威 REFA 公司的重力式网箱；升降式框架一般指日本生产的框架式海水抗风浪网箱，其框架为外覆塑料的钢管。而挪威的张力腿网箱、美国的碟形网

箱和锚张式网箱以及瑞典牧海型网箱均使用甚少，因此，未将其统计在表 2-2 中。

表 2-2　各种网箱框架性能的对比

| 框架类型 | 浮式网箱框架 | | | | | 升降式网箱框架 |
|---|---|---|---|---|---|---|
| | 无浮力框架（用浮筒支撑） | | | 浮绳式框架 | 浮管式框架 | |
| | 竹、木材 | 钢材 | FRP | | | |
| 使用年限 | 2~10 年 | 5~15 年 | 10~20 年 | 10~20 年 | 10~20 年 | 3~5 年 |
| 使用海域 | 限内海 | 内海 | 内海 | 可用于外海 | 可用于外海 | 可用于外海 |
| 安装难度 | 一般 | 简易 | 简易 | 困难 | 简易 | 简易 |
| 经营规模 | 小规模 | 中小规模 | 中小规模 | 大规模 | 中大规模 | 中大规模 |

高密度聚乙烯（HDPE）管主要用于圆形和方形抗风浪网箱的加工制作，某企业生产的网箱框架主要规格参数如表 2-3 所示。表 2-4 为某企业方形网箱框架主要规格及配置，表 2-5 为某企业圆形网箱框架主要规格及配置。

表 2-3　网箱框架主要规格参数

| 网箱类型 | 抗风能力 | 抗浪能力 | 抗流能力 | 抗污有效期 | 组合形式 | 建议使用水域 |
|---|---|---|---|---|---|---|
| 方形网箱 | 8 级 | 7 m | <1 m/s | 6 个月 | 单个或联排皆可 | 近海湾、内陆江河湖泊 |
| 圆形网箱 | 12 级 | 7 m | <1 m/s | 6 个月 | 单个或联排皆可 | 深海、内陆水深 12~30 m 风浪较大的水库 |

表 2-4　方形网箱框架主要规格及配置

| 配置参数 | 规格 | | | | | | |
|---|---|---|---|---|---|---|---|
| | 4 m×4 m | 5 m×5 m | 6 m×6 m | 7 m×7 m | 8 m×8 m | 9 m×9 m | 10 m×10 m |
| 长度（m） | 4 | 5 | 6 | 7 | 8 | 9 | 10 |
| 网箱周长（m） | 16 | 20 | 24 | 28 | 32 | 36 | 40 |
| 面积（$m^2$） | 16 | 25 | 36 | 49 | 64 | 81 | 100 |
| 双浮管（mm） | 200<br>250<br>315 | 200<br>250<br>315 | 200<br>250<br>315 | 250<br>315<br>355 | 250<br>315<br>355 | 315<br>355<br>400 | 315<br>355<br>400 |
| 工字架 | C-200<br>C-250<br>C-315 | C-200<br>C-250<br>C-315 | C-200<br>C-250<br>C-315 | C-250<br>C-315<br>C-355 | C-250<br>C-315<br>C-355 | C-315<br>C-355<br>C-400 | C-315<br>C-355<br>C-400 |
| 扶手管（mm） | 90<br>110 | 90<br>110 | 90<br>110 | 110 | 110 | 110 | 110 |

续表

| 配置参数 | 规格 | | | | | | |
|---|---|---|---|---|---|---|---|
| | 4 m×4 m | 5 m×5 m | 6 m×6 m | 7 m×7 m | 8 m×8 m | 9 m×9 m | 10 m×10 m |
| 立柱（mm） | 110<br>125 | 110<br>125 | 110<br>125 | 125 | 125 | 125 | 125 |
| 三通（mm） | 110<br>127×125 | 110<br>127×125 | 110<br>127×125 | 127×125 | 127×125 | 127×125 | 127×125 |
| 三通（mm） | 200<br>250<br>315 | 200<br>250<br>315 | 200<br>250<br>315 | 250<br>315<br>355 | 250<br>315<br>355 | 315<br>355<br>400 | 315<br>355<br>400 |
| 挡板（mm） | 200<br>250<br>315 | 200<br>250<br>315 | 200<br>250<br>315 | 250<br>315<br>355 | 250<br>315<br>355 | 315<br>355<br>400 | 315<br>355<br>400 |

**表 2-5 圆形网箱框架主要规格及配置**

| 配置参数 | 规格 | | | | | | |
|---|---|---|---|---|---|---|---|
| | PEC50 | PEC60 | PEC80 | PEC100 | PEC120 | PEC150 | PEC200 |
| 直径（m） | 15. 92 | 19. 11 | 25. 48 | 31. 85 | 38. 22 | 47. 77 | 63. 69 |
| 网箱周长（m） | 50 | 60 | 80 | 100 | 120 | 150 | 200 |
| 面积（$m^2$） | 198. 96 | 286. 68 | 509. 65 | 796. 32 | 1 146. 70 | 1 791. 34 | 3 184. 29 |
| 双浮管（mm） | 200<br>250 | 200<br>250<br>315 | 250<br>315<br>355 | 315<br>355<br>400 | 315<br>355<br>400 | 355<br>400 | 355<br>400 |
| 工字架 | C-200<br>C-250 | C-200<br>C-250<br>C-315 | C-250<br>C-315<br>C-355 | C-315<br>C-355<br>C-400 | C-315<br>C-355<br>C-400 | C-355<br>C-400 | C-355<br>C-400 |
| 扶手管（mm） | 90<br>110 | 90<br>110 | 110/125 | 110/125 | 110/125 | 125 | 125 |
| 立柱（mm） | 110 | 110<br>125 | 125<br>75×3 | 125<br>75×3 | 125<br>75×3 | 75×3 | 75×3 |
| 三通（mm） | 110<br>127×125 | 110<br>127×125 | 127×125 | 127×125 | 127×125 | — | — |
| 隔舱（mm） | 200<br>250 | 200<br>250<br>315 | 250<br>315<br>355 | 315<br>355<br>400 | 315<br>355<br>400 | 355<br>400 | 355<br>400 |
| 挡板（mm） | 200<br>250<br>315 | 200<br>250<br>315 | 200<br>250<br>315 | 250<br>315<br>355 | 250<br>315<br>355 | 315<br>355<br>400 | 315<br>355<br>400 |

2. 金属钢管

参照行业标准《浮式金属框架网箱通用技术要求》(SC/T 5024—2011),金属框架用无缝钢管应符合表2-6的规定。网箱框架系统用浮筒或泡沫浮球等浮体的总浮力与网箱总重量的差值应不小于4 kN。

**表2-6 金属框架用无缝钢管要求**

| 名 称 | 项 目 | 要 求 |
|---|---|---|
| 金属框架用无缝钢管 | 外径和壁厚 | GB/T 17395 |
| | 外径和壁厚允许偏差 | GB/T 8162 |
| | 拉伸强度、断后伸长率 | 不低于GB/T 8162中牌号45的无缝钢管 |

金属框架常用无缝钢管规格及其物理性能见表2-7。

**表2-7 常用无缝钢管规格及其物理性能**

| 外径(mm) | 抗拉强度(MPa) | 单位长度理论重量(kg/m) 无缝钢管壁厚 | | | 断后伸长率(%) | 用途 |
|---|---|---|---|---|---|---|
| | | 6.0 mm | 3.5 mm | 4.0 mm | | |
| 76 | 590 | 10.36 | — | — | 14 | 框架主管或支撑管 |
| 57 | 590 | — | 4.62 | — | 14 | 框架主管或支撑管 |
| 48 | 590 | — | — | 4.34 | 14 | 框架主管或支撑管 |
| 38 | 590 | — | — | 3.35 | 14 | 框架支撑管 |

注:外径和壁厚为公称尺寸。

对周长小于40 m的桁架型海水抗风浪网箱而言,其金属框架一般采用D76 mm(外径)/S6.0 mm(壁厚)的无缝钢管焊接而成,外表面整体喷镀锌层;以增加抗腐蚀能力;无缝钢管经镀锌后,外表面喷三遍以上的氯化橡胶防锈漆,防止钢制管件生锈,特别在焊接口要进行喷漆加厚处理。诚然,根据海况、网箱规格、网衣种类及养殖企业经济状况等因素,无缝钢管外径与壁厚可进行相应调整,如针对大规格金属网衣,无缝钢管壁厚不应小于6.0 mm,而当使用合成纤维网衣且桁架型海水抗风浪网箱在港湾内设置时,无缝钢管壁厚可以小于5 mm[如规格为D57 mm(外径)/S3.5 mm(壁厚)的无缝钢管]。对平面型组合式海水抗风浪网箱而言,其钢管外径、壁厚等根据海况、网箱规格、网衣种类及养殖企业经济状况等因素选用,外表面一般需要作防腐蚀处理。

## 二、网箱框架的结构

1. HDPE管框架的结构

HDPE管圆形海水抗风浪网箱大多采用图2-9所示的结构,图2-10所示为HDPE网箱框架系统结构。

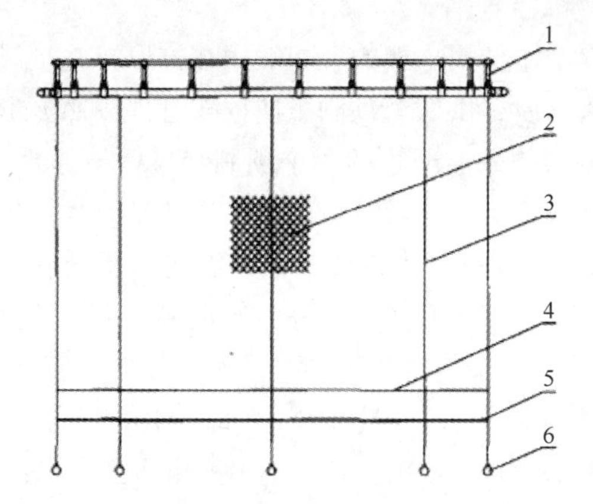


图 2-9 HDPE 双管圆形抗风浪网箱的整体结构

1. 护栏立柱管；2. 网衣；3. 力纲；4. 网底；

5. 网箱底圈；6. 吊重用沉块

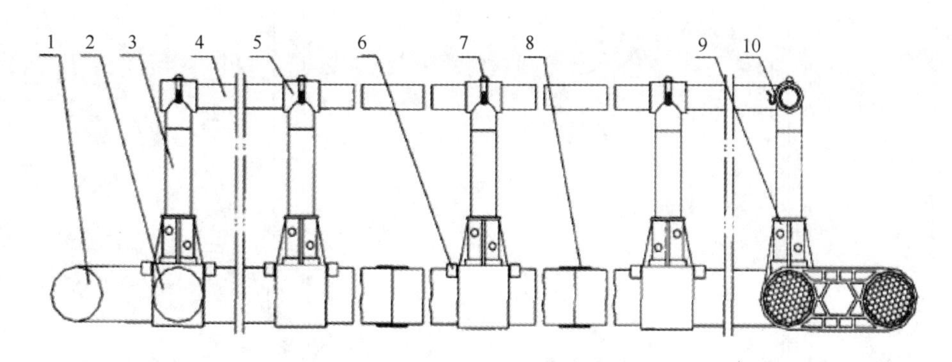


图 2-10 HDPE 网箱框架系统结构

1. 外圈主浮管；2. 内圈主浮管；3. 护栏立柱管；4. 护栏管；5. 护栏管三通；6. 定位块；

7. 销钉；8. 热箍套；9. 主浮管三通；10. 网衣挂钩

某企业生产的高密度聚乙烯（HDPE）主要技术指标：抗风能力 12 级；抗浪能力 7 m；抗流能力小于 1 m/s；防污有效期在正常情况 6 个月；网片规格根据用户要求提供；使用寿命大于 5 年。某企业网箱框架的组件如表 2-8 所示。

**表 2-8 某企业网箱框架的组件**

| 部件规格 | PEC40 | PEC50 | PEC60 | 部件规格 | PEC40 | PEC50 | PEC60 |
|---|---|---|---|---|---|---|---|
| 网箱直径（m） | 13 | 16 | 19 | 支撑架 | C-280 | C-280 | C-315 |
| 网箱周长（m） | 40 | 50 | 66 | 栏杆（mm） | 125 | 125 | 140 |
| 面积（$m^2$） | 135 | 210 | 285 | 顶框（m） | 110 | 110 | 125 |
| 双浮管（mm） | 250 | 250 | 280 | 网衣高度（m） | 5~8 | 6~10 | 8~12 |

2. 金属框架的结构

海水抗风浪网箱也有采用金属框架的，一般用在方形海水抗风浪网箱中的比较多。金属框架全部采用刚性结构材质，由四个预制金属框架管件按照方形拼装，并由金属连接件固定成型。方形桁架型海水抗风浪网箱的每个预制金属框架管件分别由上梁管、外梁管、内梁管、横排管、斜排管和竖排管等部分所组成，桁架型海水抗风浪网箱的金属框架断面为斜三角形。图 2-11 为海水抗风浪网箱金属框架结构示意图。东海水产研究所石建高课题组联合美济渔业等单位开发的可用于远海养殖的新型深海抗风浪金属框架网箱［图 2-12（a）］，目前已成功应用于美济礁石斑鱼养殖。金属框架装配完毕后需根据浮沉力配比要求配置合适的浮体（如泡沫浮球、塑料浮筒、HDPE 浮筒），构建金属框架网箱用框架系统。南风管业开发了一种 HDPE 浮筒，使用效果很好［图 2-12（b）］。

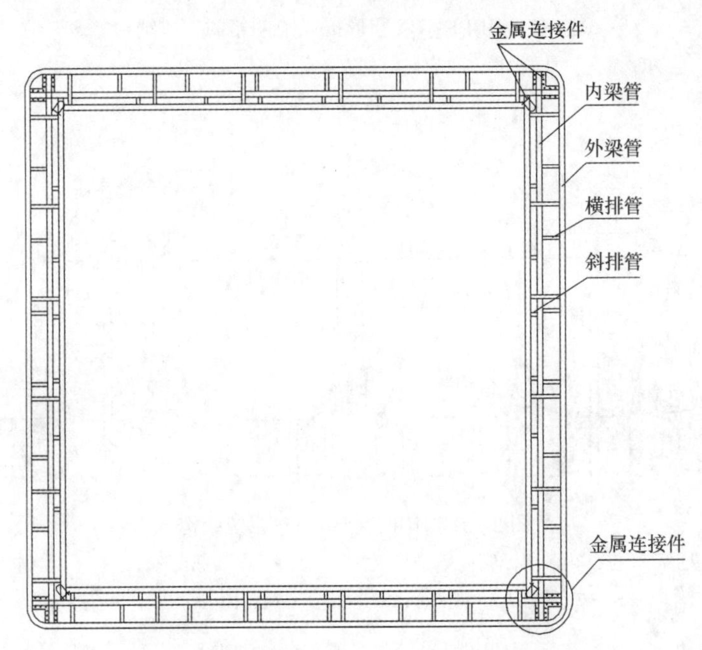


图 2-11　海水抗风浪网箱金属框架结构示意

(a) 新型深海抗风浪金属框架网箱

(b)HDPE 浮筒

图 2-12　新型深海抗风浪金属框架网箱与 HDPE 浮筒

# 第三节　海水抗风浪网箱的装配

不同类型的海水抗风浪网箱的装配差异较大，国内常用的 HDPE 框架浮式海水抗风浪网箱组装的基本程序一般为：组装网箱底框（根据海况、养殖鱼类和需要等因素选用）→装配网箱箱体→装配 HDPE 框架→在 HDPE 框架上固定浮筒（根据海况及浮沉力配比要求等因素选用，该程序大多数网箱不需要）→HDPE 框架下水并拖至锚地锚泊固定→将箱体侧网上端固定在 HDPE 框架上→箱体配重（根据海况、网衣种类等因素选用，该合成纤维网衣箱体都需要配重）。海水抗风浪金属框架金属网衣网箱组装的基本程序一般为：组装底框（根据海况、养殖鱼类和需要等因素选用）→安装底网→安装侧网→连接各侧网→在底框上固定底网周边部和侧网下端部（根据海况、养殖鱼类和需要等因素选用）→组装金属框架→在金属框架上固定浮筒（根据海况及浮沉力配比要求等因素选用，该程序大多数网箱不需要）→将侧网上端固定在金属框架上→金属框架网箱下水并拖至锚地锚泊固定。现将网箱的装配简述如下。

## 一、网箱框架的装配

1. HDPE 管的安装

根据设计图纸的要求切割 HDPE 管材的长度，通过三通与隔舱等部件（图 2-13）、工字架（亦称浮管三通，图 2-14）等部件将浮管连接成方形或圆形，然后用焊接机进行焊接。图 2-15 和图 2-16 为 HDPE 网箱框架施工安装过程图。

图 2-13　HDPE 框架装配用部件

图 2-14　HDPE 框架用工字架及其生产设备

图 2-15　方形 HDPE 网箱框架施工安装

图 2-16　圆形 HDPE 网箱框架施工安装

2. 金属框架的安装

桁架型海水抗风浪网箱的金属框架一般用弧形焊接法制作。弧形焊接法是把在金属周围涂了一定厚度溶剂的被覆弧形焊接棒挟在架子上当电极，在这个电极和母材之间加交流或直流电源。由于管件较长，在实际桁架型海水抗风浪网箱的金属框架加工生产中，钢管需采用电焊或气弧焊的方法将管件串连，结合部安置短管增加其焊接处应力强度。结构管件焊接方法一般包括 T 形管无开口焊接、T 形开口通气式焊接、直管简易焊接和直管复合焊接等。图 2-17 为无缝钢管接合部焊接方法。

桁架型网箱根据钢管桁架立体结构一般分为钢管型、托架型、三角型等（图 2-18）。钢管型是把钢管按照横排管、斜排管与竖排管等间隔或同轴状安装。托架型其结构为平钢托架。三角型使用的是等边或者不等边山型钢等。三角型结构适用于大型圆形海水抗风浪网箱框架，托架型和钢管型结构主要适用于方形海水抗风浪网箱框架。图 2-19 为镀锌钢管与钢管桁架安装实景。

方形桁架型海水抗风浪网箱框架由四个长框组成，四个转弯角叠合部位用不同规格、形状的压板及 U 形螺栓紧固，使四个长框组合成一体。图 2-20 为方形海水抗风浪网箱转弯角连接。转弯角连接式框架最大长度考虑运输上的方便，建议限制在 15 m 左右。平面型框架海水抗风浪网箱的单位长度框架重量相对较轻，方便大量运输，所以，不管是配备

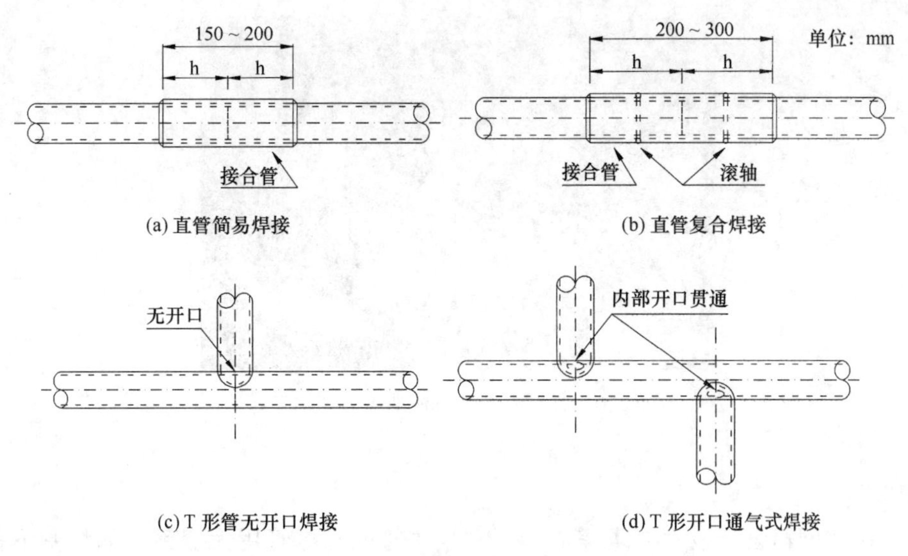


(a) 直管简易焊接　(b) 直管复合焊接

(c) T 形管无开口焊接　(d) T 形开口通气式焊接

图 2-17　无缝钢管接合部焊接方法

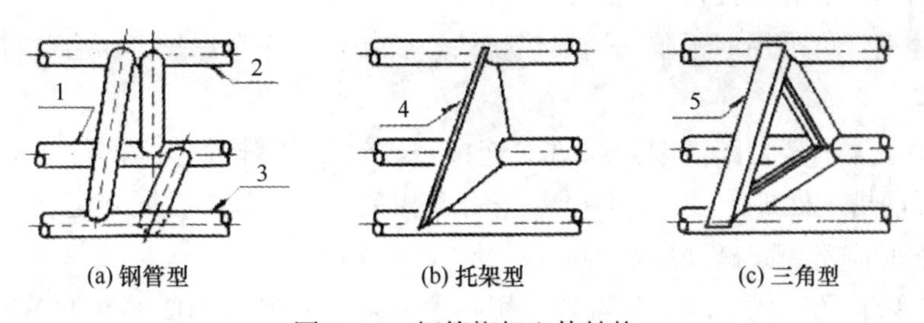


(a) 钢管型　(b) 托架型　(c) 三角型

图 2-18　钢管桁架立体结构

1. 内框；2. 上框；3. 外框；4. 托架；5. 三角架

图 2-19　镀锌钢管与钢管桁架安装实景

金属网衣的海水抗风浪网箱，还是配备合成纤维网衣的海水抗风浪网箱，作为内湾使用的抗风浪网箱可考虑使用图 2-5 平面型金属框架网箱。

参照行业标准《浮式金属框架网箱通用技术要求》（SC/T 5024—2011）金属框架装

图 2-20　方形海水抗风浪网箱转弯角连接

配要求如下：

（1）按照网箱设计技术要求完成金属框架主管或支撑管用无缝钢管的切割下料、切口、弯管、组焊、管端封口、除油抛丸除锈、防腐涂层喷涂等装配前处理工序。

（2）金属框架上的焊接口应匀称无裂缝。

（3）无缝钢管可采用但不限于增加热喷涂金属保护、涂料保护、聚合物涂覆防腐保护等防腐蚀措施。

（4）如果金属框架装配需要连接件、连接铸件及 U 形螺栓等零部件，则需对上述零部件进行防腐蚀措施处理，且零部件质量需符合相关产品标准或合同规定。

（5）装配时应避免磕碰涂层影响防腐。

参照行业标准《浮式金属框架网箱通用技术要求》（SC/T 5024—2011），框架系统装配要求如下：

（1）框架系统由金属框架与浮筒或泡沫浮球等浮体组合安装而成。

（2）框架系统装配时宜用柔性合成纤维绳索将浮体均匀固定在金属框架上。

（3）浮体固定安装时应注意金属框架表面防腐涂层的保护，避免对涂层的损伤。

## 二、网衣缝合的基本方法

### （一）网衣补强

#### 1. 镶边

镶边是用与网片材料相同的网线作为镶线，直接接缚于网片的边缘。镶边时，可以先把镶线穿过网衣边缘的网目，然后再用网线进行逐目绕扎（绕扎时一般每隔 20~30 cm 作一半结）；或者直接将镶线绕缚于网片的边缘，然后每隔 1~2 目作一半结（镶线长度应与目脚长度相等，以保持受力均匀，见图 2-21）。镶边在网箱箱体的加工制作中可以有选择地应用。

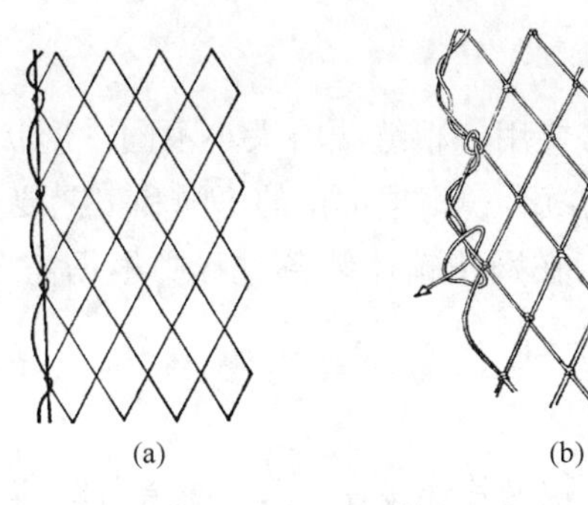


图 2-21　镶边

2. 缘边

缘边就是用与网片材料相同的网线（双线或者较粗的网线）采用手工编结的方法在网片的边缘编结若干目网片。缘边时要求编结的网目尺寸不得小于原网片的网目尺寸（图 2-22）。缘边在网箱箱体的加工制作中可以有选择地应用。

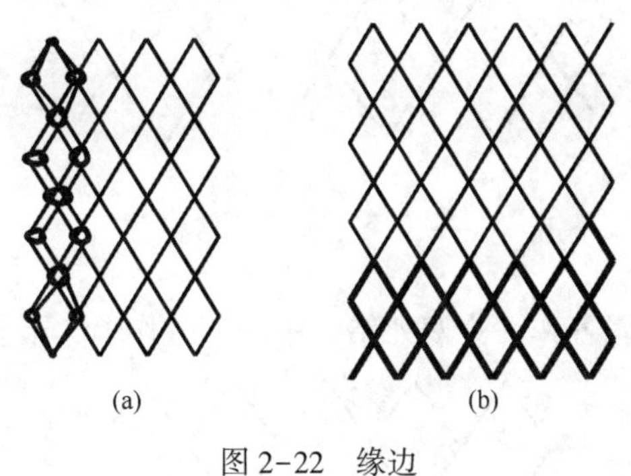


图 2-22　缘边

3. 扎边

扎边就是用网线将网片边缘若干个目脚并缚在一起，以增加网片边缘的强度。扎边多用于剪裁边，并要求扎边后的形式要与原剪裁边的形式相一致（图 2-23）。扎边在网箱箱体的加工制作中可以有选择地应用。

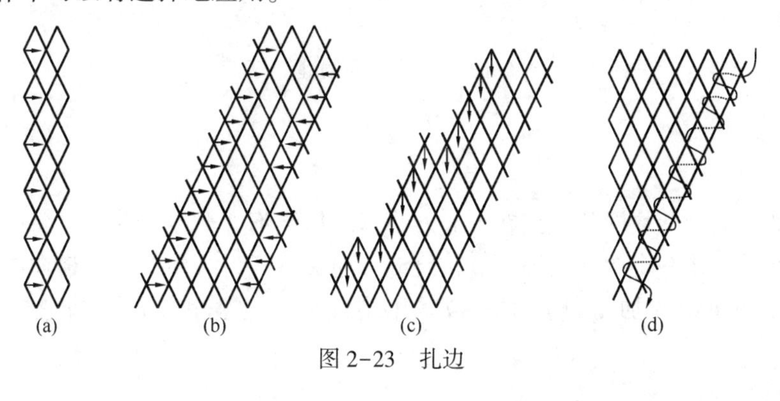


图 2-23　扎边

(二) 网片与网片缝合

网箱箱体装配过程中首先需要用一根缝线将大小不同、形状各异的网片连接成网衣，这种网片间相互连接的工艺称为缝合，根据部位的不同和工艺要求，网片缝合常采用的方法有编缝、绕缝和活络缝三种。在网箱箱体装备过程中根据需要选择合适的网片缝合方法，以确保鱼类养殖安全。

1. 编缝

编缝就是用编结的方法把两块网片连接在一起。编缝分纵向编缝和横向编缝两种。

纵向编缝：开头与结尾各作一个双死结，中间部分作左、右边旁结（图 2-24）。

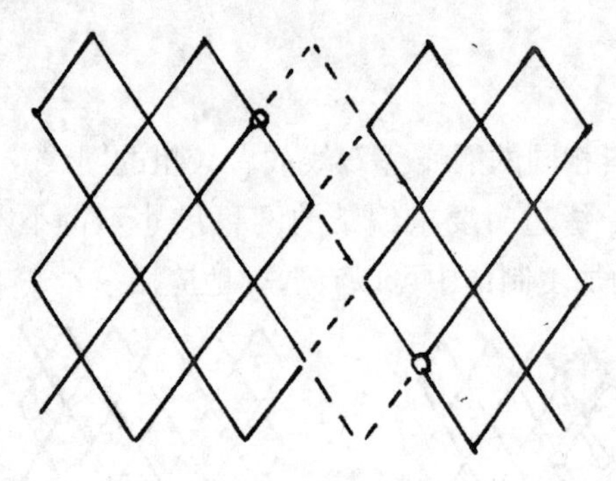

图 2-24　纵向编缝

横向编缝：开头与结尾各作一个双死结，中间部分作上、下宕眼结（图 2-25）。

图 2-25　横向编缝

2. 绕缝

用缠绕的方法把两块网片连接在一起。绕缝时作结不太严格，一般是每隔几目作一个半结，开头与结尾作一个双死结即可。按绕缝方向又可分为纵向绕缝、横向绕缝和剪裁边绕缝三种。在网箱箱体加工过程中不拟采用绕缝形式，这里仅仅作为缝合常识介绍给大家。

纵向绕缝：沿着网片高度方向的缝合叫纵向绕缝。纵向绕缝分半目绕缝、一目绕缝和多目绕缝三种（图 2-26）。

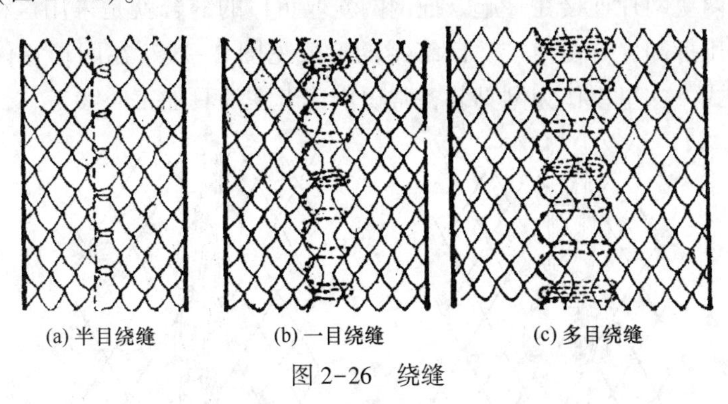

(a) 半目绕缝　(b) 一目绕缝　(c) 多目绕缝

图 2-26　绕缝

横向绕缝：沿着网片宽度方向的缝合叫横向绕缝。横向绕缝分一目对一目绕缝和吃目绕缝两种（图 2-27）。

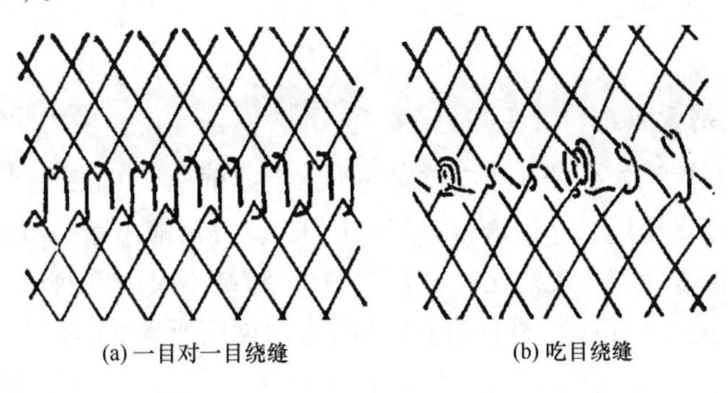

(a) 一目对一目绕缝　(b) 吃目绕缝

图 2-27　横向绕缝

剪裁边绕缝：用缠绕的形式把两个剪裁边缝合在一起。这种工艺形式，拖网装配过程中使用最多。通常要求缝合后的形式与原来剪裁边的形式相一致（图 2-28）。

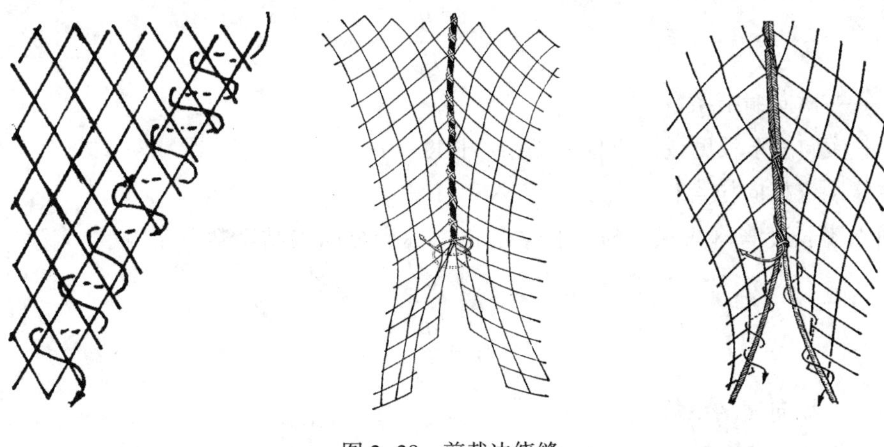

图 2-28　剪裁边绕缝

3. 活络缝

用活络结把两块网片连接在一起。拖网网囊取鱼口的缝合就是采用这种形式。这种缝合的特点是有利于拆卸，方便生产。活络结的形式见图 2-29。在网箱箱体加工过程中不可采用活络缝形式，这里仅作为网具装备常识供读者在渔具加工时参考。

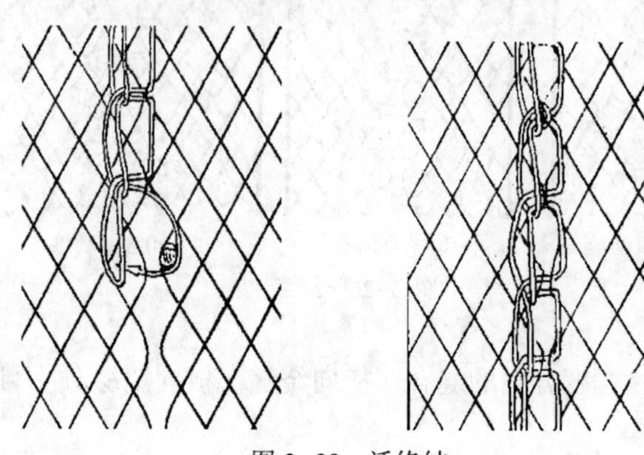

图 2-29　活络结

（三）网衣与钢索装配

将拉紧的一定长度网衣装配在相应长度的纲索上或框架上的工艺称为“缩结”；这使装配后网衣的网目成一定形状，俗语为“纲举目张”，可用缩结系数（$E$）表示（缩结系数是指纲索长度与网衣拉直长度之比）。网片（衣）缩结不仅决定网片（衣）形状，而且合理的缩结还能减少网片（衣）材料的消耗和作业时网线所承受的张力。

1. 缩结系数（$E$）

纲索长度与网衣拉直长度的比值即称为缩结系数，符号为 $E$。由于网衣有纵向和横向之分，所以缩结系数也可分为横向缩结系数（$E_t$）和纵向缩结系数（$E_n$）。横向纲索长度与网衣横向拉直长度的比值称为横向缩结系数（$E_t$），$E_t$ 按式（2-1）计算。

$$E_t = \frac{B}{B_0} \tag{2-1}$$

式中：$E_t$ ——横向缩结系数；

$B$ ——横向纲索长度或网衣横向缩结后长度（m）；

$B_0$——网衣横向拉直长度（m）。

纵向纲索长度与网衣纵向拉直长度的比值称为纵向缩结系数（$E_n$），$E_n$ 按式（2-2）计算。

$$E_n = \frac{L}{L_0} \tag{2-2}$$

式中：$E_n$ ——纵向缩结系数；

$L$ ——纵向纲索长度或网衣纵向缩结后长度（m）；

$L_0$——网衣纵向拉直长度（m）。

从一个网目的形状变化即可知道纵向、横向缩结系数之间的关系（图 2-30）。取一个网目，目脚长度 $a$，网目张开后呈菱形，其水平对角线为 $x$，垂直对角线为 $y$，目脚与 $y$ 的夹角为 $\alpha$，则对一个网目其横向缩结系数 $E_t=\dfrac{x}{2a}=\sin\alpha$；纵向缩结系数 $E_n=\dfrac{y}{2a}=\cos\alpha$。由三角函数关系得知：$E_t^2+E_n^2=1$。

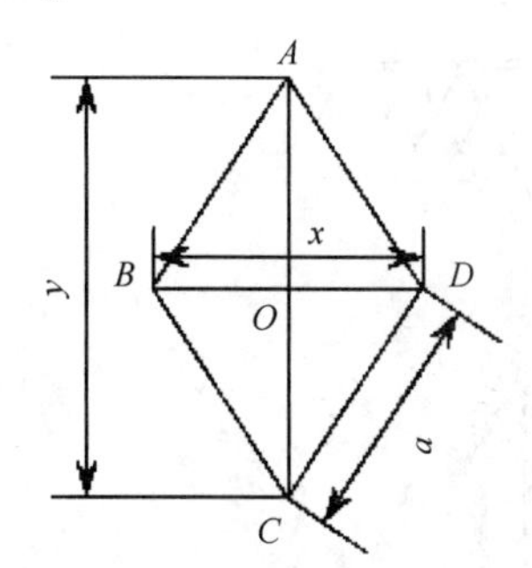


图 2-30　一个网目缩结后的形状

从菱形网目的变化可知，将网目沿纵向拉伸时，水平对角线 $x$ 变化范围为 $2a$ 到零，而同时垂直对角线 $y$ 逐渐变大，其变化范围从零增加到 $2a$。从 $E_t^2+E_n^2=1$ 可知，$E_t$ 从 1 减少到 0，则 $E_n$ 从 0 增加到 1，反之亦然；即两个缩结系数其数值是在 0~1 的范围内相互变化。例如，10 m 长的网装到 7 m 长的绳索上（$E_t=0.7$），为正方形的网目。

2. 网衣装纲的基本方法

网衣配纲长度确定后，必须采用适当的纲索装配形式和方法，把网衣均匀地缩缝到纲索上去，并保证网衣预期的缩结，这个工艺过程称为装纲。

装纲工作应该根据箱体设计要求来进行，但是，为了避免实际工作中可能产生的误差，施工前应首先检查核对设计尺寸和实际丈量尺寸，如果二者出入较大，应按照设计尺寸修复后再进行装配。此外，纲索长度应在自然伸直状态下量取，并须计入使用中可能发生伸缩修正量。

装纲最常用的施工方法是把网衣和纲索同时分成数量相等的等分段（俗称“档”），然后逐段进行缩缝，这样每段网衣即能获得相同的缩结，以达到均匀装配的目的。

分档可根据网衣边缘的网目数确定档数和每档的网目数；也可以根据网衣边缘的拉紧尺寸确定档数和每档的长度，最后，各按相等的档数，确定每档纲索相应的长度。实际工作中还可以先按纲索长度确定纲索的每档长度和档数，再求每档网衣相应的网目数或长度。无论哪种做法，每档网衣和相应的纲长间都必须保持规定的缩结系数。

网衣和纲索按网目或长度分档后，各等分点处须做上记号，或者将网衣边缘的各等分点暂时结缚相应的等分点上，然后再逐段进行装配。

装纲形式用得最多的是直接式［图 2-31（a）］。装配时，纲索可穿过网目或不穿过网目，前者将纲索穿过网衣边缘一列（或一行）网目后，再将各等分点处两根纲索扎缚［图2-31（b）］，后者纲索并不穿过网目，而是用网线将网目结缚或缠绕在纲索上［图2-31（c）］。直接式还可以在网衣的边缘通过加编半目来完成装纲［图2-31（d）］，装纲时不必每目作结，这样装拆比较方便。在网衣斜边的边缘上装纲时，为了保证装纲后网衣边缘的强度，在装纲时网线绕进网衣边缘1~2目［图2-31（e）］，有时在网衣的中间，沿网衣的直目装配，例如力纲（图2-32）。

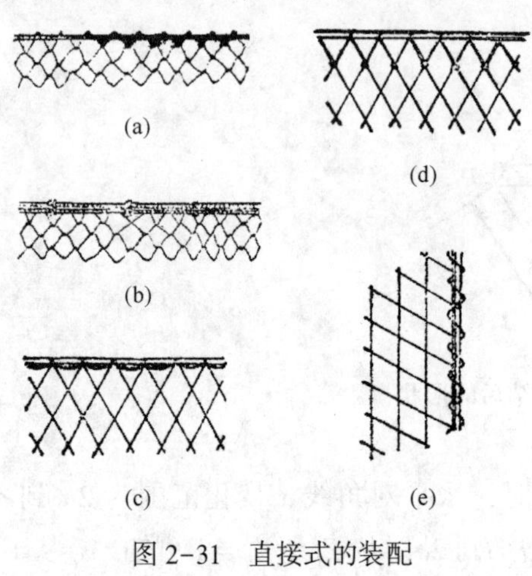


图2-31　直接式的装配

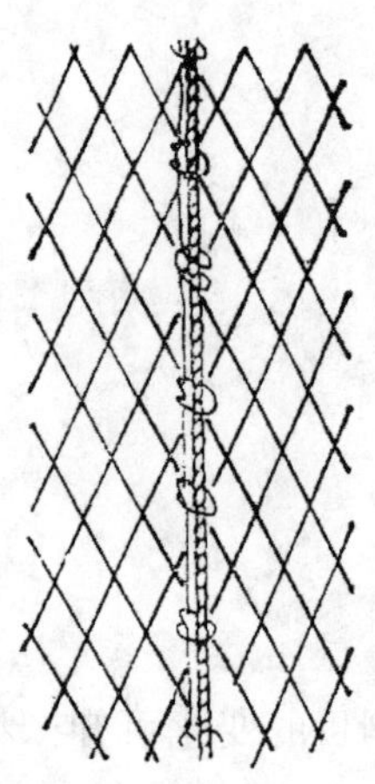

图2-32　力纲的装配

## 三、组装底框和安装底网

在需要底框的场合，海水抗风浪网箱的底框采用HDPE管或金属钢管等材料制作。如果用金属钢管需要用热镀锌工艺加工；图2-33显示的形状为9 m×9 m的方形钢管底框结

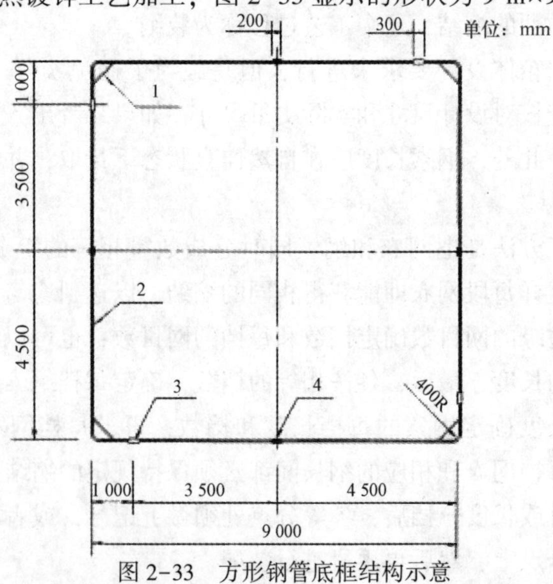


图2-33　方形钢管底框结构示意

1. 拐角；2. 框架；3. 现场安装连接点；4. 工厂内安装连接点

构，其各转弯角用钢管或平板钢作为补强框焊接；钢管搬入安装场地后，通过配套的镀锌钢质连接套管，用螺栓穿过下框钢管将其固定，组装成方形的整体底框。一种海水抗风浪网箱底框安装现场如图 2-34 所示。

图 2-34　一种网箱底框安装现场实景

现在网箱底框或张网架大部分采用 HDPE 管。以 8.0 m（长）×6.0 m（宽）的长方形网箱的底框和安装底网示例，网底的纵向和横向分别装配力纲（俗称网筋）。网箱底网采用 8.0 m（长）×6.0 m（宽）的金属网衣，为防止网底因自重过大出现漏斗形，在安装边缘纲后的金属网衣网箱底网垂直交叉的长边、宽边两个方向上每隔 2 m 距离装配 1 条力纲，网箱底网垂直交叉的长边、宽边两个方向上分别装配 2~3 条力纲，装配后力纲在网底用金属网衣形成网格形布局，大大提高了网底用金属网衣的强度；将安装力纲后网箱网底用金属网衣装配在长方形 HDPE 管架上。制作长方形 HDPE 管架用 HDPE 管的型号可为 SDR11 等型号，可选用 HDPE 管外径范围为 70~110 mm；长方形 HDPE 管架与侧网网衣用（超）高强绳索（如特力夫超高强纤维绳索等）进行连接。网箱缘纲与底框装配见图 2-35，方形金属底框与金属网衣装配见图 2-36。

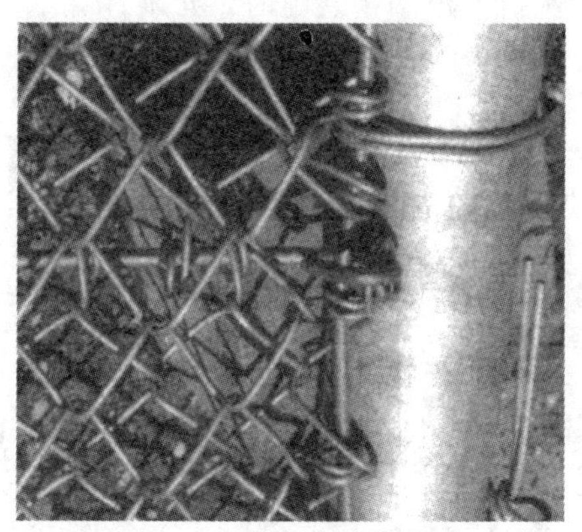

图 2-35　缘纲与底框装配

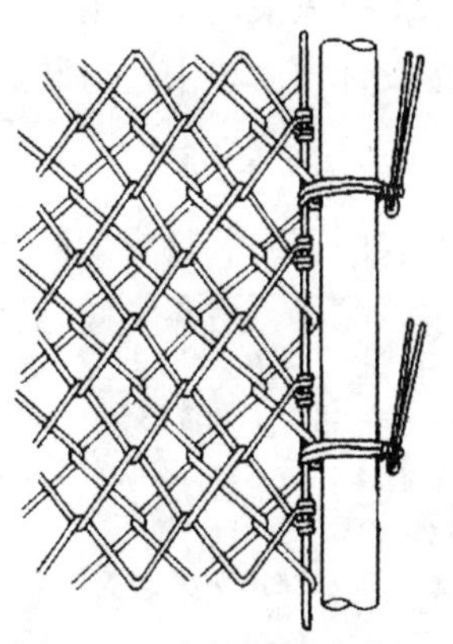

图 2-36　底框与网衣装配

底框是通过力纲和辅助绳索与箱体网衣连接，其作用是将网衣底部撑开呈一定形状，避免由于水流和波浪作用使箱体网衣变形，保持箱体网衣的容积。圆形海水抗风浪网箱底网安装的方法是底框组装后先把底网固定在底框上，接着把底网用缝合线与底框紧密相连，在底框外侧端部留 3~4 网目，把突出的缝合线用刀切除；切除后的各缝合线末端用钳子等加工成钩子状；以上工作结束后，用缝合线把插入的缘纲与底框相连接；以上金属网衣固定作业全部结束后，把侧网折叠成环状，用缝合线把侧网上端部固定在筏的上框，装配工作完成。有些圆柱形网箱网底的金属网衣是装配在 HDPE 管架上；圆柱形 HDPE 管架与侧网衣用（超）高强绳索进行连接。

## 四、侧网的安装

### (一) 合成纤维网衣的装配

网箱侧网网衣安装在框架上，一般要高出水面 40~50 cm，必要时可在网箱顶面加一盖网，以防逃鱼和敌害（如鸟类、海狮等）侵袭。海水抗风浪网箱侧网网衣由网片装配而成，有的用几块网片缝合而成，其中上面的一块网片网目要大些；也有的海水抗风浪网箱侧网网衣采用一长带形网片折绕成网墙，再缝网底和盖网。网箱四周和上、下周边都要用一定粗度的力纲加固；网箱侧网网衣上周边的大小与框架匹配并用聚乙烯绳固定在框架内框的钢管（或 HDPE 扶手管等）上，最后将侧网网衣的下周边与网箱底网缝合连接，并根据需要选择是否在底网外侧加装底框。

网箱侧网网衣安装时，为了使侧网网衣保持一定的形状和强度，需要装配若干根纲索，承受网具的张力，保证网具处于正常工作状态。通常在侧网网衣的边缘装纲索，形成网箱的骨架。侧网网衣的纲索是否合理装配，将直接影响海水抗风浪网箱的使用性能。网箱侧网装配时主要考虑两个问题：一是纲索长度与装纲边网衣拉紧长度之间合理匹配，保证网衣张开；二是纲索长度与网衣装配形式要恰当，使纲索承受海水抗风浪网箱上的张力，保证海水抗风浪网箱有足够的强度。因此，海水抗风浪网箱装配时，必须计算纲索长度，严格按设计技术要求进行装配。

### (二) 金属网衣的装配方式

金属网衣网箱组装过程如图 2-37 所示。金属网衣的装配方式如下。

图 2-37　金属网衣网箱组装过程实景

#### 1. 侧网、底网与底梁管间的连接方式

对桁架型金属网衣网箱而言，金属网衣装配时将底网和侧网的末端同时固定在钢质底

梁管上进行连接。这种情况下，在两种网边缘部分插入支撑金属丝线，在网衣边缘部的突出部位，用捆扎金属丝线将支撑金属丝线紧紧捆在底梁管上。

2. 侧网之间的连接方式

对金属网衣网箱而言，两块金属网衣侧网之间采用半软态（中间插入尼龙布或合成纤维网衣）装配。根据实际使用情况来看这种连接方法效果较好。

3. 侧网与上梁管间的装配方式

对桁架型海水抗风浪网箱而言，侧网与底梁管连接之后，通过拉网作业将侧网上端部分移向金属框架的上梁管处，然后开始固定。诚然，在侧网与上梁管间的装配过程中，也可以用超高分子量聚乙烯网线或绳索替代金属线，以超高分子量聚乙烯网线或绳索用作捆扎线。为了避免金属网衣暴露在空气中，侧网与桁架型金属框架上梁管间的装配方式采用了合成纤维网衣+金属网衣的装配方法，即合成纤维网衣与上梁管连接，金属网衣始终处于水面以下。金属网衣网箱的侧网与桁架型金属框架上梁管间使用一定高度的合成纤维网衣；装配时先在合成纤维的上、下边安装纲索，最后将装纲后的合成纤维网衣对接成环形，分别与金属网衣网箱桁架型金属框架上梁管及金属网衣侧网连接。对于直径 15 m 以上、高 10 m 以上的大型圆形海水抗风浪网箱，由于金属网衣安装面积大，一般采用纵向网目式，金属网衣间的连接，除缝合线编缝方法外，还采用线圈挠缝连接法；也就是采用将缝合面合起来，分别插入连接线，圈线形成螺旋状插入的复合连接方式。侧网间的连接，将需要连接的侧网以网边重叠 3~4 网目进行缝合，在网衣边将与网目重复部分的两个地方分别插入线圈线。

## 五、水平纲及垂直力纲的装配

在不同地区，合成纤维网衣网箱结构、设置方法、使用方法、网的安装尺寸、安装方法、网的规格等多种多样，目前国内外尚无统一水平纲及垂直力纲装配标准。为确保海水抗风浪网箱箱体安全、减少金属网衣网目受损，建议在海水抗风浪网箱箱体侧网衣上安装水平纲及垂直力纲。

## 六、网箱浮力系统及配重系统设计

### （一）网箱浮力的配置方法与计算

对金属框架网箱而言，一般采用硬质泡沫浮筒（如聚苯乙烯泡沫塑料或聚氯乙烯塑料桶等）作为浮力系统的浮子，泡沫浮筒均匀固定在钢结构框架下方。泡沫浮筒浮力一般为 200~300 kg/个，泡沫浮筒规格为（500~600 mm）（直径）×（800~1 200 mm）（长），最常用规格为 600 mm×1 200 mm、500 mm×800 mm 等。泡沫浮筒套在经过纤维强化的着色塑料袋或帆布等材料中，以防止紫外线直接照射导致浮筒脆化，还可防止海水对泡沫塑料的直接腐蚀，从而提高浮子的使用寿命（图 2-38）。在金属框架上也有采用 ABS 工程塑料耐压浮筒及 HDPE 滚塑半硬质浮筒（图 2-39），这类浮筒直径为 600 mm、长度为 1 200~1 600 mm、浮力在 250~350 kg/个，尤其是 ABS 耐压浮筒，使用水深可达 80 m，牵引破损强度为 8 t，这种浮筒捆扎在金属框架上比较可靠，但价格上要高于泡沫浮筒的价格。

图 2-38　安装硬质泡沫浮筒后的浮式海水抗风浪网箱

图 2-39　硬质泡沫浮筒在海水抗风浪网箱上的安装

根据网箱浮子数量，可以计算海水抗风浪网箱必要的浮力 $F_U$，以式（2-3）计算。

$$F_U > W_1 + W_2 + W_3 + W_4 + W_5 + M \quad (2-3)$$

式中：$W_1$——框架重量；

$W_2$——网衣水面上部重量（通常按上梁管距水面 50 cm 高计算）；

$W_3$——网衣水面以下部分重量；

$W_4$——底部沉子或底梁框水中重量；

$W_5$——网衣附着物重量（根据海区状况，由附着系数和网衣水下部分面积等确定或估算）；

$M$——网箱框架上方承重之和（包括最大数量人员体重、饵料重量、活鱼船停靠网箱推力的垂直分力以及风、浪、流作用在网箱上的垂直分力等）。

网箱实际安装调试中，考虑到保证网箱的安全、考虑当地最大潮流或风浪以及缆绳等造成的影响，通常实际 $F_U$ 应大于式（2-3）计算值的 2 倍。网箱工程用浮子形状及其浮力示例如表 2-9 所示，供读者参考。海水抗风浪网箱工程用浮子安装如图 2-40 所示。

表 2-9 海水抗风浪网箱工程用浮子形状及其浮力示例

| $\phi$a（mm）×L（mm） | 浮力（kg） | $\phi$a（mm）×L（mm） | 浮力（kg） |
|---|---|---|---|
| 350×550 | 53 | 560×900 | 200 |
| 450×680 | 110 | 600×1 050 | 270 |
| — | — | 670×1 150 | 400 |
| — | — | 800×1 100 | 500 |

图 2-40 海水抗风浪网箱工程用浮子安装

## （二）升降式网箱的浮力配置

升降式网箱大多数是沉降到预定设计深度的网箱，近年也开发了长期沉设在水深 30 m 以上深海位置的网箱。升降式海水抗风浪网箱一般分为常沉型以及防台防灾沉降型。常沉型升降式海水抗风浪网箱使用在风浪较大的海域。防台防灾沉降型升降式海水抗风浪网箱平时作为浮式海水抗风浪网箱使用，沉降后可以回避台风，可以回避冬季季节大风浪、季节表层高水温以及表层赤潮等灾害，确保网箱设施和养殖鱼类安全；防台防灾沉降型升降式海水抗风浪网箱基本结构与浮式海水抗风浪网箱大致相同，但其上框架上的浮筒有所区别，其框架浮筒中配置了具有调节升降功能的耐压浮筒，并装有盖网；调节整个网箱升降的装置如图 2-41 和图 2-42 所示，上框架上安装了具有海水压舱水箱功能的浮力调节浮筒，浮筒上装有耐压气管，如向耐压气管送气，浮力达到一定程度，网箱就会浮出水面；下沉时，打开排气阀，浮筒的底侧自动输入海水，随着整个网箱的自重及调节浮筒的海水重量增加，网箱逐渐下沉；此外，也有的在防台防灾沉降型升降式海水抗风浪网箱上框架周围设置压载收纳笼，在里面放入所需数量的沙袋，采用这样的沉降方法使网箱下沉，撤去压载，网箱就上浮。根据升降式海水抗风浪网箱的特点，东海水产研究所石建高研究员课题组发明了“升降式网箱柔性输气管的排布方法”和“一种网箱输气管安全排布方法”等专利，这为升降式海水抗风浪网箱的输气管安全排布问题提供了一种实用方法。

图 2-41　升降式网箱浮筒上的浮力调整装置

图 2-42　升降式网箱浮筒装配实例

根据升降式海水抗风浪网箱养殖品种的生理习性，有些升降式海水抗风浪网箱一般都下沉在水中，有些则常年沉设在 2~20 m 深处。如在网箱养殖真鲷中，为了防止紫外线和保持水压环境，升降式海水抗风浪网箱可一直沉设在 30 m 左右深处。给升降式海水抗风浪网箱养殖鱼类的投饵是通过由水面配置的专用管子进行的，图 2-43 为中层升降式海水抗风浪网箱常时沉设状态和投饵作业状态。图 2-44 为深海升降式网箱，因为它处于深海深处，可以回避网箱上合成纤维网衣上的海洋附着生物，因此，深海升降式网箱几乎不需要清洗网衣。根据升降式海水抗风浪网箱的特点，东海水产研究所石建高研究员课题组发明了“升降式网箱安全投饵用柔性料桶”和“一种升降式网箱精准投饲方法”等专利，这为升降式海水抗风浪网箱的精准投饲问题提供了一种实用方法。

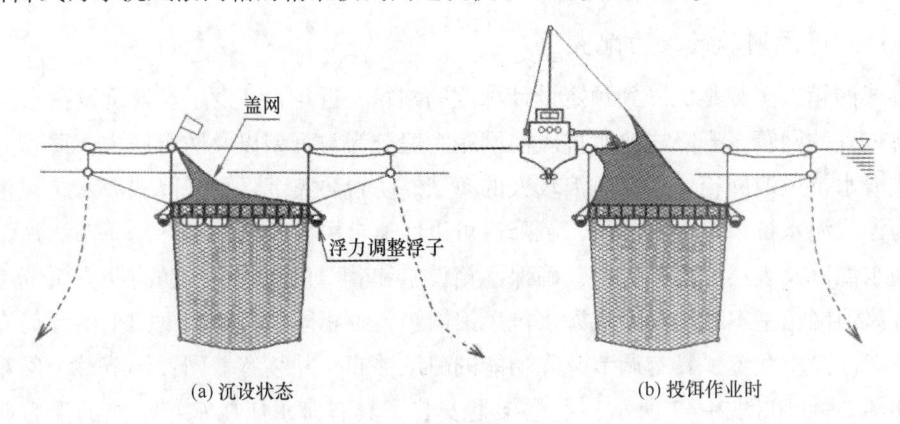


图 2-43　中层升降式网箱常时沉设状态和投饵作业状态

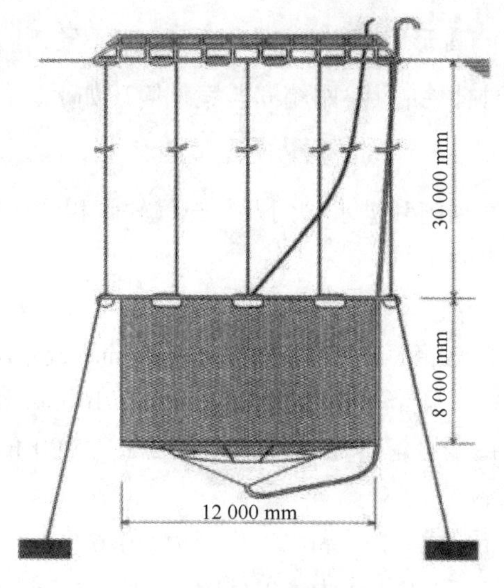


图 2-44　深海升降式网箱

## （三）网箱配重系统设计

在网箱生产中，需根据海况、网箱种类以及生产需要进行网箱配重系统设计，以保持海水抗风浪网箱箱体形状。海水抗风浪金属网衣网箱因金属网衣及底框自重一般不需要进行配重。合成纤维网衣网箱需根据海况、网箱种类以及生产需要进行网箱配重系统设计。海水抗风浪网箱配重用沉石、沉块、沙袋和沉子等可由混凝土、石块、黄沙等加工制作。沉石、沉块、沙袋和沉子等通过系缚绳索与网箱底网、底框和力纲相连，其作用是保持海水抗风浪网箱箱体形状。沉石形状一般设计为球形或圆柱形（图 2-45）。当水流和波浪力作用于海水抗风浪网箱箱体和球形沉石时，无论球形沉石处于何种倾斜角度，其产生的恢复平衡力矩是不变的，因此，在海水抗风浪网箱箱体产生一定倾斜时，球形沉石有利于海水抗风浪网箱箱体恢复平衡位置，从而可减少网箱箱体网衣变形和网箱箱体的容积损失率等。

图 2-45　网箱工程用的球形或圆柱形沉石

### （四）HDPE（框架）圆形升降式抗风浪网箱安装案例

HDPE（框架）圆形升降式抗风浪网箱安装案例简述如下，供读者参考。

#### 1. 准备工作

（1）在框架上安装进气阀门和进水阀门及与充气软管相连接的接口。

（2）厂家提供的阀门启闭工具。

（3）升降所需要装备：

a. 充气机 1 台（压缩机规格：30 L/s 7 bar），$\phi$20 mm 或 $\phi$16 mm 软管接口；

b. 空气罐一个（600 L），配备压力表及 $\phi$20 mm、$\phi$16 mm 和 $\phi$40 mm 之接口和阀门；

c. 若无充气机和空气罐，可配备瓶装压缩空气 2 瓶（200 bar 50 L 的瓶装气），并配备必要的减压阀和输出设备；

d. 小气管一条（$\phi$20 mm 或 $\phi$16 mm，工作压力≥0.6 MPa，长度> 2.0 m）；

e. 主气管两条（$\phi$40 mm，工作压力≥0.6 MPa，长度≥20.0 m）；

f. 将主气管进行分支的分支部件（三通、丝接及与气管相连的接口）。

#### 2. 升起操作程序

（1）安装充气机及空气罐；

（2）启动充气机；

（3）打开空气罐阀门，使空气压力达 0.4 MPa；

（4）打开主气管控制阀门，开始为框架充气；

（5）开始充气后 5~10 min 浮出水面，在浮起过程中，要看网箱浮管受力是否平衡，如果受力不平衡，就关闭气管架上的一个气门开关，如果有一边浮起来太快，则调节相应的控制阀门，直到与另一个网箱浮管处于平衡状态为止；

（6）继续进气，使网箱浮管全部浮出水面并处于正确使用状态；

（7）关闭网箱框架所有阀门和空气罐控制阀门。

#### 3. 沉降过程

（1）打开网箱上进出水开关，网箱自动处于下降过程；

（2）若框架内有残留的海水，必要时连接空气罐将框架内残留的海水冲出后再进行沉降，具体方法为，将空气罐气压升至 0.4 MPa；打开储气罐阀门，让压缩空气冲进网箱主浮管，这个动作要进行 2~3 次，直到把网箱浮管内的水全部冲出；

（3）开始下沉后，15~20 min 下沉到预定深度。

4. 安装工作结束

图 2-46 为 HDPE（框架）圆形升降式抗风浪网箱升降式试验实景图。

图 2-46 HDPE（框架）圆形升降式抗风浪网箱升降式试验实景

# 第三章　海水抗风浪网箱工程绳网材料

在海水抗风浪网箱领域，由网衣构成的蓄养水产经济动物的空间称为网箱箱体（亦称网袋）。网箱箱体及其制作用纲索（包括上纲、下纲、侧纲和力纲等）、海水抗风浪网箱锚绳等都离不开绳网材料。本章简要介绍海水抗风浪网箱工程绳网材料，供海水抗风浪网箱设计开发与网箱产业参考。

## 第一节　海水抗风浪网箱工程绳索材料

由若干根绳纱（或绳股）捻合或编织而成的、直径大于 4 mm 的有芯或无芯的制品统称为绳索。绳索是重要的网箱工程材料，海水抗风浪网箱工程都离不开绳索。此外，绳索在船舶、军事、农田和消防等领域也有着广泛的用途。海水抗风浪网箱工程用绳索称为海水抗风浪网箱工程绳索。在渔业上习惯将绳索称为“纲索”。因功能、习惯、地域或使用部位等的不同，在渔业上习惯将绳索称为“纲”“纲索”“纲绳”和“网纲”等。在海水抗风浪网箱中绳索主要用于制作网纲、悬挂沉块、连接浮球、构建锚泊系统和系泊养殖工船等。海水抗风浪网箱工程绳索应具备一定的粗度、足够的强力、适当的伸长、良好的弹性、良好的柔挺性、良好的结构稳定性、良好的耐磨性、良好的耐腐性和良好的抗冲击性等基本力学性能。

海水抗风浪网箱锚泊系统绳索主要有锚绳索［包括锚纲绳、锚泊网格绳和分力圈（环）绳］、配置在海水抗风浪网箱周围的拐角绳索及侧拉绳索（侧张纲）等。海水抗风浪网箱锚泊系统绳索以纯纺绳为主。所谓纯纺绳即由一种纤维或组分不变的高聚物制成的绳，如乙纶绳、丙纶绳、锦纶绳和涤纶绳等。由不同材料按一定的数量比例混合制成的绳索称为混合绳，如包芯绳、夹芯绳等。海水抗风浪网箱锚泊系统用混合绳一般是用植物纤维或合成纤维与钢丝混合制成。其中，以钢丝绳为绳芯，外围包有植物纤维或合成纤维绳股的复捻绳称为包芯绳；以钢丝绳为股芯，外层包以植物纤维或合成纤维绳纱捻制而成的三股、四股或六股复捻绳称为夹芯绳。除上述普通合成纤维绳索外，随着科学技术的进步，世界上出现了许多合成纤维绳索新品种，如 UHMWPE 纤维绳索、熔纺超高强单丝绳索、UHMWPE 裂膜绳索和对位芳香族聚酰胺纤维（PPTA 纤维）绳索等。锚泊绳索中大多使用密度最小的 PP 绳缆，而网箱浮子固定、网箱吊绳和侧纲等多使用 PE 绳索。

### 一、合成纤维绳索生产工艺简介

绳索理论设计和工艺计算与合成纤维绳索的性能关系密切，绳索生产前，人们可以按照预定的目标要求进行绳索理论设计和工艺计算，而后再按制绳工序组织生产。绳索理论设计包括绳索结构设计、绳索工艺设计、绳索原材料设计等。绳索工艺计算一般包括制绳机捻度变换齿轮的计算、制绳机转速计算、绳索结构参数计算和产量计算等。在整个理论设计和工艺计算过程中要考虑技术经济比、性能价格比和环境保护等问题。通过绳索理论设计和工艺计算，按照预定的目标要求确定绳纱用丝根数、绳纱粗度、绳纱捻向、绳纱捻度、绳股用纱根数、绳股粗度、绳股根数、绳股捻向、绳股捻度、绳索捻向及绳索捻距等结构参数。制绳生产操作工序通常包括准备工作、调换绳股筒子、绳股接头、生头、调换捻度变换齿轮和规格控制器、张力调节、卸绳与扎绳、包装和入库等。

合成纤维捻绳的生产工艺因制绳机的不同而略有区别，现以三股聚乙烯单捻绳为例，将其工艺流程作简要介绍。

采用制股、制绳分离式绳机，加工三股聚乙烯单丝捻绳的生产工艺流程为：

聚乙烯单丝→绳纱→绳股<br>绳股→绳索 } →检验→包装→入库

采用主、辅联合绳机加工三股聚乙烯单丝捻绳的生产工艺流程为：

聚乙烯单丝→绳纱→绳股→绳索→检验→包装→入库。

由上述合成纤维捻绳工艺流程可知，加工捻绳过程中的首道工序是制绳纱，目前制绳纱的工序大致有两种形式，一种是采用单丝捻制绳纱，另一种是采用盘头丝束捻制绳纱。单丝制成的绳纱与盘头丝束制成的绳纱相比抱合力好，故前者的强力大于后者，但是为提高生产效率，减少分丝的工作量，生产企业大多采用盘头丝束制绳纱的方法。由上述合成纤维捻绳工艺流程可知，捻绳加工过程中的第 2 道工序一般是制绳股，目前制绳股的工序大致有两种，一种是将若干根绳纱集束加捻为一股，另一种是将若干组盘头丝束加捻为一段。第一种方法制得的绳股外观密致，很少有背股现象，股强力较高，制成的合股捻绳耐磨；而后一种绳股，外观较松软，易产生背股，其强力则相对较低，耐磨性能也相对较差，但制成的捻绳手感较软。

捻度是合成纤维捻绳制造过程中极为重要的生产工艺参数，不同的外捻度、不同的内外捻度比（亦称捻比），都影响着捻绳的外观、手感和断裂强力。由于绳索的应用范围较为广泛，不同的使用场合，对捻度有着不同的要求。不同的地区、不同的使用习惯，对捻度的要求也不相同。因此，捻绳的捻度应以客户要求为主，若客户无特殊要求，则捻度应确保加工后的捻绳柔挺适中、断裂强力较高。在选择合理的外捻度的同时，还须考虑捻比。除非有特殊要求，捻绳的捻比一般可控制为 1.5∶1~1.2∶1，根据绳索规格的大小作适当调整。

合成纤维编织绳索（简称合成纤维编织绳）的加工工艺基本相同，现以聚乙烯单丝编织绳为例，将其工艺流程作简要介绍。采用编织机加工聚乙烯单丝编织绳的生产工艺流程为：

聚乙烯单丝→绳纱→绕管→编织→卷取→成绞→检验→包装→入库。

根据编织绳生产的特点，制绳用原料可以用经加捻后的合股线作为绳纱，也可以直接用丝来作为绳纱。为便于读者理解上述编织绳生产工艺流程中的有关术语，这里作简单说明。所谓绕管就是将 PE 单丝等制绳用基体纤维按工艺结构要求，在绕管机上绕于编织筒管。所谓编织就是按工艺设计要求，搭配好花节长度和卷取齿轮，并设定好穿插形式，开机编织，如有定长装置还需设定好定长仪，若需填芯，则在开机前将所填芯材料，从编织机下部的中央孔内引入，并穿过编织导纱孔。所谓卷取就是将编织成型的编织绳引出，并缠绕于卷取辊上，如卷取辊上可安装筒管的，则可绕于卷取筒管上。所谓成绞包装就是对于无卷取筒管的机台，编织好的编织绳一般是自由地落于包装箱中，还需根据使用要求再进行成绞，包装后入库。

合成纤维八股编绞绳的加工工艺基本相同，现以八股聚丙烯单丝编绞绳为例，将其工艺流程作简要介绍。采用八股编绞绳机加工八股聚丙烯单丝编绞绳生产工艺流程为：

聚丙烯单丝→合股丝束→加工不同捻向绳纱→加工不同捻向（Z 捻和 S 捻）绳股→4 根不同捻向绳股成对交叉编制绳索→检验→包装→入库。

八股编绞绳的绳股在绳索轴向每一捻回的距离为捻距（节距）。八股编绞绳的制股机（辅机），其结构原理与一般三股绳副机相同。一般每台主机配置辅机两台，分别捻制 Z 捻与 S 捻绳股。八股编绞绳机在 4 个拨盘上配置 8 个绳股锭子，在每个拨盘上置有控制棘爪的凸轮。八股编绞绳机运转时，使 Z 捻绳股锭子作 S 向捻合；使 S 捻绳股锭子作 Z 向捻合。拨盘的运转，使两对 Z 捻与两对 S 捻绳股交错“压”与“被压”。拨盘每回转 2 周，则绳股完成一个捻回，绳索完成一个完整的编绞。和三股绳机一样，八股编绞绳机也需有“定向机构”，使绳股在编绞过程中保持捻度不变。

合成纤维绳索制造过程中，制绳工艺与操作技术对绳索的性能（如外观、手感和断裂强力等）有着密切的关系，其工艺技术请参见中国农业出版社出版的《渔具材料与工艺学》与《绳网具制造工艺与操作技术》等文献，这里不作详细介绍。

## 二、几种渔用合成纤维绳索特征

合成纤维绳索品种很多，PET、PA、PP 三股捻绳的线密度与直径之间的关系如图 3-1 所示；几种主要类型的三股捻绳的线密度如表 3-1 所示，几种绳索在水中质量与空气中质量的百分比如表 3-2 所示。下面仅对当前渔业生产常用几种主要普通合成纤维绳索（乙纶绳、丙纶绳、锦纶绳和涤纶绳）以及一些合成纤维绳索新品种作简单介绍。

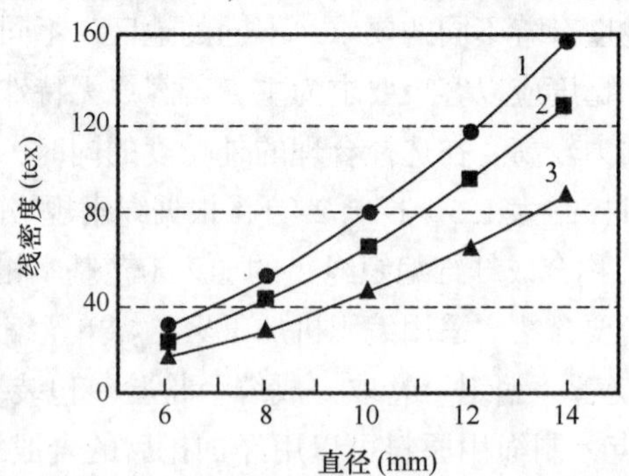


图 3-1　PET、PA、PP 三股捻绳的线密度与直径之间的关系

1. PET；2. PA；3. PP

表 3-1 几种主要类型三股捻绳的线密度[1]

| 公称直径[2]（mm） | 线密度[3,4] | | | | | |
|---|---|---|---|---|---|---|
| | 三股聚乙烯绳索（ktex） | 三股聚丙烯绳索（ktex） | 三股聚酰胺绳索（ktex） | 三股聚酯绳索（ktex） | 三股马尼拉绳索（ktex） | 允许偏差（%） |
| 4 | 8.02 | 7.23 | 9.87 | 12.1 | — | ±10 |
| 4.5 | 10.1 | 9.15 | 12.5 | 15.3 | 14.0 | |
| 5 | 12.5 | 11.3 | 15.4 | 19.0 | 17.3 | |
| 6 | 18.0 | 16.3 | 22.2 | 27.3 | 24.9 | |
| 8 | 32.1 | 28.9 | 39.5 | 48.5 | 44.4 | |
| 9 | 40.6 | 36.6 | 50.0 | 61.4 | 56.1 | |
| 10 | 50.1 | 45.2 | 61.7 | 75.8 | 69.3 | ±8 |
| 12 | 72.1 | 65.1 | 88.8 | 109 | 99.8 | |
| 14 | 98.2 | 88.6 | 121 | 149 | 136 | |
| 16 | 128 | 116 | 158 | 194 | 177 | ±5 |
| 18 | 162 | 146 | 200 | 246 | 225 | |
| 20 | 200 | 181 | 247 | 303 | 277 | |
| 22 | 242 | 219 | 299 | 367 | 335 | |
| 24 | 289 | 260 | 355 | 437 | 399 | |
| 26 | 339 | 306 | 417 | 512 | 468 | |
| 28 | 393 | 354 | 484 | 594 | 543 | |
| 30 | 451 | 407 | 555 | 682 | 624 | |
| 32 | 513 | 463 | 632 | 776 | 710 | |
| 36 | 649 | 586 | 800 | 982 | 898 | |
| 40 | 802 | 723 | 987 | 1 210 | 1 110 | |
| 44 | 970 | 875 | 1 190 | 1 470 | 1 340 | |
| 48 | 1 150 | 1 040 | 1 420 | 1 750 | 1 600 | |
| 52 | 1 350 | 1 220 | 1 670 | 2 050 | 1 870 | |
| 56 | 1 570 | 1 420 | 1 930 | 2 380 | 2 170 | |
| 60 | 1 800 | 1 630 | 2 220 | 2 730 | 2 490 | |
| 64 | 2 050 | 1 850 | 2 530 | 3 100 | 2 840 | |
| 72 | 2 600 | 2 340 | 3 200 | 3 930 | 3 590 | |
| 80 | 3 210 | 2 890 | 3 950 | 4 850 | 4 440 | |
| 88 | 3 880 | 3 500 | 4 780 | 5 870 | 5 370 | |
| 96 | 4 620 | 4 170 | 5 690 | 6 990 | 6 390 | |

注：[1] 表中数据取自 ISO 1969、ISO 1346、ISO 1140、ISO 1141、ISO 1181；

[2]公称直径相当于以毫米表示的近似直径；

[3]线密度（以 ktex 为单位）相当于单位长度绳索的净重量，以每米克数或每千米千克数来表示；

[4]线密度在 ISO 2307 规定的参考张力下测量。

表 3-2 几种绳索在水中质量与空气中质量的百分比

| 绳索基体材料 | 绳索在水中质量与空气中质量的百分比（%） | |
|---|---|---|
| | 淡水 | 海水 |
| PA | 12.3 | 9.7 |
| PET | 27.3 | 25.4 |
| PP | -8.7 | -12.0 |
| 钢丝 | 87.3 | 86.9 |

1. 乙纶绳

乙纶绳（亦称聚乙烯绳索、PE 绳）主要由 PE 单丝制成，PE 单丝直径为 0.20～0.40 mm。低牵伸的 PE 单丝，在连续和长时间载荷作用下会发生蠕变，这是一种永久伸长。在达到断裂试验的最大载荷以后，并在实际断裂以前聚乙烯试样可以继续伸长，而此时张力已下降，在这种情况下，断裂载荷不等于最大载荷，而是远远小于最大载荷；所以，用于绳索的 PE 单丝要经高倍牵伸，以减少 PE 绳的蠕变。PE 绳的技术特性见 ISO 1969。PE 绳在海水抗风浪网箱中也被用作海水抗风浪网箱锚绳或其他纲索（表 3-3）；诚然，海水抗风浪网箱受到水流和波浪推动，作为海水抗风浪网箱定位的锚绳反复受到加载，这种工况对 PE 锚绳易引发材料疲劳问题，因此，在海水抗风浪网箱锚绳设计时应该考虑锚绳材料的疲劳问题。

表 3-3 海水抗风浪网箱设施材料规格

| 海水抗风浪网箱设施材料 | 规 格 | 备 注 |
|---|---|---|
| 圆形海水抗风浪网箱 | $\phi$12 m×6 mm | SD 钢制 |
| 菱形金属网衣 | $\phi$4.0 mm×50 mm（侧网网目纵向设置） | 镀锌铁线制 |
| 浮子 | $\phi$630 mm×900 mm（浮力 180 kg） | 高密度发泡聚乙烯材料 |
| 中间浮子 | A200，$\phi$28.6 mm×6 mm（浮力 180 kg） | 高密度发泡聚乙烯材料 |
| 侧拉绳索 | PE-A48 GB/T 18674 | 聚乙烯绳索 |
| 锚绳 | PE-A48 GB/T 18674 | 聚乙烯绳索 |
| 拐角绳索 | PE-A48 GB/T 18674 | 聚乙烯绳索 |
| 锚 | 1 600 mm×1 600 mm×1 200 mm | 混凝土方块 |

2. 丙纶绳

丙纶绳（亦称聚丙烯绳索、PP 绳）由 PP 纤维制成。PP 纤维形态主要有长丝、单丝、短纤维和裂膜纤维等几种。PP 长丝的外观与 PA、PET 长丝非常相似，不染色时，上述三种纤维均为白色。PP 长丝的粗度一般为 0.22～1.67 tex。PP 单丝直径一般为 0.20～0.40 mm，由单丝捻合成绳纱。PP 的单丝短纤维有点像植物硬纤维（如马尼拉麻、西沙尔麻等），把 PP 单丝切成 0.10～1.10 m 长的短纤维，其横截面呈圆形，直径约为 0.11 mm（线密度约 11 tex）。PP 裂膜纤维是经高倍牵伸的薄膜带，其伸长度较小，甚至比 PP 长丝还低；另外，PP 裂膜纤维柔挺性较大，制绳时仅需较少加捻，制造工艺较为简单，比其他几种形态的纤维制绳价格相对较低。制造绳纱的薄膜带的规格为宽度 20～40 mm、厚度 0.06～0.10 mm、粗度 1.6～2.7 ktex。PP 绳的技术特性见 ISO 1346。PP 绳在海水抗风浪网箱锚泊绳索中应用较多，另外丙纶夹钢丝绳在锚泊绳索中也有少量应用。

3. 锦纶绳

锦纶绳（亦称尼龙绳、聚酰胺绳索、PA 绳）由 PA 纤维制成。制绳用 PA 纤维形态有长丝、单丝两种，且 PA 长丝最为普遍，PA 长丝的粗度为 0.66～2.22 tex。用 0.66 tex 很细的纤维制成的绳索较软，有较好的可绕性。用 2.22 tex 粗纤维制成的绳索则具有较高的断裂强力。一般来说，在绳索中纤维之间接触的表面积随纤维的粗度而增加，纤维间接触的表面积越大，则绳索中纤维强力利用程度就越高。一根绳索中纤维数量随着每根纤维的粗度变化而变化，例如直径 34 mm 的 PA 绳索含有约 100 万根 0.66 tex 的长丝，而直径 38 mm 的马尼拉绳仅含有 31 000 根较粗的马尼拉纤维。由 PA 单丝制成的绳索，其单丝直径为 0.10 mm（约 11 tex）至 5.00 mm 或更粗些。这些单丝通常是圆形横截面，细的单丝可作为一根单纱，而粗的单丝可直接作为绳纱加捻成股。由 PA 单丝制成的八股编绳可用于金枪鱼延绳钓干绳使用等。PA 绳的技术特性见 ISO 1140。

4. 涤纶绳

涤纶绳（亦称聚酯绳索、PET 绳）由 PET 纤维制成。PET 绳一般使用长丝形态。PET 纤维外形和粗度与 PA 长丝很相似，但两者在其他性能上有所区别，PET 长丝的断裂强力比 PA 长丝略低，伸长比 PA 长丝小，一般 PET 长丝粗度约 0.6 tex，甚至比 PA 长丝更细。PET 绳的技术特性见 ISO 1141。

5. 渔用合成纤维绳索新品种

除上述普通合成纤维绳索外，随着科技的进步，世界上出现了许多合成纤维绳索新品种，如 UHMWPE 纤维绳索（图 3-2）、熔纺超高强单丝绳索（图 3-3）和对位芳香族聚酰胺纤维（又称对位芳酰胺纤维，简称 PPTA 纤维）绳索等，其中，在渔业上应用最广的为 UHMWPE 纤维绳索。

UHMWPE 纤维绳索由 UHMWPE 纤维长丝制成，其特性为断裂强度高、伸长小、自重轻、耐磨耗、特柔软、易操作等，因而在安全防护领域首先得以应用。随着 UHMWPE 纤维的批量生产，一些渔业发达国家已将部分 UHMWPE 纤维绳索应用于渔业

图 3-2　UHMWPE 纤维绳索在海水抗风浪网箱及大型养殖围网工程上的应用

图 3-3　熔纺超高强单丝绳索新材料的加工制作

生产，如在挪威、荷兰、西班牙等国建造的超级远洋拖网船上，用作大型中层拖网的曳纲。UHMWPE 纤维绳索在渔业上的应用，使网具在高效、节能和大型化方面取得突破性的进展。虽然 UHMWPE 纤维绳索在海洋渔业或其他海洋工程上的应用时间不长，但在欧美、日本等世界上许多渔业发达国家，渔业或海洋工程管理者已将其视为最易于接受的新材料之一，并积极从事该领域的基础理论研究和海上试验。国内有关拖网渔业用 UHMWPE 纤维绳索的研究较少，有关海水抗风浪网箱工程用 UHMWPE 纤维绳索研究更少。2012 年起，东海水产研究所石建高课题组在院基本业务费专项“水产养殖高新技术开发研究”（2012A13）、中国水产科学研究院基本科研业务费专项课题“深水网箱箱体用高强度绳网的研发与示范”（2012A1301）的资助下携手山东爱地等企业开展网箱箱体用 UHMWPE 纤维绳网的研发与示范，成功开发出周长 200 m 的特力夫超大型深海养殖网箱，相关项目的实施有助于海水抗风浪网箱产业突破高强度绳网技术瓶颈，提高海水抗风浪网箱强度、规格、安全性、抗风浪流性能和防台减灾效果，缩短我国海水抗风浪网箱绳网与发达国家的差距，为海水抗风浪网箱产业的可持续发展提供技术支撑。

2012 年起，东海水产研究所石建高课题组在上海市成果转化项目“节能降耗型网具材料中试与示范”（103919N0900）的资助下携手威海好运通、威海正明和沃恩特种网具等单位开展了高性能绳索的生产与海水抗风浪网箱养殖业的推广应用（图 3-4）；项目研发的高性能网箱箱体网袋为我国海水抗风浪网箱规模化养殖设施配套，项目通过高性能箱体网袋材料的技术升级、集成创新和系列成果应用提高了海水抗风浪网箱设施的抗风浪性能、增加了海水抗风浪网箱内外的水体交换能力、减少了海洋污损生物附着，项目推动了海水抗风浪网箱产业的可持续健康发展。

图 3-4　高性能网箱箱体的生产

## 三、几种主要合成纤维绳索的物理性能

1. 断裂强力

由于制绳用基本材料、绳索结构和绳索粗度等不同，绳索的断裂强力是各不相同的，目前几种主要合成纤维绳索已有国际标准或国家标准，各类绳索的技术特性可参见相关国际标准（如 ISO 1969、ISO 1346、ISO 1140、ISO 1141、ISO 1181 等）或国家标准。图 3-5 表示各种材料的捻绳断裂强力与直径之间的关系。由图可见，不同材料的捻绳，在直径相同的情况下，其断裂强力差异显著。其中，PA 绳的断裂强力最高，其余顺次为 PET、PP、PE 绳，而马尼拉绳为最低。从中可看出，合成纤维的断裂强力大大优于植物纤维绳索。在选用绳索时，还要注意绳索的质量，有关各类绳索的质量与断裂强力的关系如图 3-6 所示。

绳索的断裂强力是海水抗风浪网箱系统设计中必须关注的关键指标。一般绳索的使用载荷不超过 20%~25%的断裂强力，即选用绳索的断裂强力值应使安全系数达到 4~5。根据对下列各种绳索即 PE 单丝、PP 单丝、PP 复丝、PET 复丝、PA 复丝及 UHMWPE 长丝绳索的对比分析，发现 PE 单丝绳索不适合在海水抗风浪网箱中做锚绳。海水抗风浪网箱受到水流和波浪推动，作为海水抗风浪网箱锚泊定位的锚绳反复受到加载，这种工况对 PE 单丝绳索而言，最易引发材料疲劳问题。另外，PET 的密度也过大，相同直径和长度的绳索，PET 绳索的质量是 PP 的 1.5 倍，因此，人们应根据绳索特点选择合适的网箱锚绳。

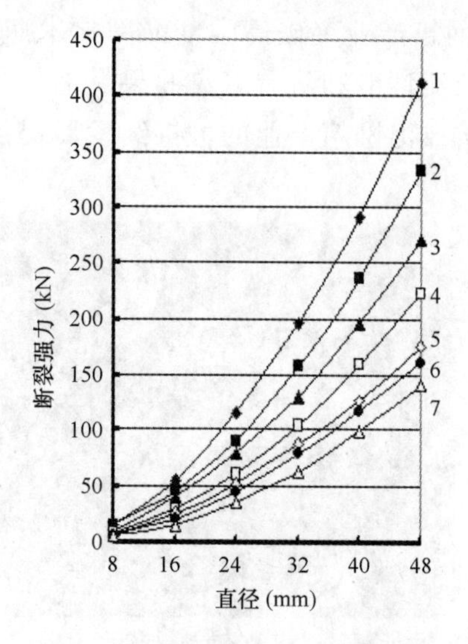


图 3-5　不同纤维三股捻绳的断裂强力与直径之间的关系

1. PA；　2. PET；　3. PP；　4. PE；
5. 马尼拉SP 级品；6. 马尼拉 1 级品；
7. 马尼拉 2 级品

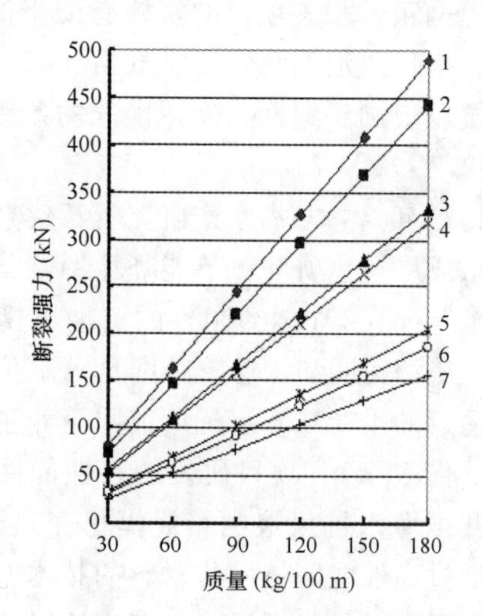


图 3-6　不同纤维三股捻绳的断裂强力与质量之间的关系

1. PA；　2. PET；　3. PP；　4. PE；
5. 马尼拉SP 级品；6. 马尼拉 1 级品；
7. 马尼拉 2 级品

2. 断裂长度

绳索自身重力等于其断裂强力值时所具有的长度称为绳索的断裂长度（breaking length），符号 $L_d$，一般以千米（km）为单位。断裂长度是表示绳索强度的一个相对指标，按式（3-1）计算绳索的断裂长度。

$$L_d = \frac{F_d}{\rho_x} \times 1\,000 \tag{3-1}$$

式中：$L_d$ ——绳索断裂长度（km）；

$F_d$ ——绳索断裂强力（N）；

$\rho_x$ ——绳索的线密度（tex）。

因为断裂长度与绳索的规格无关，可用它来比较不同种类和结构绳索的断裂强力大小。断裂长度越大，绳索强力越大。参照德国学者 G. Klust 的论著，表 3-4 列出了几种纤维绳索的断裂长度值。由表可见，表中不同结构的绳索，PA 长丝绳索强力最高；同类结构的合成纤维捻绳中，强力最大为 PA 长丝绳，其次为 PP 绳、PE 单丝绳、PET 长丝绳，最小为 PVA 短纤维绳，实心编绳比相同质量的管形编绳的断裂长度要小。

表 3-4 空气中几种纤维绳索断裂长度

| 绳索种类 | 断裂长度（km） | |
| --- | --- | --- |
| | 平均长度 | 最大长度—最小长度 |
| 三股捻绳 | | |
| 马尼拉，SP 级品 | 11.9 | 12.9—11.1 |
| 马尼拉，1 级品 | 10.8 | 11.8—10.1 |
| 马尼拉，2 级品 | 9.6 | 10.3—8.9 |
| 西沙尔 | 9.6 | 10.3—8.9 |
| 椰棕 | 3.4 | 3.5—3.3 |
| PA 长丝 | 30.6 | 32.1—27.4 |
| PET 长丝 | 19.2 | 20.3—17.3 |
| PP 单丝或裂膜纤维 | 23.8 | 32.3—25.3 |
| PE 单丝 | 21.2 | 24.7—19.0 |
| PVAA 长丝 | 20.0 | 23.8—15.0 |
| PVAA 纺织圆编 | 15.6 | 16.3—14.0 |
| PP 单丝纺织纤维 | 21.3 | 24.0—20.5 |
| 编织绳 | | |
| PA 长丝圆编 | 30.6 | 31.3—30.0 |
| PET 长丝圆编 | 21.3 | 24.6—16.0 |
| PA 长丝实心编 | 244.4 | 25.1—22.1 |
| PET 长丝实心编 | 16.1 | 19.5—1.0 |
| 八股编绞绳 | | |
| 马尼拉，SP 级品 | 11.4 | 12.8—10.5 |
| 马尼拉，1 级品 | 10.4 | 11.6—9.6 |
| PA 长丝 | 28.4 | 32.0—26.5 |
| PET 长丝 | 18.3 | 19.1—17.3 |
| 特殊结构绳 | | |
| PA 六股混合捻绳（Atlas） | 32.8 | 33.9—31.0 |
| PA 双层编制绳（Samson） | 34.6 | 38.3—32.3 |

注：本表取自 G. Klust. 1983. Fiber rope for fishing gear. p. 80。

## 第二节 海水抗风浪网箱工程网衣材料

海水抗风浪网箱工程网衣材料主要包括合成纤维网衣材料与金属网衣等网衣材料。合成纤维网衣生产工艺简介详见石建高研究员主编的大型专著《渔用网片与防污技术》（东华大学出版社），这里不再重复。

## 一、合成纤维网衣材料

### （一）合成纤维网衣

海水抗风浪网箱工程用合成纤维网衣材料主要有聚乙烯网衣、聚酰胺网衣和超高分子量聚乙烯纤维网衣等。

#### 1. 聚乙烯纤维（乙纶）网衣

聚乙烯纤维是以PE为原料采用常规熔融纺丝法生产的合成纤维，在我国的商品名为乙纶。聚乙烯纤维属于聚烯烃类纤维，聚乙烯纤维英文为polyethylene fiber。聚乙烯纤维主要包括普通聚乙烯单丝、UHMWPE复丝纤维和熔纺UHMWPE单丝等产品，一种聚乙烯网片如图3-7所示。我国常用的聚乙烯单丝直径为（0.2±0.02）mm、线密度为36 tex。聚乙烯单丝产品外观要求同批产品不允许有明显色差和明显压痕，不允许有未经牵伸的单丝，结头数在质量250 g的单丝中不得超过2~4个。我国生产的渔用聚乙烯单丝的质量已达到国际同类产品先进水平。

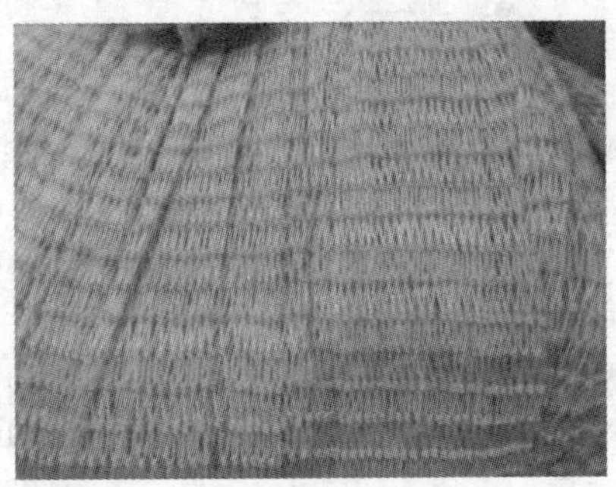

图3-7 聚乙烯网片

现行水产行业标准SC/T 5001—2014尚无渔用新材料的定义，综合国务院发布的《新材料产业标准化工作三年行动计划》、材料技术相关院所高校企业专家学者代表意见、部分渔具及渔具材料分技委委员代表意见、渔业生产代表意见等，将“渔用新材料”的定义为“那些新出现或已在发展中的、具有传统材料所不具备的优异性能和特殊功能的渔用材料”，在渔用新材料相关标准正式发布前，上述定义将作为“渔用新材料”的评定依据（诚然，已经获得授权的渔用材料可不经评审直接认定为“渔用新材料”）。渔用新材料的应用为海水抗风浪网箱的离岸化、大型化和现代化等发挥了重要作用。除普通渔用乙纶单丝外，东海水产研究所石建高研究员课题组联合美标等单位根据我国渔用材料的现状，以特种组成原料（如MMWPE原料、UHMWPE粉末等原料）与熔纺设备为基础，采用特种纺丝技术，研制具有性价比高和适配性优势明显，且易在我国渔业生产中推广应用的高性能或功能性单丝新材料（如海水鱼类养殖网衣用纤维、一种海水网箱或栅栏式堤坝围网用绞线、离岸网箱网袋主纲加工用单丝、海水网箱或扇贝笼装备用缝合线、一种深蓝渔业用纲索、深远海网箱或浮绳式围网用防污熔纺丝，等等）。因高性能或功能性单丝新材料具有性能或功能好、性价比高的特点，其应用前景非常广阔。石建高研究员等将上述特定的高性能或功能性单丝新材料称为中高聚乙烯及其改性单丝新材料、熔纺超高聚乙烯及其改性单丝新材料。图 3-8 为熔纺超高强单丝新材料。

图 3-8 熔纺超高强单丝新材料的加工制作

由于聚乙烯（亦称乙纶）网线价格较低，因此，在各行各业将得到更广泛的推广应用，海水抗风浪网箱中也使用较多。聚乙烯网片可用手工单死结编为有结网片，或用机械编结为有结网片和无结网片，聚乙烯网片相关标准有《渔用机织网片》（GB/T 18673—2008）《聚乙烯网片 绞捻型》（SC/T 5031—2014）和《聚乙烯网片 经编型》（SC/T 5021—2011），等等。为保证箱体网衣在水中充分张开，在网衣装配时其水平缩结系数要求为 0.707。箱体网衣网目大小应根据养殖对象的个体而定，以尽量节省材料并达到网箱水体最高交换率为原则，以破一目而不能逃鱼为目标。

2. 聚酰胺纤维（锦纶）网衣

聚酰胺俗称尼龙（Nylon），又称为锦纶。目前，我国渔用聚酰胺纤维主要品种为 PA6 纤维和 PA66 纤维。在国外，目前渔用聚酰胺纤维品种除 PA6 纤维和 PA66 纤维外，还有少量的芳香族聚酰胺纤维。在渔业中，PA 复丝纤维广泛用来制造围网、纲索和网箱箱体网衣等；2016 年美济渔业联合东海水产研究所等单位制定了行业标准《超高分子量聚乙烯网片 经编型》（SC/T 5023—2002）。PA 单丝还用来制作防止水产养殖网箱等养殖网具饵料流失用的尼龙筛网等。目前，我国网箱箱体用锦纶网衣以锦纶经编网居多。锦纶网衣如图 3-9 所示。

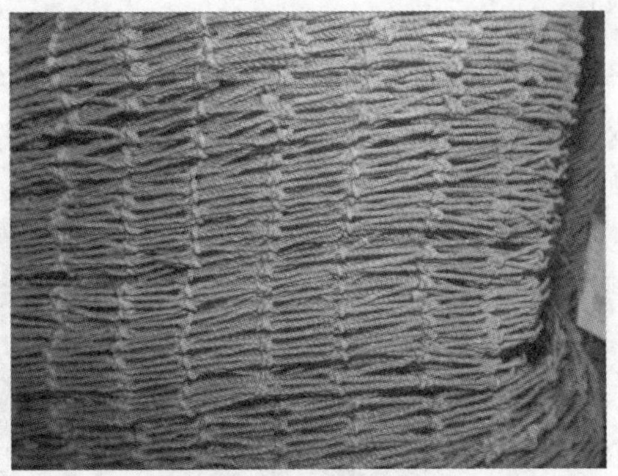

图 3-9　锦纶网衣

3. 超高分子量聚乙烯网衣

超高分子量聚乙烯（UHMWPE）网衣的国内外代表性品种包括 Dyneema 网衣、Spectra 网衣和 Trevo 网衣等，其中 Trevo 网衣为山东爱地开发的渔用超高分子量聚乙烯网衣。Trevo 经编网衣、Trevo 绞捻网衣、Trevo 单死结型网衣分别如图 3-10 和图 3-11 所示。根据海水抗风浪网箱大型化、向外海发展以及装备技术升级的迫切需要，东海水产研究所石建高研究员课题组联合山东爱地等单位率先研发出多种网箱工程用 Trevo 绳网线材料，提高网箱强度、规格、安全性、抗风浪流性能和防台减灾效果，为海水抗风浪网箱产业的可持续发展提供技术支撑。2011 年，东海水产研究所石建高研究员课题组联合山东爱地等单位率先将树脂处理后的单死结型 Trevo 网衣成功应用于金属网箱箱体底部，取得了很好的试验效果。

图 3-10　Trevo 经编网衣与绞捻网衣

在渔业生产上 UHMWPE 网衣可被用于制造捕捞围网、拖网、网箱、养殖围网等。用 UHMWPE 纤维制作的网衣强力高，可减小网线规格、提高滤水性能，从而降低渔具或箱体网衣的阻力；2015 年，东海水产研究所石建高研究员联合山东爱地等单位制定了行业标准《超高分子量聚乙烯网片　经编型》（SC/T 5022—1993），该标准的首次制定助力了

UHMWPE 纤维在渔业生产上的产业化应用。随着海水抗风浪网箱的发展，UHMWPE 网衣将会得到更加广泛的应用。东海水产研究所石建高研究员联合山东爱地等单位率先将 Trevo 网衣应用在金属网箱、(超) 大型海水抗风浪网箱、(超) 大型养殖围网等养殖设施上，提高了相关养殖设施的安全性与抗风浪性能，取得令人瞩目的养殖效果 (图 3-12)。

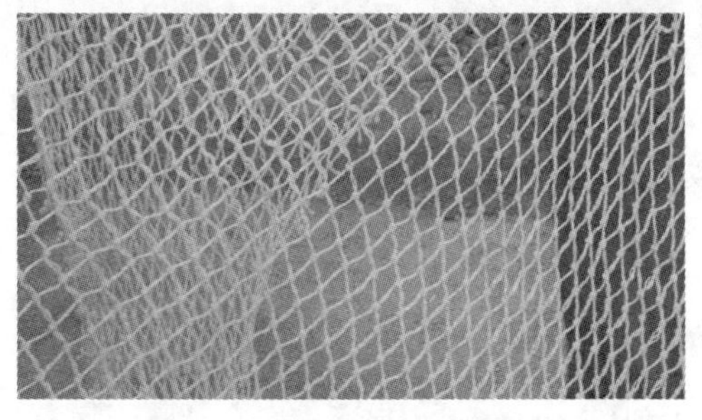

图 3-11 Trevo 单死结型网衣

图 3-12 Trevo 网衣在金属网箱箱体上的应用

### (二) 合成纤维网片的网目形状

网目是组成网片的基本单元，俗称“网眼”或“网孔”，是由网线通过网结或绞捻、插编、辫编等方法按设计形状编织成的孔状结构。合成纤维网衣的网目形状有菱形、方形或六角形 (图 3-13)。网目包括目脚和网结 (或连接点) 两部分，一个菱形或方形网目一般是由 4 个网结和 4 根等长的目脚所组成；就整块网片而言，一个网目包含两个网结和 4 根目脚。传统网片的网目一般都由菱形网目构成，它能较好地适应网具的作业需要。为减小阻力以及节省网具材料等，20 世纪 70 年代中期起，采用网线沿水平方向、垂直方向或网结连线斜向正交接结，形成网目为正方形和六角形 (六边形) 的网片受到国内外重视，并应用于渔业研究和生产实践。

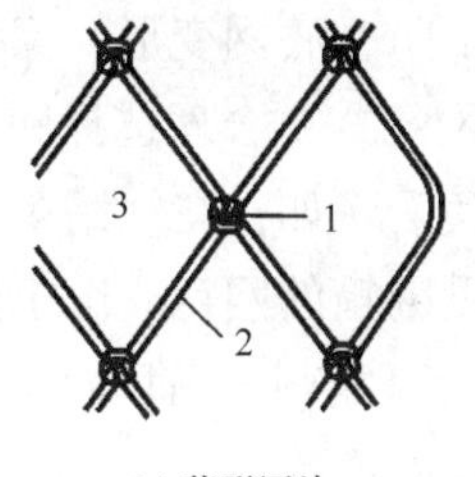



(a) 菱形网片

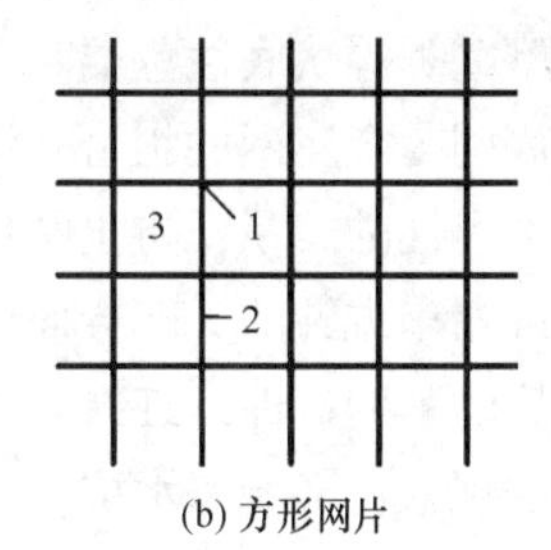



(b) 方形网片

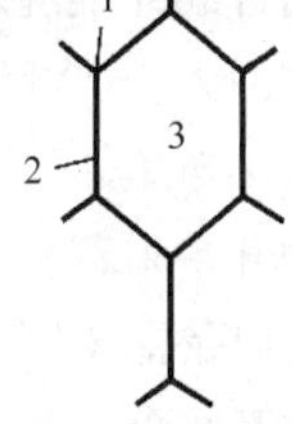



(c) 六角形网片

图 3-13 各种网目网片

1. 网结或网目连接点；2. 目脚；3. 网目

海水抗风浪网箱工程用合成纤维网片可分为有结网片和无结网片，其中无结网片使用较多，无结网片网目连接点的形式主要有经编、辫编、绞捻、平织、插捻和热塑成型等 (图 3-14)。其中，目前使用较多的是经编网片、绞捻网片和辫编网片几种。如果无结网片网目连接点上相互连接的网线多，网目连接点长度增加，则网目形状从一般的菱形变成六角形或其他多边形。

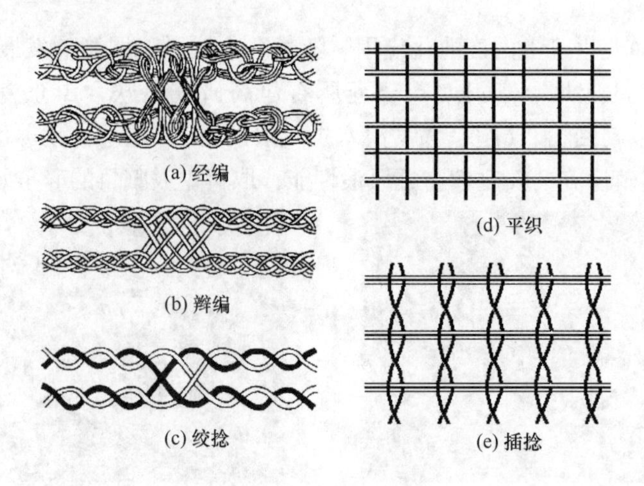


图 3-14　无结网片网目连接点的形式

### (三) 合成纤维网衣网目尺寸表示方法

渔用合成纤维网衣的网目尺寸为一个网目的伸直长度，用目脚长度、网目长度和网目内径三种尺寸表示（图 3-15）；值得注意的是，它与金属网衣的网目尺寸存在差异。网箱箱体网衣的设置有单层和双层两种，一般采用单层者居多，水流畅通、操作方便，但不安全。双层网一般是里层网目小，外层网目大，以利于水流畅通。有些海水抗风浪网箱养殖户在使用双层网时内网采用无结网衣、外网采用有结网衣，或者内网采用小网目无结网衣、外网采用大网目金属网衣，这些措施既满足了鱼类养殖的安全需要，又节省了网箱成本。在蟹类及海豚较多的海区，应使用双层网，以防破网逃鱼。稚鱼投饵和中间培养中合成纤维网是不可缺少的，即使在使用金属网衣网箱中，收容养殖鱼的取鱼网、更换网箱时的网箱之间连接的通道网也都使用合成纤维网。养殖鲆鲽类等伏底性鱼类时，为了防止底网变形，保持侧网的网形，出现了侧网为合成纤维网、底网为金属网的组合式网衣网箱。要合理选择网目大小，必须熟知网目大小与鱼体尺寸及鱼类习性的关系，防止网目刺鱼。例如，在红鳍东方鲀放养不久，附着生物开始附着，养殖的红鳍东方鲀的头部会伸进新设网箱的网目，由于鲀类特有的鱼体膨胀习性以及锦纶网衣入水后的紧缩特性，红鳍东方鲀就可能刺入网目而不能脱离，有时会出现鱼类互相食尾鳍而死亡的现象，影响海水抗风浪网箱养殖效果。

#### 1. 目脚长度

目脚长度是当目脚充分伸直而不伸长时网目中两个相邻结或连接点的中心之间的距离（相当于一个目脚和一个结的长度之和）。目脚长度亦称“节”，如图 3-15（a）所示。通常用符号“$a$”表示，单位 mm。在实际测量时，可从一个网结下缘量至相邻网结的下缘。

#### 2. 网目内径

当网目充分拉直而不伸长时，其对角结或连接点内缘之间的距离称为网目内径。网目内径符号用“$M_j$”表示，单位 mm，如图 3-15（c）所示。值得注意的是，我国在渔具图

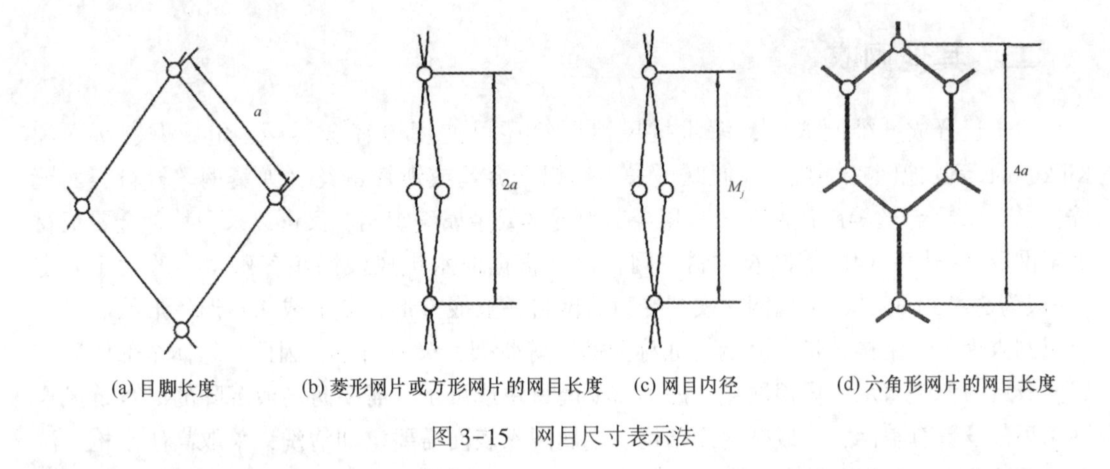


图 3-15 网目尺寸表示法

标志或计算时，一般都习惯用目脚长度和网目长度表示；但在刺网或在有严格规定的渔场中的捕捞用拖网，它们的网目尺寸一般用网目内径表示。建议读者在远洋渔业、渔网产品国内外贸易或渔网质量评定等场合中明确网目尺寸对应的是网目长度和网目内径中的哪一种，以避免不必要的纠纷。

3. 网目长度

当网目充分拉直而不伸长时，其两个对角结或连接点中心之间的距离称为网目长度，简称“目大”。若渔用菱形网片和方形网片的网目中一个目脚长为 $a$，则其网目长度符号用“$2a$”表示，单位 mm，如图 3-15（b）所示。测量时，可在网片上分段取 10 个网目拉直量取，然后取其平均值。菱形网片和方形网片的网目有 4 个目脚、4 个结节（或节点），而六角形网片的网目有 7 个目脚和 6 个节点。若渔用六角形网片的网目中每一个目脚长均为 $a$，则其网目长度符号用“$4a$”表示，单位 mm，如图 3-15（d）所示。

（四）海水抗风浪网箱工程网衣网目大小的选择

海水抗风浪网箱水体交换率与网目大小、网线直径有直接关系。网目越大，网线越细，水体交换率越高。在不逃鱼的条件下，应选择尽可能大的网目，其大小应根据放养鱼个体的大小而定。此外，在海水抗风浪网箱养鱼的各个阶段，网目应随着鱼体的增长而相应增大，网线也须相应加粗以增强海水抗风浪网箱工程网衣的强度。

目前国内生产的海水抗风浪网箱工程网衣网目大小尚无统一的标准，以养殖过程中不逃鱼以及不刺挂养殖鱼类为原则。一般来说，10 mm 大的网目，海水抗风浪网箱可放养体长 30 mm 以上鱼苗；15 mm 大的网目，海水抗风浪网箱可放养 50 mm 以上鱼苗；20 mm 大的网目，海水抗风浪网箱可放养 60 mm 以上鱼种；30 mm 大的网目，海水抗风浪网箱可放养 100 mm 以上鱼种；40 mm 大的网目，海水抗风浪网箱可放养 120 mm 以上鱼种；等等。诚然，海水抗风浪网箱工程网衣网目大小还与鱼的品种与体形、网箱装配工艺（如网衣缩结系数）等直接相关。

## 二、其他网衣

除上述合成纤维网衣外，海水抗风浪网箱还可使用镀锌金属网、龟甲网、钛网和Kikko net等其他网衣材料。人们既可采用锌铝合金丝或镀锌钢丝（弹簧钢丝材料表面镀锌）、铜-锌合金丝等制作网箱工程用金属斜方网或金属编织网，又可以采用特种金属板材加工网箱工程用拉伸网等网衣材料。网目尺寸根据海水抗风浪网箱养殖鱼类的大小而定（一般为5~130 mm），金属网衣安装受力后网目一般成方形、菱形或六角形等形状。由于金属网衣为刚性结构，带有力纲（亦称网筋）等骨架，又有自重，因此，箱体全部使用金属网衣后的整个海水抗风浪网箱一般不需要配重块或沉子。需要防鸟或沉降的海水抗风浪网箱顶部设置有盖网，形成全封闭结构。金属网衣表面需要定期清洗，采取高压水枪、洗网机等清除网衣表面的钩挂生物、漂浮物等。东海水产研究所、大连天正集团等单位对金属网衣网箱进行了相关研究，相关信息有兴趣的读者可参阅石建高研究员主编专著《渔用网片与防污技术》第九章，这里不再重复。

海水抗风浪网箱设置海区深度深，受风、波浪和海流的影响很大。海水抗风浪网箱的结构材料除框架外，网衣材料也是影响性能的重要因素，它直接关系到养鱼的安全性。国内传统合成纤维网衣网箱的箱体网衣一般采用普通乙纶网片、锦纶网片和涤纶网片，等等。若经济条件许可，箱体合成纤维网衣最好经防污涂料进行防污处理，可适当避免因网衣堵塞、水交换减少、养殖环境恶化等造成的鱼病爆发问题。有关渔网防污技术，读者可参阅大型专著《渔用网片与防污技术》第十章，这里也不重复。表3-5为部分海水抗风浪网箱工程网衣性能的对比情况。

**表3-5 部分海水抗风浪网箱工程网衣性能的比较**

| 材料类型 | 合成纤维网衣 | 镀锌金属网 | 龟甲网 | 钛网 |
| --- | --- | --- | --- | --- |
| 使用寿命 | 1~2年（基于网箱养殖海况的好坏，可能有修补） | 2~3年 | 10年 | 长 |
| 抗流能力 | 柔软、易漂起，需采用配重等措施 | 良好 | 良好 | 良好 |
| 抗污能力 | 未防污处理的普通合成纤维网衣抗污能力差；同等网片强力下，UHMWPE网衣的抗污能力优于普通合成纤维网衣 | 较好 | 优于普通合成纤维网衣 | 优于普通合成纤维网衣 |
| 网衣清洗方式 | 在陆上、框架或海上工作平台等处洗净、采用机械等清洗方式，普通合成纤维网衣3~6次/年 | 潜水员洗网、采用洗网机等清洗方式，2~3次/年 | 潜水员定期洗网、采用洗网机等清洗方式 | 潜水员洗网、采用洗网机等清洗方式，3~4次/年 |
| 河鲀养殖 | UHMWPE网衣可以养殖未剪齿河鲀；其他网衣一般不能养殖未剪齿河鲀 | 可养殖未剪齿河鲀 | 可养殖未剪齿河鲀 | 可养殖未剪齿河鲀 |

续表

| 材料类型 | 合成纤维网衣 | 镀锌金属网 | 龟甲网 | 钛网 |
|---|---|---|---|---|
| 材料操作性能 | 柔软轻便，加工、运输和安装等操作方便；UHMWPE 网衣操作性能优越 | 较普通合成纤维网衣重，加工、运输和安装等借助辅助机械设备 | 较镀锌金属网轻，稍偏硬 | 比镀锌金属网轻 |
| 成本 | 普通合成纤维网衣成本较低 | 高于普通合成纤维网衣 | 是镀锌金属网的2倍 | 是镀锌金属网的5倍 |

锌铝合金网衣为日本等国在海水抗风浪网箱上常用的金属网衣之一。锌铝合金网衣完全采用日本最先进的金属丝网加工工艺，由一种经特殊电镀工艺制造的锌铝合金网线（亦称锌铝合金丝、锌铝合金线等）编织而成。相关资料显示，锌铝合金网线采取双层电镀的尖端技术，确保合金网衣的高抗腐能力，常年置于海水中防腐防锈可达 10 年以上，锌铝合金网线一般为三层结构，其最里层是铁线芯层，再在铁线芯层外镀有铁锌铝合金层，最后在铁锌铝合金层外镀有特厚锌铝合金镀层。金属丝的特厚锌铝合金镀层，一般采用锌铝合金 300 $g/m^2$ 以上的表面处理技术或其他特种处理技术。龟甲网加工的箱体网衣优点是不生锈、耐腐蚀、比重轻、质地硬，在风浪大的养殖场箱体变形小。钛网的强度和不锈钢相同，但比重仅为 4.5 $g/cm^3$，比铁轻，耐海水腐蚀性能可与白金相比，但经受不住风浪引起的磨损，只能用于港湾内网箱养殖场或者有刚性支撑类型的网箱（如球形网箱等）上，同时因为钛网价格高，所以钛网目前还未能在网箱养殖生产中普及。

国外以不同于聚酯复丝的“polyester monofilament-polyethylene terephthalate”为基体纤维，采用特殊倍捻织造方法制作成名称为“Kikko net”的海水养殖网箱工程网衣，据公司网站（http：//pmm-marine.com/kikonet.html）介绍，Kikko net 重量轻、海水使用寿命长，目前它已在海水养殖网箱等工程上应用（图 3-16 至图 3-20）。

图 3-16　一种可用于养殖网箱工程的 Kikko net

图 3-16 至图 3-20 来源于 Kikko net 宣传册及其公司网站，这为人们选择海水抗风浪网箱工程网衣材料提供了一个新的途径。

图 3-17　一种方形 Kikko net 网箱

图 3-18　一种圆形 Kikko net 网箱

图 3-19　网箱装配

图 3-20　Kikko net 应用案例

# 第四章　海水抗风浪网箱的养殖海域与锚泊系统

养殖海域与锚泊系统的好坏直接关系到海水抗风浪网箱养殖的成败。海水抗风浪网箱受到的外部作用力通过锚绳传递，并最终通过锚（或桩等）的自重及抓力来达到受力平衡，从而使网箱在海洋动力环境下能维持稳定。锚泊系统是海水抗风浪网箱在水中的根基，科学选择养殖海域、网箱锚泊地址并设计合理的锚泊系统可以确保网箱系统的稳定、安全，保证网箱不会因为风浪侵袭而造成整体受力不均甚至破损，因此，选择合适养殖海域、设计使用合理锚泊系统对海水抗风浪网箱养殖产业可持续健康发展至关重要。在发展深远海网箱养殖等深蓝渔业的今天，养殖海域与锚泊系统对深远海网箱养殖尤其重要，值得大家深入研究。

## 第一节　海水抗风浪网箱养殖海域的选择

### 一、适宜网箱养殖的海域

养殖海域的选择是一个艰苦复杂的工程，选择海水抗风浪网箱养殖海域须考虑政策许可性、养殖污染的可控性、网箱设置海域的适宜性、周边产业和社会的相容性、工程施工场地可行性，等等。我国沿海海区类型大致有开放式、半开放式和海湾等。海水抗风浪网箱养殖海域的海况条件必须符合渔业海域水质标准，附近没有任何大的污染源。

由于海水抗风浪网箱设置时通常是以多只网箱为一组，采用多点锚泊系统，因此，海水抗风浪网箱养殖海域宜选择开放式海区或半开放式海域，要求海底地形较平，底质以泥沙为最佳，使网箱整体不会在风浪袭击下而锚锭产生移动。升降式网箱如果采用锚泊系统构筑的水下升降控制平台，一定要达到控制升降的深度（一般浮框沉降深度在 10 m 左右）回避台风的袭击。浮式抗风浪网箱宜选择有岛礁屏障的海区，以半开放式海域为最佳。在台风来临时，由于浮式抗风浪网箱漂浮于海面无法回避台风的袭击，因此，岛礁就成了抗风浪网箱最好的保护屏障。

在近岸布设抗风浪网箱时，应考虑波浪的回波作用，布设距离以 30 m 以外为宜。除升降式之外的其他类型抗风浪网箱，都有一个技术上难以解决的问题就是鱼类伤亡，这是因为在台风中海浪袭击抗风浪网箱时鱼类之间、鱼类与网箱、鱼类与海底等之间会发生碰撞、挤压、缠绕等剧烈运动，因此，有条件的海区应提倡安装升降式网箱。

## 二、网箱养殖水域调查

在计划安装抗风浪网箱的海域，要进行现场调查，调查内容主要有本底调查、海流测定、水文历史资料和污损生物量等。

1. 初步选定抗风浪网箱养殖区域

在现场勘查前，应先确定抗风浪网箱安装区域的大致范围。可通过海图确定抗风浪网箱安装区域经纬度坐标点和设计网箱布局等。

2. 现场调查

根据海图作业得到的初始资料，开展现场调查确定抗风浪网箱安装的具体位置。现场调查需要配备全球卫星定位仪和测深仪的船只。船只按照预定经纬度的四个点航行，采用“之”字或“回”字航法对预定安装区域进行水深测量。将采集到的数据绘制出海底地形图，从中选择最适合抗风浪网箱安装的区域。现场调查还包括底泥的采集、水样采集、海流的测量等内容。通过上述调查获得底栖生物、初级生产力、海流等技术参数。另外，还要了解海区污损生物的消长周期，防止污损生物附着抗风浪网箱上配套的合成纤维绳索材料。根据该海区的生物消长规律，回避生物附着。通常在生物消亡期安装抗风浪网箱，这对防止网箱生物附着有利。对于大型软体浮式网箱箱内养殖对象来说，其未必经受得住台风或赤潮侵袭的考验，人们应根据自身的经济基础和海区条件综合考虑选择何种类型的网箱。

## 三、网箱对海域水深的要求

1. 升降式网箱设置区域所需的最小水深

升降式网箱设置区域所需的最小水深可根据式（4-1）计算。

$$h = h_1 + h_2 + \frac{1}{2}h_3 + H \tag{4-1}$$

式中：$h$ ——升降式网箱设置区域所需的最小水深（m）；

$h_1$——升降式网箱下潜深度或升降幅度（m）；

$h_2$——升降式网箱使用时的高度（m）；

$h_3$——升降式网箱区域最大波高（m）；

$H$ ——预留高度（m）。

从式（4-1）可以算出升降式网箱对水深的最低要求。假设升降式网箱下潜深度 $h$ 为 10 m，总高度为 10 m，该区历史最大浪高为 5 m，若要求升降式网箱下潜 10 m 后底部与海底仍保持至少 2 m 的距离，则该升降式网箱对水深的最低要求是 24. 5 m。

2. 浮式抗风浪网箱设置区域所需的最小水深

浮式抗风浪网箱主要包括刚性框架式和柔性框架两种。这两种类型的抗风浪网箱设置区域所需的最小水深，虽然没有升降式网箱那么严格，但也不可以随意设置。浮式抗风浪网箱设置区域所需的最小水深可根据式（4-2）计算。

$$h = h_2 + \frac{1}{2}h_3 + H \tag{4-2}$$

式中：$h$ ——浮式抗风浪网箱设置区域所需的最小水深（m）；

$h_2$——浮式抗风浪网箱使用时的高度（m）；

$h_3$——浮式抗风浪网箱区域最大波高（m）；

$H$ ——预留高度（m）。

除下潜深度外，浮式抗风浪网箱与升降式网箱计算式的基本条件和要求是一致的。升降式网箱在正常作业情况下，其状态完全与浮式抗风浪网箱一致，但在遇到恶劣海况（如台风、赤潮、海啸等）时，升降式网箱可下潜至预定深度来实施减灾或防灾，而浮式抗风浪网箱则主要依靠周边环境（如避浪筏、岛礁屏障和浮筏式消波堤等）等条件来实施有限度的减灾。

基于抗风浪网箱锚泊场所的水深大小的优劣：如果锚泊场所的水深为 10 m 左右，除了海水抗风浪网箱养殖场容易快速老化，海水抗风浪网箱养殖场在波浪作用下因水太浅而引起海底泥土的卷扬；如果锚泊场所的水深为 80~100 m，则会增加抗风浪网箱锚泊设施的设置费用。所以，在实际生产中抗风浪网箱锚泊场所的水深以 30~50 m 为宜。随着深远海网箱产业的发展，海水抗风浪网箱养殖海域正在扩大，所以也出现了水深 100 m 以上的海水抗风浪网箱养殖场。

## 四、网箱对海区流速的要求

选择适合的流速，可减少海水抗风浪网箱养殖容积的损失。通常情况下，海区海流流速大于 1.0 m/s 时，从事合成纤维网衣网箱养殖就比较困难。原因之一就是合成纤维网衣比较轻，而且非常柔软，在强海流作用下，导致合成纤维网衣漂移，容积损失严重。合成纤维网衣网箱有效养殖容积减小（图 4-1）。当海区海流流速大于 1.0 m/s 时，养殖户一般在箱体底部悬挂沉块等重物来平衡海流对合成纤维网衣的作用力，以减小海水抗风浪网箱容积损失，这样会增加合成纤维网衣网箱的操作难度。

与合成纤维网衣网箱相比，金属网衣网箱对海区流速的要求较低，其在相同流速下的容积保持率一般优于传统合成纤维网衣网箱。尽管金属网衣网箱在高流速作用下，容积损失率较小，但养殖海区的高流速会对抗风浪网箱设施提出更高的性能要求与装备要求，如高流速下会加速网箱用合金丝之间的磨损或合金板或拉伸网等的冲刷腐蚀离子释放，高流速也会使其长期处于恶劣环境下，从而加速合金材料的疲劳、老化和腐蚀，这需要人们对高流速下网箱养殖工况等进行系列研究论证与风险评估。与合成纤维网衣网箱相比，它重

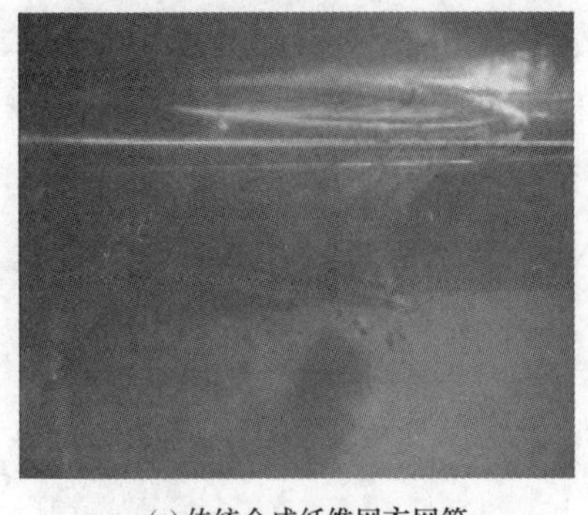
(a) 传统合成纤维网衣网箱

(b) 金属网衣网箱

图 4-1　传统合成纤维网衣网箱与金属网衣网箱容积保持率比较

量相对较大、运输装备与施工操作难度相对较大、运输加工装备成本相对较高，这既增加了网箱初始投入成本与配套辅助装备要求，又限制了它在水产养殖网箱上的产业化推广应用。养殖企业应综合考虑不同类型网箱的优缺点、企业自身条件、养殖海域、养殖品种等因素来选择合适类型的养殖网箱。因此，抗风浪网箱选址时对海区流速的要求也不宜太高，高流速抗风浪网箱养殖海区可配备阻流设施或养殖阻流生物（如配备消波堤、在网箱迎流面养殖一定数量的海带等藻类），以进一步提高抗风浪网箱的使用寿命。

## 第二节　海水抗风浪网箱锚泊方式及安装工程

### 一、网箱锚泊形式

锚泊系统在海水抗风浪网箱系统中具有重要作用，其稳定性是直接影响海水抗风浪网箱安全的一个重要因素，因为只要有其中一根锚绳断裂、松动或出现走锚，都可能导致海水抗风浪网箱的严重变形或破坏，且维修难度大。因此，如何提供有效的锚泊形式并保证网箱安全是海水抗风浪网箱锚泊的关键。目前国内外常见的海水抗风浪网箱锚泊形式有：多点式锚泊、水面网格式锚泊及水下网格式锚泊（图 4-2）。

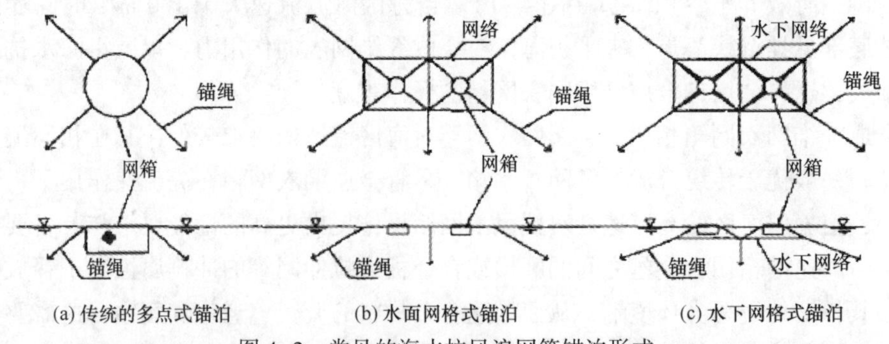


图 4-2　常见的海水抗风浪网箱锚泊形式

多点式锚泊系统、水面网格式锚泊系统和水下网格式锚泊系统的海水抗风浪网箱锚泊设施大致由锚（重锤或混凝土块等）、浮子、锚绳和浮框绳等组成。锚绳可单一使用聚乙烯绳索、聚丙烯绳索和超高分子量聚乙烯绳索等，也可使用“锚链+合成纤维绳索”的组合式锚绳。铁质锚重量有几十千克、数百千克、几吨，等等。随着海水抗风浪网箱的大型化、锚泊地远离岸边等，养殖者也常常采用几十吨重的混凝土块；合成纤维锚绳直接连接在混凝土锚上。在锚绳一定位置上装配有缓冲浮子，缓解海水抗风浪网箱波浪力对锚泊系统的冲击。浮子材料有发泡聚苯乙烯、硬质树脂制品、HDPE 管+聚苯乙烯，等等。

海水抗风浪网箱锚泊方式因海底地形、养鱼环境、海面使用方式等不同，各地区可以采用不同的锚泊方法。在内湾海域有连接锚泊方式。另外，有的地区还有确保一个海水抗风浪网箱以上间隔距离的锚泊连接方法。另一方面，外海域的圆形网箱和内湾海域直径为 15 m 以上的大型圆形网箱的连接锚泊，一般海水抗风浪网箱间距离为 20 m 以上。海水抗风浪网箱排列要与潮流流向并行配置，在内湾网箱养殖场，主锚缆方向要对着湾口方向，在外海海水抗风浪网箱养殖场，要有侧拉绳索敷设。另外，大型圆形金属网衣网箱、浮框式海水抗风浪网箱及浮式合成纤维网衣网箱也有进行单独锚泊的。具有浮式消波作用的外海养殖场，也有采用浮绳式网箱，数百个浮绳式网箱连在一起的。

我国尚无有关海水抗风浪网箱锚泊国家标准。关于海水抗风浪网箱的设置，根据养殖场的不同，养殖鱼的成长、存活率都会产生差异，所以，养殖者可以每年更换海水抗风浪网箱锚泊场所。

### （一）方形网箱的锚泊连接

方形网箱一般使用在浪小的内湾和海峡，大多数采用组合式连接锚泊。组合式连接锚泊由于集约式养殖管理容易，一般海水抗风浪网箱间隔窄，每一排列的连接网箱个数约 2~10 个，也有双重连接锚泊，把相邻 2 列并列起来。图 4-3 所示是以 10 m×10 m 方形网箱为对象的连接锚泊的一个例子。海水抗风浪网箱之间可以用绳索连接，网箱间的距离为 1 m。通过锚泊浮子和锚绳与锚连接，锚为混凝土方块或打桩等。

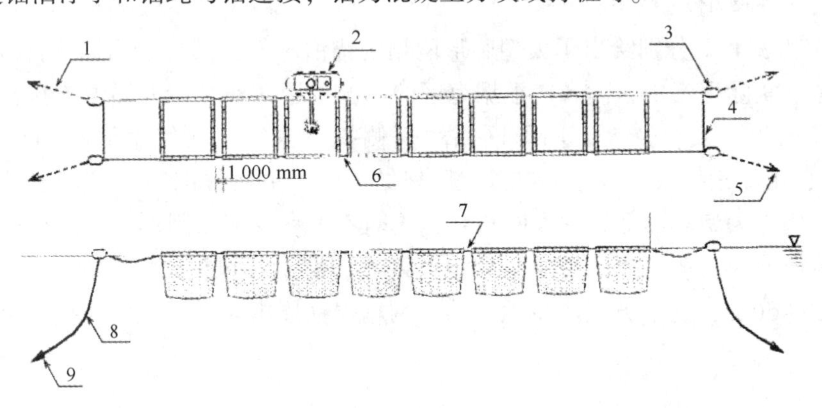


图 4-3 方形网箱连接锚泊实例

1、8. 锚绳；2. 饲料船；3. 浮子；4. 侧张绳；5、9. 锚；6、7. 连接部

（二）圆形网箱的锚泊连接

内湾用的圆形网箱，由于浮框为圆弧形结构，其强度比方形浮框好，所以，圆形网箱锚泊在湾口附近等地方。在波浪平静的海域，圆形网箱也有与方形网箱连接锚泊的。圆形网箱采用锚泊的方式有不设圆形网箱间隔的连接锚泊方式，也有采用设置一个圆形网箱以上间隔的锚泊方式，圆形网箱锚泊实例如图4-4所示。图中是以连接网箱直径12 m内的圆形网箱为对象，网箱之间用装了浮子的侧拉绳索连接；侧拉绳索连接各网箱的4处，通过缓冲浮子同锚连接，而且锚、锚绳及浮子的选用一定要考虑安全性。

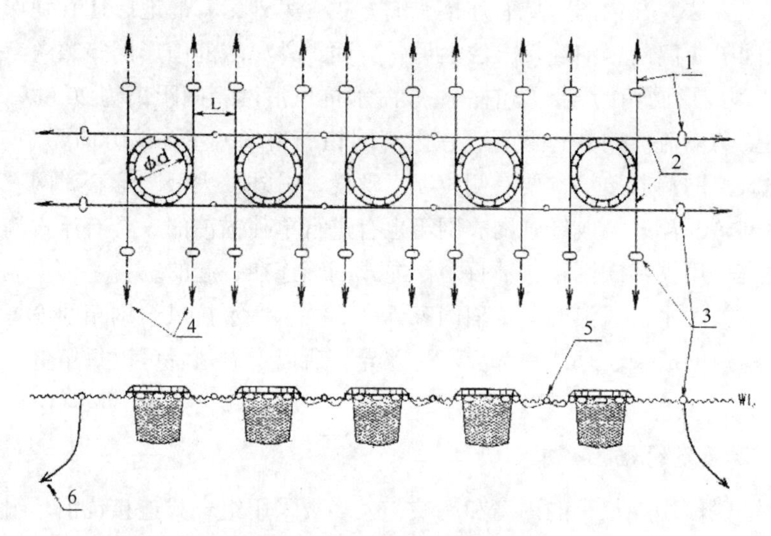


图4-4 圆形网箱的锚泊实例

1. 锚绳；2. 侧张绳；3. 缓冲浮子；4、6. 锚；5. 浮子

（三）大型圆形网箱锚泊连接

图4-5和表4-1分别给出了大型圆形网箱的锚泊示例及其配套用锚泊材料规格，仅供读者参考。实际生产中，读者应根据海区的海况采用切实可行的锚泊连接，以确保大型圆形网箱的生产安全。大型圆形网箱适用侧拉方式，一般使用绳索和混凝土方块（20~60 t），由绳索拉成长方形或棋盘状网格结构，中央放置网箱。图4-5所示的锚泊方法特别适用于大型圆形金属网衣网箱，金属网衣垂直向下，用浮子支持框架。挪威的鲑、鳟养殖或澳大利亚、地中海的金枪鱼类蓄养的海水抗风浪网箱均为浮式圆形网箱，其直径为20~50 m，锚泊方式为单独锚泊，网箱浮框周围8处用绳索连接，浮绳框4点与锚绳连接。

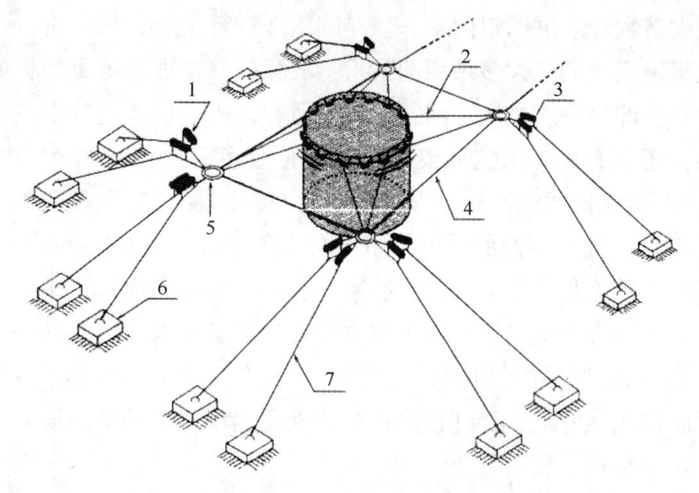


图 4-5 直径 30 m 以上的大型圆形网箱锚泊示例

1. 缓冲浮子；2. 系框绳索；3. 浮子；4. 绳索；5. 转向环；6. 混凝土方块；7. 锚绳

**表 4-1 大型圆形网箱锚泊材料规格**

| 序号 | 名称 | 规格 |
|---|---|---|
| 1 | 缓冲浮子 | PS-$\phi$30 mm SC/T 5009 |
| 2 | 系框绳索 | PE-A45 GB/T 18674 |
| 3 | 浮子 | CTP-3605（$\phi$30 mm） |
| 4 | 绳索 | PE-A55 GB/T 18674 |
| 5 | 转向环 | PA-A70 GB/T 18674 |
| 6 | 混凝土方块 | 3.4 m（长）×3.4 m（宽）×1.7 m（高） |
| 7 | 锚绳 | PE-A55 GB/T 18674 |

### （四）网箱锚泊连接

抗风浪网箱的结构形式根据需要可采用方形和圆形等，规格可根据养殖对象特点和养殖配套设施等情况确定。抗风浪金属网衣网箱锚泊系统结构可参照结构相似的纤维网衣海水抗风浪网箱锚泊系统，但由于抗风浪金属网衣网箱自重较大，在水流中变形小，其所受的水动力在同等条件下大于纤维网衣海水抗风浪网箱，因此，在同等条件下布设抗风浪金属网衣网箱时，锚泊系统设计安全系数要高于同规格纤维网衣海水抗风浪网箱，这增加了抗风浪金属网衣网箱的使用成本。

## 二、锚泊系统安装工程技术

### （一）网箱的下水

南风管业等单位已开发出海水抗风浪网箱的海上组装与修补技术，减少了网箱下水工序。但国内外绝大多数海水抗风浪网箱一般在陆地上进行组装，然后进行下水工序。海水抗风浪网箱陆上组装完成后，大多采用起吊机、故障排除修理车等重型机械装备把抗风浪网箱吊放至海中；少部分海水抗风浪网箱生产企业在码头通过特定的滑道将组装后的抗风浪网箱滑入水中；还有部分海水抗风浪网箱生产企业使用“待潮式海水抗风浪网箱下水法”，退潮时在沙滩组装抗风浪网箱，海水抗风浪网箱组装完毕后置于沙滩，等到满潮时抗风浪网箱在框架和（或）浮筒的浮力作用下漂浮在海面的；少数企业采用在配有起吊机装备的海水抗风浪网箱组装专用船台上组装网箱，网箱装配完成后，用吊机将网箱吊放下水的方式。各种各样的海水抗风浪网箱下水方式都是为了海水抗风浪网箱容易曳航至锚泊场所。曳航中，为避免海水抗风浪网箱底网接触海底，网箱下水时需要将侧网衣卷成筒状，用吊绳暂时固定在浮框上，待到达网箱锚泊处后，将固定的吊绳同时徐徐放松，网箱网衣通过重力作用自然垂下。

海水抗风浪网箱入水前要检查各部件的固定情况，支撑架与浮管的缝隙不能有相互磨损现象。支撑架相对浮管的平移不能超过 200 mm，支撑架的间距为 1.9~2.1 m。

海水抗风浪网箱拖曳速度一般有网时小于 0.5 m/s，无网时小于 1.5 m/s；在浮管上系“十”字绳，其中一根在拖拽绳的延长线上。图 4-6 为海水抗风浪网箱下水场景图。

图 4-6　海水抗风浪网箱下水

（二）网箱的锚泊系统安装

锚泊系统是海水抗风浪网箱在水中的根基，科学选择海水抗风浪网箱锚泊地址并设计合理的锚泊系统可以确保海水抗风浪网箱系统的稳定、安全，保证海水抗风浪网箱不会因为风浪侵袭而造成整体受力不均甚至破损。在海水抗风浪网箱锚泊系统中，海底底质性质和采用的锚泊种类决定着锚泊系统的稳定性能。目前，采用的锚泊主要有铁锚、打桩和混凝土块及其组合式锚等几种类型。铁锚则主要利用其与海底的抓力，操作较为方便，但要求底质为泥、泥沙或者沙底。用桩结构固定海水抗风浪网箱，是目前我国海水抗风浪网箱系统中一种较为普遍的形式，这种形式较多使用于底质为淤泥的海域，将一定长度的木桩利用打桩设备打进海底一定的深度，利用桩与海底地层间的作用力，维持其自身稳定性，桩上可以绑扎绳索、竹片等提高其作用力，但水深较大时打桩操作就比较困难，且当一个桩松动后，基本会失掉其作用力，导致整个锚泊系统破坏。混凝土制成的锚泊主要靠其自重和与海底的摩擦力来维持其自身的稳定性，要求其具有很大的自重，这在很大程度上受到海底底质条件的限制，而且装配难度较大。大型抗风浪网箱锚泊建议一般采用铁锚锚泊系统。图 4-7 为南风管业生产的水泥锚、铁锚、卸扣和钢筋水泥连接环。

(a) 水泥锚

(b) 铁锚

(c) 卸扣

(d) 钢筋水泥连接环

图 4-7　南风管业生产的水泥锚、铁锚、卸扣和钢筋水泥连接环

图 4-8 为四口网箱组合的水下锚泊系统示意图。对于已设置好的网格式锚泊系统，由于锚泊与箱体是相互独立连接的，因此，可以将不同形式的海水抗风浪网箱连接到同一锚泊系统上，而无须对锚泊系统作额外设计。常见的水下网格式锚泊系统安装工作量大，安装技术要求高，需专业的潜水人员协助才能保证锚位安装的准确度。海水抗风浪网箱锚泊主要包括预定锚位、锚泊系统预连接、锚的投放、锚位校正、挂网整体调试等内容，简述如下。

1. 预定锚位

用绳子将沉子与浮子连接，连接绳的长度比投放处水深稍长，在辅助小艇或工作船上可通过定位仪（DGPS）或全球卫星定位仪（GPS）找出预先计算好的坐标锚位，投下沉子（图 4-9）；然后，依水面的浮子位置对预先计算好的锚点位置坐标进行校正，使浮子在水面的最终位置作为投锚时的参考投放点。在现场调查中采集到的基础数据上，计算出每个锚位的经纬坐标，用浮标在安装现场标示出每个锚位的位置，作为现场安装时锚位位

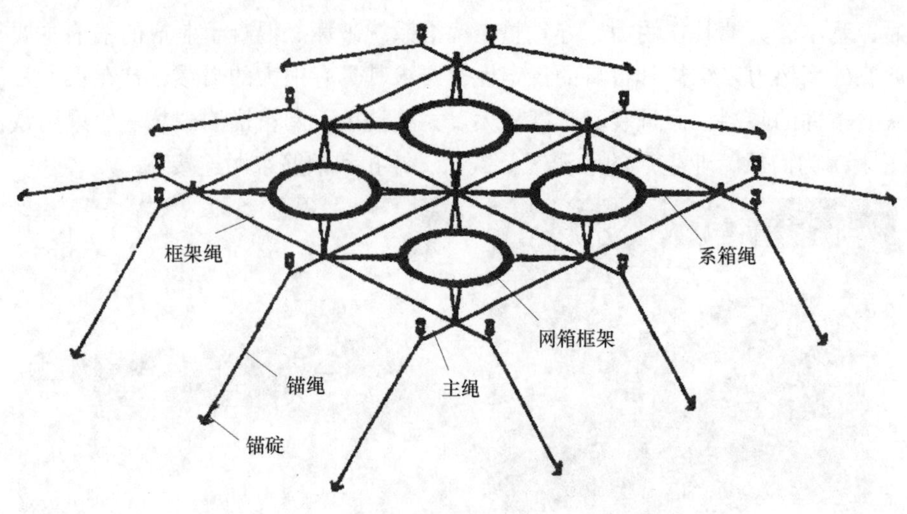


图 4-8　四口网箱组合的水下锚泊系统

置的提示。

2. 锚泊系统预连接

锚泊系统的各部分连接应在工作船上预先完成，并检查无误，按投放顺序排好，做好锚泊系统准备安装工作（图 4-9）。

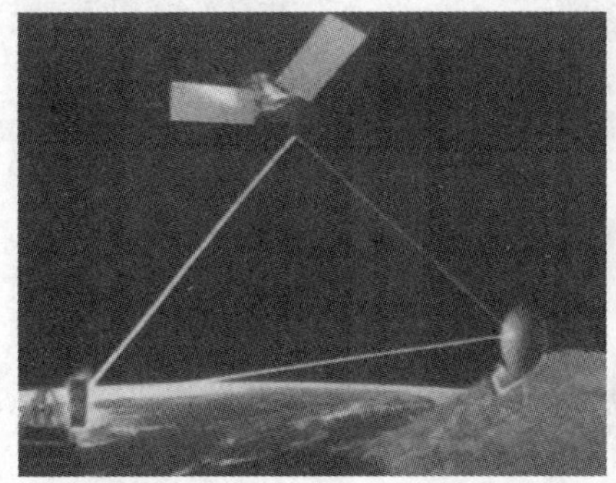

图 4-9　安装区域定位与锚泊系统准备安装

3. 锚的投放

依据风向或流向，从风流合压差的上方，顺序投放与风流合压差梯度方向平行的锚泊及锚绳。

4. 锚位校正

锚泊系统中相同部位的绳子长度应基本相同，但由于锚位所处的水深不尽一样，而且投放时存在锚位误差，因此，可能造成投锚后的锚绳绷紧程度不同。此时需通过拖曳预先系锚尾绳进行校正，直至观察到连接网格锚泊系统的浮子在水面上分布方正为止。锚泊系统安装完毕后，即可将海水抗风浪网箱与锚泊系统相连。锚位投放完毕后，对锚位进行调整。可依靠工作船对不正确的锚位向海水抗风浪网箱外侧拖曳，直至正确为止。正确与否可通过锚泊系统上的浮筒进行观察。

5. 挂网整体调试

浮式网箱框架挂网后，整体安装工作基本完成（图 4-10）。升降式网箱框架挂网后，还需要通过反复升降调试海水抗风浪网箱，以确定海水抗风浪网箱外加重参数，使海水抗风浪网箱整体达到最佳作业状态。

图 4-10 挂网整体调试

综上所述，水下网格式锚泊系统的安装方法具有如下优点：①锚泊系统安装中的每一步连接都可在工作船上进行，装配容易、操作简便，连接质量有保证；②投锚前先进行锚位预定，这样可减少海上工作的盲目性和工作量，保证投锚的准确、快捷，提高工作效率；③锚泊系统校正简单易行，可以应对不平坦的海底地形，安装后锚的位置误差范围小，锚泊系统的绳子张紧程度可调；④所需的安装设备简单，安装效率高，大大降低了安装成本；等等。

对于暂时不使用的金属网衣网箱，一般通过海水抗风浪网箱专业人员利用重型机械起吊上岸。金属网衣和海水抗风浪网箱框架分离解体，普通金属网衣可按废金属处理而贵金属网衣可回收利用；海水抗风浪网箱框架通过替换连接件、腐蚀处除锈后修补以及破损浮子包裹修补后重新利用。由于生长在合成纤维网衣网箱各部位的藤壶、鞘类和贻贝等海洋生物附着物既增加合成纤维网衣重量，又在离水死亡后腐败变质、污染周边环境，所以，合成纤维网衣上岸后应及时去除海洋生物附着物，确保海水抗风浪网箱清洁干净。

## 三、网箱锚泊系统设计案例

为确保海水抗风浪网箱设施的安全性和抗风浪性能，下面以四口海水抗风浪网箱组合锚泊系统设计为例简要说明抗风浪网箱锚泊系统设计方案。

### （一）四口网箱组合的水下锚泊系统方案总体设计

海水抗风浪网箱海上锚泊系统采用四口网箱组合的水下锚泊系统，在水下 3~6 m 处，通过缆绳制成“田”字形方格绳框，每个格子绳索连接处通过特制混凝土钢筋连接环将绳索相互连接，方角下面连接锚绳，上面连接浮筒，使得“田”字形方格绳框能够置于水下3~6 m处。方角外斜上引出两条绳索系缚到海水抗风浪网箱的主管上，从而使4个海水抗风浪网箱于4个方格绳框内固定，这样4个海水抗风浪网箱组成一个整体。锚采用特制水泥锚，增加了海水抗风浪网箱海上锚泊系统的稳定性。图4-11为四口网箱组合的水下锚泊系统示意图。

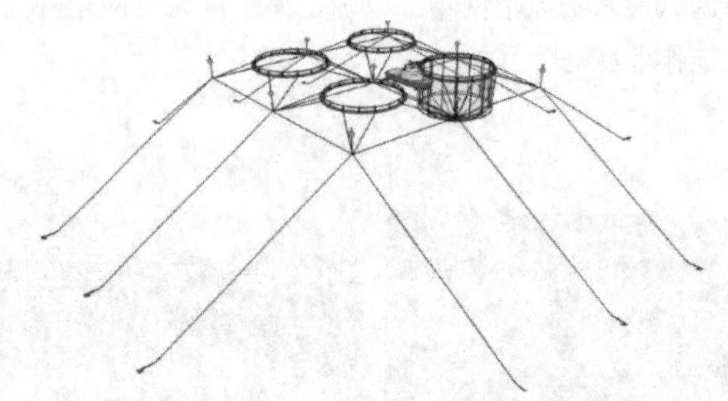

图4-11　四口网箱组合的水下锚泊系统示意

海水抗风浪网箱采用四口网箱组合的水下锚泊系统，是通过缆绳制作“田”字形方格绳框，将4个海水抗风浪网箱放置于“田”字形4个方格内固定，故而4个海水抗风浪网箱组成一个整体，一动俱动，相互关联又相互限制，从而避免了恶劣海况下不同海水抗风浪网箱之间相互碰撞而破坏海水抗风浪网箱的可能。“田”字形方格绳框位于水下3~6 m的地方，养殖工作船可以在海水抗风浪网箱周边穿过而不会受到绳索的阻拦，方便饵料投喂以及海水抗风浪网箱保养管理。图4-12为养殖工作船在四口海水抗风浪网箱组合下的作业示意图。

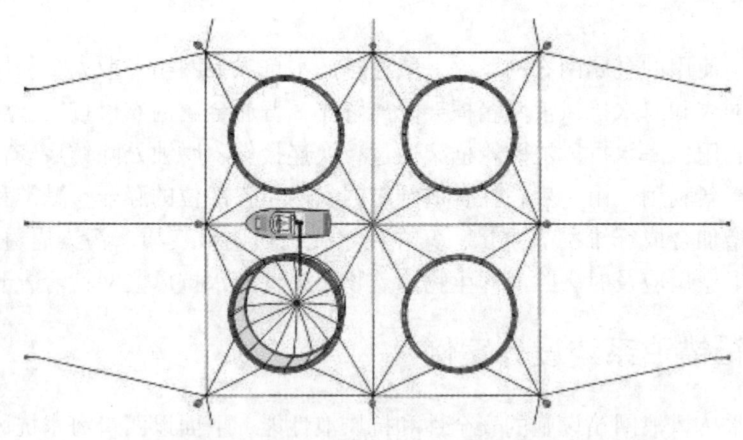

图4-12　养殖工作船在四口海水抗风浪网箱组合下的作业示意

（二）水泥锚设计

水泥锚采用特种组合式锚泊技术结构，整个锚泊系统十分稳定，如图 4-13 所示。

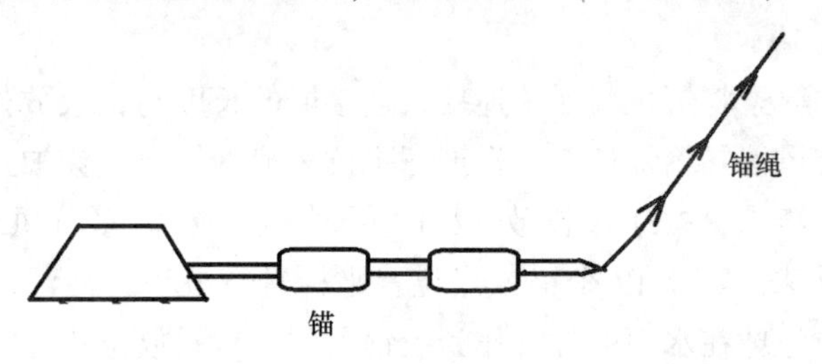


图 4-13　水泥锚作业示意

（三）钢筋水泥连接环设计

海水抗风浪网箱海上锚泊系统通过缆绳制作“田”字形方格绳框，每个方格绳框的角是绳索和绳索的连接点。由于“田”字形方格绳框处于水下 3~6 m，上面还要受到浮筒的浮力，同时要受到钢筋水泥连接环的重力，风浪潮水比较大时，绳索间连接点将会受到不同方向的拉力，所以连接绳索的配件必须要有足够强度（图 4-14 和图 4-15）。

图 4-14　钢筋水泥连接环

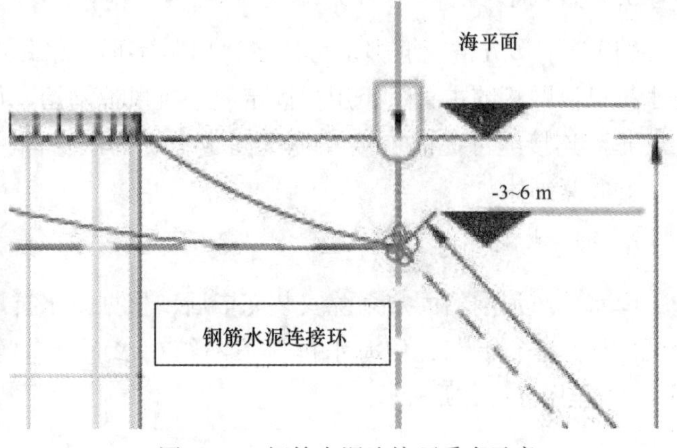


图 4-15　钢筋水泥连接环受力示意

钢筋水泥环采用钢筋缠绕的方式引出的环结构用来连接不同方向的绳索，外面包裹混凝土结构，使得本身具有一定的重量，并使得整个连接环结构更加稳定，风浪大的时候也能承受来自各个方向的拉力，保证了海水抗风浪网箱整个海上锚泊系统的稳定性。

（四）固定系统安装

1. 安装准备

水泥锚和钢筋连接环等的制作加工可以根据实际情况进行合理安排。锚绳及海水抗风浪网箱连接绳可以依设计规格在厂家定制，海上集成安装时可在水泥锚运输前将锚绳与其连接好。观察海上安装期间的天气状况，一般要求海上安装时不能有中到大雨，风力不要超过 6 级，浪高不要超过 1 m。

2. 锚位预定

在辅助小艇上用绳索将沉子与浮球连接，连接绳的长度与锚投放处水深相近，投下沉子作为第一个海水抗风浪网箱锚位点。根据海水抗风浪网箱海上锚泊系统的布局以及锚位间距，依次重复以上步骤，按顺序投放 12 个沉子作为一组海水抗风浪网箱的 12 个锚位点。依水面上定位浮球位置和 12 个锚位点位置坐标进行校正，使浮球在纵、横向均排列整齐。最后可将定位浮球在水面的位置作为投锚时的参考投放位置。

3. 水泥锚吊装和运输

选择起吊重载荷为 5 t 以上吊机每次吊一组水泥锚，把锚沉没到水中。应选择顺风流合压差方向进行水泥锚安装作业，平潮时选择顺风方向进行固定系统安装作业，风力影响不大时在顺流向进行水泥锚安装作业。

4. “田”字形方格绳框绑系

锚位固定以后，通过安装船完成锚绳、浮筒绳和“田”字形方格绳框之间的连接。

5. 海水抗风浪网箱绑系

“田”字形方格绳框绑系后，在“田”字形方格每个方角外斜上引出两条绳索系缚到海水抗风浪网箱的主管上，用以固定海水抗风浪网箱。可以用安装船将海水抗风浪网箱框架（框架连接绳可提前连接）拖至固定系统的区域内，用锚绳将海水抗风浪网箱框架固定，并收紧绳索。

6. 调试

海水抗风浪网箱固定系统安装完毕后，根据海水抗风浪网箱框架在水面的状态，通过锚绳的松紧进行调节，使海水抗风浪网箱在水面分布整齐。海水抗风浪网箱固定系统如图 4-16 至图 4-21 所示。

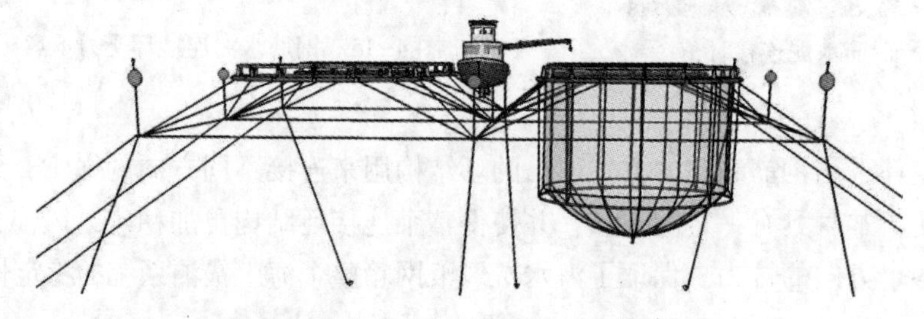

图 4-16　海水抗风浪网箱固定系统示意

7. 四口网箱组合的水下锚泊系统材料

为确保四口网箱组合的水下锚泊系统的安全，根据上述理论计算，建议锚绳均选用直径

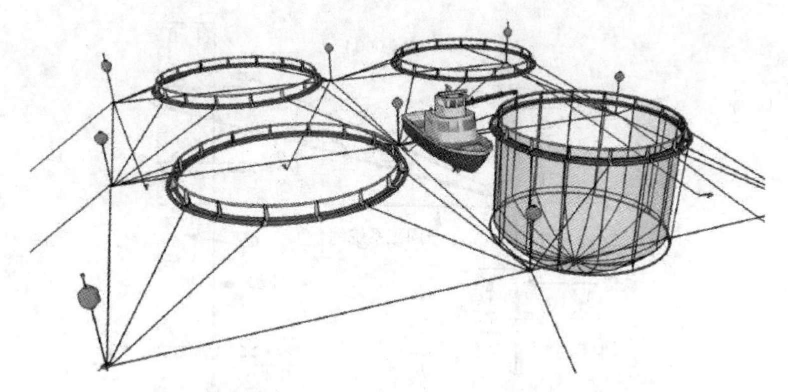

图 4-17 安装后的海水抗风浪网箱固定系统示意

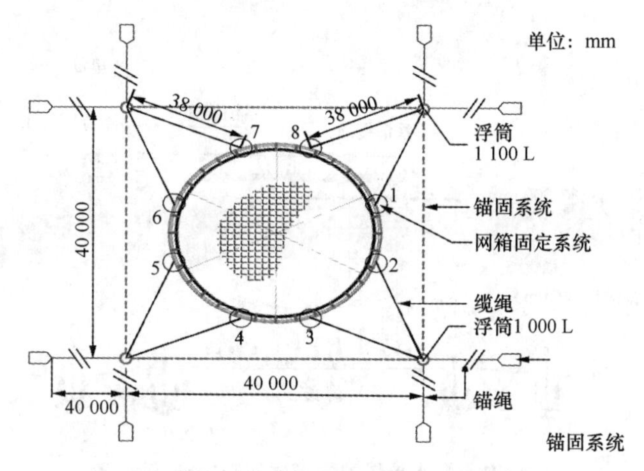


图 4-18 单只海水抗风浪网箱锚固系统

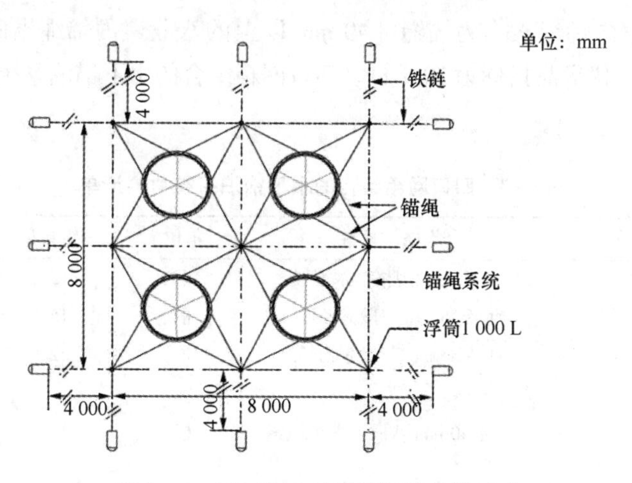


图 4-19 四口海水抗风浪网箱连接示意

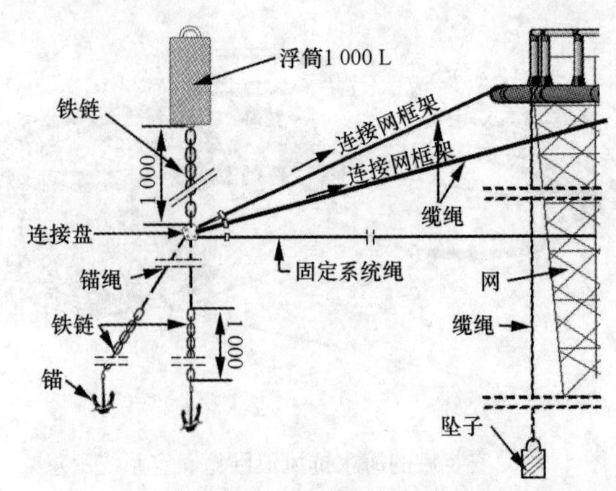


图 4-20　海水抗风浪网箱与固定装置连接示意

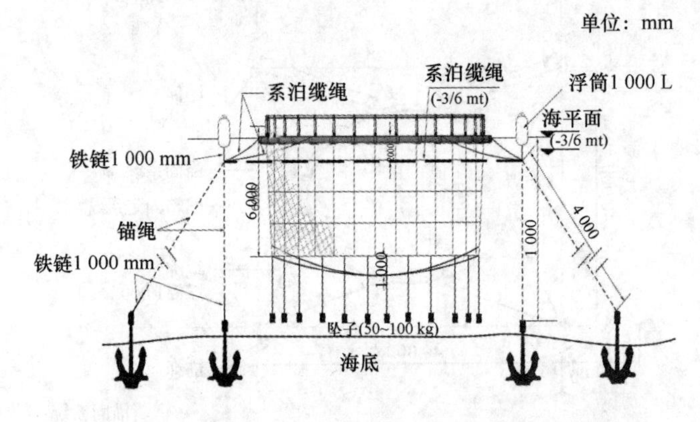


图 4-21　海水抗风浪网箱框架与锚连接示意

40 mm 以上的八股聚丙烯绳索作为锚绳［40 mm 以上的八股聚丙烯绳索破断强力国家标准（GB/T 8050—2007）优等品指标为 20.1 t］。四口网箱组合的水下锚泊系统所需材料如表 4-2 所示。

**表 4-2　四口网箱组合的水下锚泊系统材料清单**

| 序号 | 材料名称 | 规格、材料 | 单位 | 一组数量 | 备注 |
|---|---|---|---|---|---|
| 1 | 3 个一组水泥锚 | 3 个不同规格的水泥锚 | 组 | 12 | — |
| 2 | 方格连接绳 | 直径 36 mm 三股聚乙烯绳 | 根 | 15 | 50 m/根 |
| 3 | 框架连接绳 | 直径 36 mm 三股聚乙烯绳 | 根 | 32 | — |
| 4 | 锚绳 | 直径 40 mm 八股聚丙烯绳索 | 根 | 12 | 75 m/根 带铁环；绳索破断强力要达到 20.1 t |
| 5 | 钢筋水泥连接环 | | 个 | 12 | — |
| 6 | 浮筒 | 780 L，HDPE 浮筒 | 个 | 12 | 带 3 m 长浮筒绳 |

# 第三节 海水抗风浪网箱受力分析与计算

## 一、网箱受力分析

从实际应用的角度看，波浪和水流对海水抗风浪网箱的作用主要表现为海水抗风浪网箱体积的变形、箱体网衣的撕裂、海水抗风浪网箱连接结构的疲劳破坏与松动、海水抗风浪网箱锚绳的断裂以及走锚、海水抗风浪网箱框架的变形与破坏、海水抗风浪网箱随波浪的起伏、纵倾以及垂直方向的振动等。

海水抗风浪网箱体积的变形主要由水流引起。不同类型的海水抗风浪网箱在不同的水流流速作用下，其体积变形不一样。一般来说，刚性网衣网箱（如金属网衣网箱等）的变形要小于重力式柔性网衣网箱（如传统合成纤维网衣网箱）。普通重力式柔性网衣网箱在水流 1.0 m/s 的情况下，即使网衣下端悬挂很重的沉子，其容积损失率也高达 80%，而刚性网衣网箱体积变形则很小。海水抗风浪网箱的体积变形过大对鱼类的生长非常不利，但是从力学角度上来讲却有利于减小结构总载荷，因此，刚性网衣网箱应适当地考虑变形，以减小作用载荷。和所有刚性网衣网箱一样，金属网衣网箱应适当地考虑变形，以减小其所承载的外部载荷、延长其使用周期或使用寿命。

海水抗风浪网箱在波长较大的波浪作用下，会随波浪产生起伏运动及倾斜。美国新罕什布尔大学曾在波浪水槽中做过模型比为 1：22.5 的模型试验。模型试验结果表明，海水抗风浪网箱的起伏基本上与波浪的起伏同步，海水抗风浪网箱在波谷处基本上不产生纵向倾斜，而海水抗风浪网箱在接近波峰处出现最大纵倾。普通重力式网箱底部悬挂有沉子或沉块，而且网衣本身又带有弹性，因此，波浪的起伏相当于给网箱施加了一种周期性（规则波）的载荷，使网箱产生受迫振动。以合成纤维网衣作为箱体网衣的重力式柔性网衣网箱在连续波浪的作用下箱体底部的合成纤维网衣的振动范围较大，相比之下刚性网衣网箱的振动属于整体振动，可以克服重力式柔性网衣网箱的诸多不利，对网箱养殖鱼类的生存影响相对较小。海水抗风浪网箱箱体网衣的撕裂往往并不一定是出现在水流速度最大或波浪最大的情况下，而主要是由于箱体网衣的运动与网箱框架（或浮架）的运动不同步造成的。因为网箱框架（或浮架）在水流及波浪的冲击作用下产生随波运动，而箱体网衣由于与框架不处在同一水层，受沉子及自身的惯性作用往往产生滞后运动，从而在箱体网衣与网箱框架（或浮架）的连接处产生瞬时冲量，再加上波浪的周期性起伏运动，这种动力效应相互叠加最终导致连接处的箱体网衣撕裂。海水抗风浪网箱框架（或浮架）的变形是一种比较复杂的情形，需要进行系统研究分析。

对于海水抗风浪网箱锚泊系统来说，海底的底质条件及锚桩的结构形式则决定着海水抗风浪网箱锚泊系统的稳定性。目前，海水抗风浪网箱锚泊系统采用的锚主要有混凝土块及铁锚等。以混凝土块作为海水抗风浪网箱锚泊系统用锚时，主要靠混凝土块的自重及其与海底间的摩擦力提供抗拉力，这在很大程度上受到海底底质条件的限制，而且锚泊系统装配难度较大，而以铁锚作为海水抗风浪网箱锚泊系统用锚时，铁锚则被设计成锄头形，这充分利用铁锚与海底之间的咬合力，其操作方便，铁锚目前在海水抗风浪网箱锚泊系统中应用较广。此外，海水抗风浪网箱锚泊系统还有一种打桩形式的锚（如木桩、铁管桩、角铁桩和水泥柱桩等），这种形式一般在海底为淤泥底质时用得较多，但水深较大时锚泊操作较困难，整体设计施工要求高。

## 二、网箱阻力的理论计算

水流和风浪是威胁海水抗风浪网箱安全的两大因素，从实际应用的角度看，风浪和水流对海水抗风浪网箱的作用主要表现为网箱体积的变形、网箱随风浪的起伏、网箱纵倾以及垂直方向的振动、网箱网衣的撕裂、网箱连接构件的疲劳破坏与松动、网箱锚绳的断裂以及走锚、网箱框架的变形与破坏等。箱体网衣是整个网箱系统中受力最为复杂的部件，下面对在水流和风浪分别作用下网箱网衣的受力情况作简单的分析介绍。

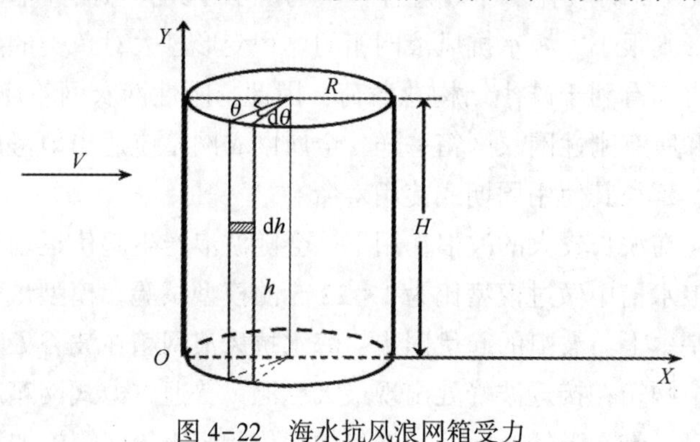


图 4-22　海水抗风浪网箱受力

### （一）水流作用时的箱体阻力计算

1. 冲角

如图 4-22 所示，假设水流与网衣的冲角为 $\alpha$，冲角 $\alpha$ 的余角为 $\theta$，其计算公式为：

$$\alpha = \frac{\pi}{2} - \theta \tag{4-3}$$

2. 网片线面积

网片线面积的计算公式为

因为

$$\mathrm{d}s' = R\mathrm{d}\theta\mathrm{d}h \tag{4-4}$$

所以

$$\mathrm{d}s = \frac{d}{a}\frac{1}{E_{\mathrm{N}}E_{\mathrm{T}}}\mathrm{d}s' = \frac{d}{a}\frac{1}{E_{\mathrm{N}}E_{\mathrm{T}}}R\mathrm{d}\theta\mathrm{d}h \tag{4-5}$$

设
$$\frac{d}{a}\frac{1}{E_N E_T}=\lambda \tag{4-6}$$

则
$$ds=\lambda R d\theta dh \tag{4-7}$$

式中：$ds$ ——网片线面积；

$E_T$，$E_N$ ——水平、垂直缩结系数；

$R$ ——网箱直径；

$a$ ——目脚长度；

$d$ ——网线直径。

3. 阻力系数

根据田内网片的阻力系数公式：

$$C_\alpha=(C_{90}-C_0)\sin^2\alpha+C_0$$

式中：$C_{90}$ ——网衣与水流垂直时的阻力系数，田内取 1.1；

$C_0$——网衣与水流平行时的阻力系数，田内取 0.27。

4. 阻力计算

（1）网衣在水流作用下的阻力 $F$ 为

$$dF=\frac{1}{2}C_\alpha\rho V^2 ds$$

所以 $F=4\int_0^{\frac{\pi}{2}}\int_0^H C_\alpha\frac{1}{2}\rho V^2 ds$

根据海上实际测量的结果，海水抗风浪网箱高度 $H$ 与水流 $V$ 的关系为

$V=0.970\ 1e^{-0.200\ 7h}$，所以

$$\begin{aligned}F&=4\int_0^{\frac{\pi}{2}}\int_0^H C_\alpha\frac{1}{2}\rho\lambda R(0.\ 970\ 1e^{-0.\ 200\ 7h})^2 d\theta dh\\&=2\rho\lambda R\int_0^{\frac{\pi}{2}}\int_0^H(0.83\cos^2\theta+0.27)(0.970\ 1e^{-0.200\ 7h})^2 d\theta dh\end{aligned}\tag{4-8}$$

（2）计算例

设海水抗风浪网箱规格为：$\frac{d}{a}=\frac{1}{25}$，$E_T=0.65$，$R=8$ m，$H=8$ m，则：

$F=3\ 194.88$ kg。

（二）风浪作用时箱体阻力计算

1. 风浪对海水抗风浪网箱性能的影响

普通海面见到的波浪其水粒子基本按圆形轨道运动，水越深，轨迹半径越小（图 4-23）。设表面水粒子的轨圆半径为 $a_0$，波长为 $\lambda$，则 $2a_0$ 为波高；设某深度 $Z$ 水粒子的轨圆半径为 $a$，则：$a=a_0 e^{\frac{2\pi z}{\lambda}}$。

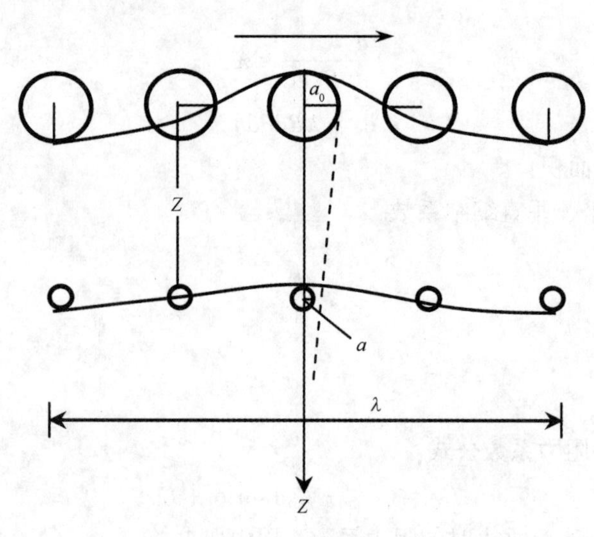


图 4-23　波浪的运动

海水抗风浪网箱在水面随波浪的波动而起伏摇摆，波越高，起伏摇摆的幅度越大，但在水下起伏摇摆的幅度随水层加深而越来越小。当 $Z=\lambda$ 时，$a=a_0e^{-2\pi}=0.00187$，即水下起伏摇摆的幅度要减小到水面的 0.2%以下。根据不同风浪的波长和波高（表 4-3），可以计算海水抗风浪网箱在水下起伏摇摆的幅度。

**表 4-3　不同风浪时的波高和波长**

| 风力 | 浪级 | 波高（m） | 波长（m） |
|---|---|---|---|
| 6 | 4 | 0.75~1.25 | 15~25 |
| 7 | 5 | 1.25~2.00 | 25~40 |
| 8 | 6 | 3.50~6.00 | 75~125 |
| 9 | 7 | 6.00~8.00 | 125~170 |
| 12 | 8 | 8.00~11.00 | 180~220 |

在同一风力条件下，深度增加，$a/a_0$ 值减小，海水抗风浪网箱摇摆也减小。当风力增大，相同水层 $a/a_0$ 值增大，海水抗风浪网箱摇摆幅度也增大，这就必须把海水抗风浪网箱放到更深的水层才能减小摇摆的幅度，因此，海水抗风浪网箱所处的水层越深越安全。

2. 阻力计算

（1）Ф. N. 巴拉诺夫认为：风浪对网片的水动力是由水质点的运动而引起的，如果水深超过波高的 9~14 倍，就可采用坦谷波的理论公式。根据坦谷波的理论，处于水深 $h$ 处的水质点轨圆速度 $V$ 可采用下式求得：

$$V = \frac{\pi r}{t} = r_0 e^{-\frac{\pi h}{L}} \sqrt{\frac{\pi g}{L}} \tag{4-9}$$

式中：$r_0$ ——水面的轨圆半径；

$L$ —— $\frac{1}{2}$ 波长。

（2）网片线面积。

因为 $\mathrm{d}s = \frac{d}{a} \frac{1}{E_N E_T} R\mathrm{d}\theta\mathrm{d}h$

设 $\frac{d}{a} \frac{1}{E_N E_T} = \lambda$

则 $\mathrm{d}s = \lambda R\mathrm{d}\theta\mathrm{d}h$

式中：$\mathrm{d}s$ ——网片线面积；

$E_T$，$E_N$ ——水平、垂直缩结系数。

（3）冲角。

假设网片与水流的冲角为 $\alpha$，则 $\alpha = \frac{\pi}{2} - \theta$。

（4）阻力计算。

由于风浪作用而产生的水阻力为

$$\mathrm{d}F = \frac{1}{2} K\rho V^2 \mathrm{d}s = \frac{1}{2} K\rho r_0^2 \frac{g\pi}{L} e^{-\frac{2\pi h}{L}} \lambda R\cos\theta\mathrm{d}\theta\mathrm{d}h \tag{4-10}$$

$$F = 2K\rho\lambda R r_0^2 \int_0^{\frac{\pi}{2}} \int_0^H \frac{g\pi}{L} e^{-\frac{2\pi h}{L}} \cos\theta\mathrm{d}\theta\mathrm{d}h \tag{4-11}$$

式中：$K$ ——阻力系数。

（5）计算例。

海水抗风浪网箱规格为 50 m×8 m，$\frac{d}{a} = \frac{1}{25}$，$E_T$ =0.65 的网箱设置于波长为 40 m，周期为 8 s 的海域。如果不计框架的阻力，由于目前对网衣在风浪中的阻力系数还未测试，所以参考田内的阻力系数公式，得出 $K$ =0.685。根据对式（4-11）计算，结果显示，当波高超过 4 m 时，风浪引起的阻力大于水流引起的阻力；反之，水流引起的阻力大于风浪引起的阻力。

若设置海水抗风浪网箱的水层下降 4 m（即 $Z$=4 m），则根据式

$$a = a_0 e^{\frac{2\pi z}{\lambda}}$$

式中：$a$ ——水面水质点的轨圆半径；

$a_0$——水深 $Z$ 处水质点的轨圆半径。

用式（4-11）计算，得 $F$ =4 151.8 kg，也即当海水抗风浪网箱设置水层下降 4 m 后，网箱阻力明显下降，即从 16 640 kg 下降到 4 151.8 kg，后者只有前者的 25%，因此，

在台风等灾害性天气来临时，适当降低网箱的设置水层，可以较大程度地减小网箱经受风浪的作用力，从而起到保护网箱的作用。通过对风浪和水流分别作用时的阻力计算值的比较，结果表明，风浪作用时的箱体阻力明显大于水流引起的箱体阻力。当流速为1.25 m/s，波高为5 m时，风浪作用时的箱体阻力占水流和风浪共同作用时的箱体总阻力的60.9%，因此，在设置海水抗风浪网箱时，波浪是重点考虑的因素。当然，海域不同，波、流条件不同时，计算结果差异较大。

（三）风、流、浪共同作用时箱体阻力计算

以上阻力计算是一种理想状态，实际上，由于波浪和水流的共同作用而产生的动力效应往往对海水抗风浪网箱产生很大的破坏作用。在渔具力学中有简化的计算式：

$$F = KHV^2 + 2Ka_0VC + \frac{1}{2}Kga_0^2 \quad (4-12)$$

式中：$KHV^2$——水流单独作用时的阻力，且$K$为阻力系数，$H$为网片高度，$V$为水流流速；

$2Ka_0VC$——浪流交互作用力，且$a_0$为水质点运动的轨圆半径，$C$为波速；

$\frac{1}{2}Kga_0^2$——波浪单独作用力，且$g$为重力加速度。

在理论分析中，波浪和水流对海水抗风浪网箱的作用通常分开来讨论，然后再将两者的作用力叠加，但并非是简单的线性叠加，这主要是考虑到水流和波浪作用并非是同步的，而且两者之间也存在交互影响作用。实际上波和流共同作用是一个复杂过程，如何建立合理的动力模型是一个重要又非常复杂的问题，这有待于工程研究人员今后进一步深入研究。

## 第四节　方形网箱单箱体锚泊系统的优化设计

孙满昌、汤威等以方形结构海水抗风浪网箱的单箱体型锚泊系统为研究对象，通过力学分析和程序计算得出锚绳张力以及不同来流角度下的阻力系数之和（*SRC*）两项安全性能指标。研究结果表明，在理论的最危险受力情况下，单锚绳系统中锚绳张力的最大值为网箱阻力$R$，在双锚绳系统中则小于$R$。当双锚绳系统的锚绳安装角度$\beta$设置在最佳值22.5°时，*SRC*获得最小值34.65，该值相比$\beta = 1°$时的*SRC*（39.59）下降了约12.5%，相比单锚绳系统的*SRC*（41.36）则降低了16.2%。

### 一、网箱阻力的计算

通过对海水抗风浪网箱进行受力分析可知，网箱箱体六面受力。若海水抗风浪网箱箱体左右两面的水流冲角为$\alpha$，网箱箱体前后两面则为$90° - \alpha$，网箱箱体上下两面冲角为0（图4-24）。设网箱箱体左右、前后、上下各面的阻力分别为$R_1$、$R_2$、$R_3$，则网箱箱体所受的总阻力为$R = 2(R_1 + R_2 + R_3)$。

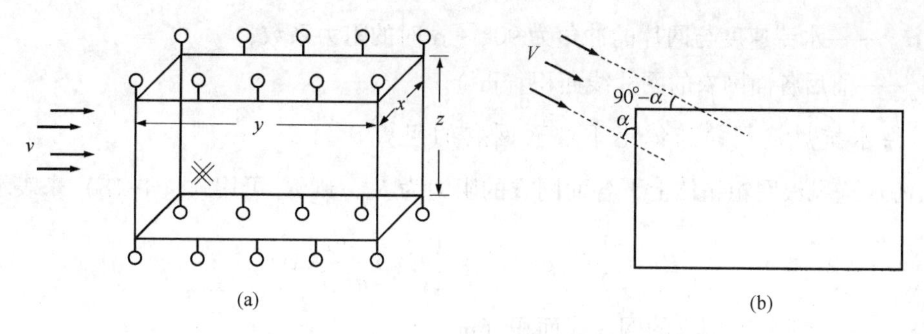


图 4-24 水流对海水抗风浪网箱的冲角

1. 海水抗风浪网箱箱体左右各面网衣的阻力

若海水抗风浪网箱箱体左右各面网衣的阻力为 $R_1$，则 $R_1$ 可用式（4-13）来表示。

$$R_1 = \frac{1}{2} C_{\alpha 1} \rho S'_1 v^2 \tag{4-13}$$

式中：$C_{\alpha 1}$ ——水流速度与网片的冲角为 $\alpha$ 时的阻力系数；

$\rho$ ——海水密度（$kg/m^3$）；

$S'_1$——左右各面网衣的网片线面积（$m^2$）；

$v$ ——水流速度（m/s）。

$C_{\alpha 1}$ 可通过田内的网片阻力系数计算公式得出，即

$$C_{\alpha 1} = (C_{D90} - C_{D0}) \sin^2\alpha + C_{D0} \tag{4-14}$$

式中：$C_{D90}$ ——水流与网片的冲角为 90°时的阻力系数，通常取 1.1；

$C_{D0}$ ——水流与网片的冲角为 0°时的阻力系数，通常取 0.27。

$$S'_1 = \frac{d_l}{aE_tE_n} S_1 = \frac{d_l}{aE_tE_n} xz \tag{4-15}$$

式中：$d_l$ ——网线直径（m）；

$a$ ——网目的目脚长度（m）；

$E_t$ ——网片横向缩结系数；

$E_n$ ——网片纵向缩结系数；

$S_1$——浮框各段与力纲所围网片的虚构面积（$m^2$）。

可得

$$R_1 = \frac{1}{2} [(C_{D90} - C_{D0}) \sin^2\alpha + C_{D0}] \rho \frac{d_l}{aE_tE_n} xzv^2 \tag{4-16}$$

2. 海水抗风浪网箱箱体前后各面网衣的阻力

若海水抗风浪网箱箱体前后各面网衣的阻力为 $R_2$，则 $R_2$ 可用式（4-17）来表示。

$$R_2 = \frac{1}{2} C_{\alpha 2} \rho S'_2 v^2 = \frac{1}{2} [(C_{D90} - C_{D0}) \cos^2\alpha + C_{D0}] \rho \frac{d_l}{aE_tE_n} yzv^2 \tag{4-17}$$

式中: $C_{\alpha 2}$ ——水流速度与网片的冲角为 $90° - \alpha$ 时的阻力系数;

$S'_2$——前后各面网衣的网片线面积（$m^2$）。

3. 海水抗风浪网箱箱体上下各面网衣的阻力

若海水抗风浪网箱箱体上下各面网衣的阻力为 $R_3$，则 $R_3$ 可用式（4-18）来表示。

$$R_3 = \frac{1}{2}C_{D0}\rho S'_3 v^2 = \frac{1}{2}C_{D0}\rho \frac{d_l}{aE_tE_n}xyv^2 \tag{4-18}$$

式中: $S'_3$——上下各面网衣的网片线面积（$m^2$）。

那么,

$$R = \rho \frac{d_l}{aE_tE_n}v^2 \cdot \{[(C_{D90} - C_{D0})\sin^2\alpha + C_{D0}]xz + [(C_{D90} - C_{D0})\cos^2\alpha + C_{D0}]yz + C_{D0}xy\}$$

由于国内外使用的方形结构海水抗风浪网箱的上下各面多为正方形结构，即 $x = y$。那么海水抗风浪网箱的总阻力（$R$）的计算公式简化为式（4-19）。

$$R = \rho \frac{d_l}{aE_tE_n}v^2[(C_{D90} + C_{D0})xz + C_{D0}x^2] \tag{4-19}$$

从上述式（4-19）可见，海水抗风浪网箱的总阻力（$R$）的计算公式中不含网箱箱体左右两面的水流冲角（$\alpha$），这表明海水抗风浪网箱的总阻力大小与来流方向无关，而只与流速值有关；当流速值一定时，海水抗风浪网箱的总阻力（$R$）为一常数。

## 二、网箱锚绳的受力分析

1. 网箱单锚绳系统

在海水抗风浪网箱锚泊系统示意图（图4-25）中，$\alpha$ 和 $\beta$ 分别为来流角度（即水流与左右两面网衣的冲角）和锚绳的安装角度。海水抗风浪网箱单锚绳系统大多采用四角式的安装方式，$\beta$ 取45°。由于海水抗风浪网箱锚泊系统为上下左右全对称结构，因此，当 $\alpha$ 在0°~45°间变化时，就可以以锚绳b为代表并以其张力 $T_b$ 说明各锚绳受力的全部情况。当 $\alpha$ =0°时（$R$ 方向处于位置Ⅰ），锚泊系统的最危险情况为仅锚绳a和b受力张紧，其他锚绳均处于松弛的状态。当 $\alpha$ 取0°~45°间的任一数值时（$R$ 方向处于位置Ⅱ），锚绳a和b的张力与阻力 $R$ 构成三力平衡［如图4-25（b）所示］。而当 $\alpha$ 继续增大直到45°时（$R$ 方向处于位置Ⅲ），仅锚绳b张紧。

2. 双锚绳系统

在海水抗风浪网箱的四个角点采用双锚绳连接可构成双锚绳锚泊系统，每两根锚绳分别沿网箱对角线方向对称布置（图4-26）。$\beta$ 的取值情况对锚绳受力有决定性影响，但两种极端情况出现在当 $\beta$ 分别趋近于0°和45°时，如图4-26（a）和图4-27（a）所示。现取与来流方向所夹锐角较小的任意两根锚绳为主要受力纲索（以下简称受力索）来讨论最危险的锚绳受力状况。表4-4列出了理想情况下 $\alpha$ 取值与受力张紧的锚绳、主要受力索之

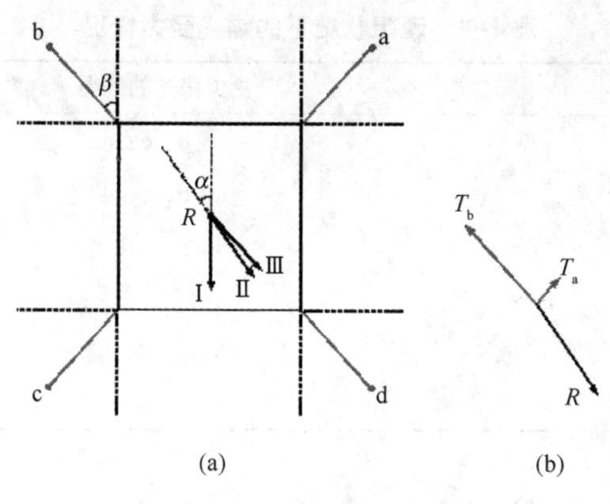


图 4-25 单锚绳系统示意

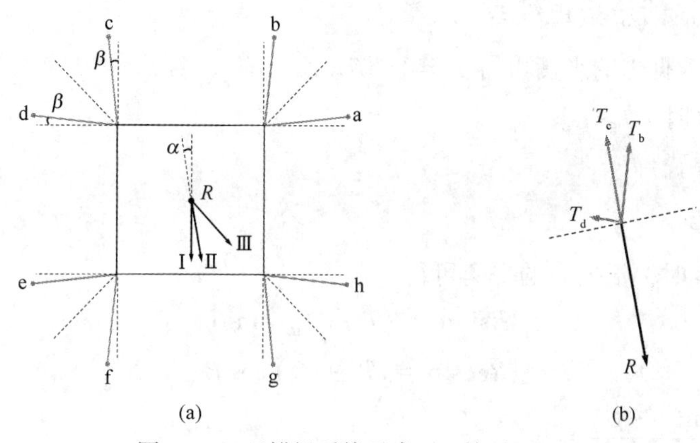


图 4-26 双锚绳系统示意（$\beta$ 趋近于 0°）

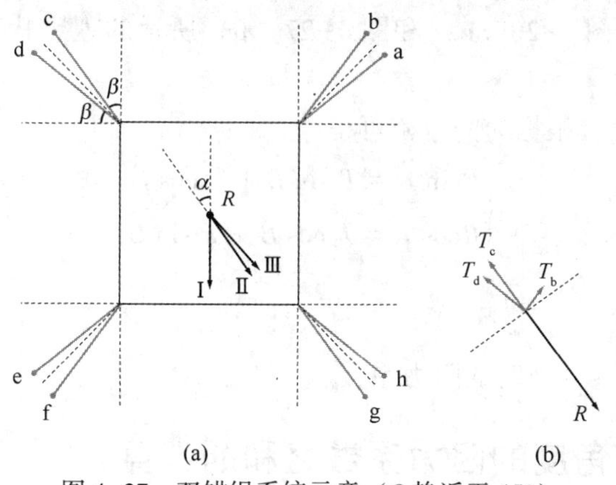


图 4-27 双锚绳系统示意（$\beta$ 趋近于 45°）

间的对应关系。当 $\alpha$ 在 0°~45°间变化时，以锚绳 c 的张力 $T_c$ 的变化情况来衡量锚泊系统的安全性。

表 4-4　理想状况下的锚绳受力情况

| $\alpha$ 取值 | | 受力张紧的锚绳 | 主要受力索 |
|---|---|---|---|
| $\alpha = 0°$ | | a、b、c、d | b、c |
| $0 < \alpha < \beta$ | | a、b、c、d | b、c |
| $\alpha = \beta$ | $\beta \Rightarrow 0°$ | b、c、d | b、c |
| | $\beta \Rightarrow 45°$ | | c、d |
| $\beta < \alpha < 45°$ | | b、c、d、e | c、d |
| $\alpha = 45°$ | | b、c、d、e | c、d |

## 三、网箱锚绳张力的计算

1. 海水抗风浪网箱单锚绳系统

当 $\alpha = 0°$ 时，根据力的平衡可得 $T_b = 0.707R$。

当 $0° < \alpha < \beta$ 时，$T_b < R$。

当 $\alpha = 45°$ 时，$T_b = R$。

2. 双锚绳系统

当 $0° \leqslant \alpha < \beta$ 时，根据力的平衡可得：

$$\begin{cases} R\sin\alpha = (T_c - T_b)\sin\beta \\ R\cos\alpha = (T_c + T_b)\cos\beta \end{cases}$$

则 $T_c = R \cdot \dfrac{\sin(\alpha + \beta)}{\sin 2\beta} = k_1 \cdot R$。

式中：$k_1$——当 $0° \leqslant \alpha < \beta$ 时的阻力系数。

当 $\alpha = \beta$ 时，根据图 4-26（b）和图 4-27（b）所示的理想状态下锚绳的张紧情况，易得 $T_c < R$。

当 $\beta < \alpha \leqslant 45°$ 时，根据力的平衡可得

$$\begin{cases} R\sin\alpha = T_c\sin\beta + T_d\cos\beta \\ R\cos\alpha = T_c\cos\beta + T_d\sin\beta \end{cases}$$

则 $T_c = R \cdot \dfrac{\cos(\alpha + \beta)}{\cos 2\beta} = k_2 \cdot R$。

式中：$k_2$——当 $\beta < \alpha \leqslant 45°$ 时的阻力系数。

## 四、不同来流角度的阻力系数之和的计算

随着水流流向的不断变化，对于已确定某个安装角度的锚绳来说，其张力值也会时刻发生改变。在一个全流向范围内，单根锚绳在各个流向上所受阻力的和可以作为一个衡量锚泊系统安全性的重要指标，该指标可以通过不同来流角度的阻力系数之和（Sum of Resistance Coefficient，缩写为SRC）来反映。对于全对称结构的锚泊系统，只需计算出$\alpha$在0°~45°间变化时的SRC即可。

对于单锚绳系统，由于$\beta = 45°$，因此，假设来流角度$\alpha$（取整数）在［0°，45°］内递增，通过Visual C++软件进行计算，可以得出*SRC*为41.36；而对于双锚绳系统，需在（0°，45°）区间顺次连续取不同的安装角度$\beta$（取整数），并假设来流角度$\alpha$（取整数）在［0°，45°］内递增，计算各种$\beta$下的*SRC*值。通过Visual C++软件编写$SRC = f(\alpha, \beta)$的计算程序，获得*SRC*随$\beta$的增大所生成的理论变化曲线（图4-28）。通过拟合曲线的结果可以得出，当$\beta = 22.5°$时*SRC*取得最小值，其值约为34.65。

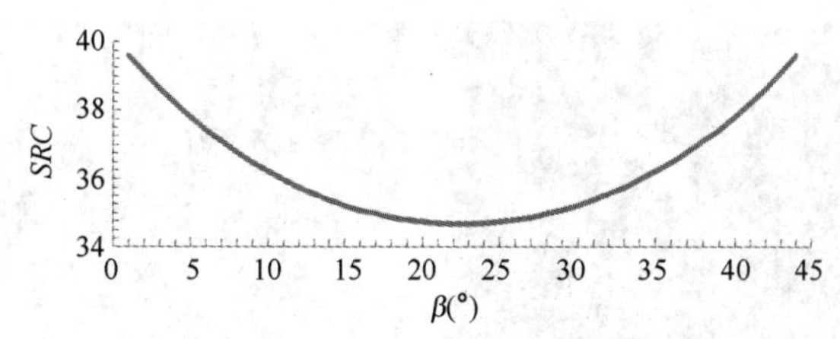


图4-28　双锚绳系统的*SRC*曲线

若只考虑最危险情况，那么在单锚绳系统中，通常只有两根锚绳受力张紧；当$\alpha = 45°$时，锚绳b的张力$T_b$达到最大值*R*。而对于双锚绳系统，不论来流角度大小，均至少有三根锚绳（通常为四根）共同承受阻力的作用，即使在最危险情况即$\alpha = \beta$时，锚绳c的张力$T_c$仍小于*R*。此外，在对双锚绳系统的分析中均假设只有两根主要受力索，因此，理论计算的张力值偏大。可见，多根锚绳能充分起到分力的作用，有效地降低了单根锚绳的张力，使锚绳处在相对比较安全的受力状态。

*SRC*作为衡量锚泊系统安全性的一项指标，计算得出的理论值表明了双锚绳系统在提高安全性能上所体现的作用。程序的运算结果表明，单锚绳系统的*SRC*为41.36，双锚绳系统的*SRC*则是在［34.65，39.59］区间内变化，不仅其最大值和最小值相比单锚绳系统分别降低了4.3%和16.2%，而且*SRC*也为双锚绳系统中锚绳安装角度的确定提供了理论依据。当*SRC*取最小值时，表明在全流向范围内，锚绳张力的平均值相对较低，锚泊系统的安全性能也达到最佳。在上述计算环境中，当双锚绳系统的锚绳安装角度为22.5°时，*SRC*获得最小值34.65，该值相比$\beta = 1°$时的*SRC*（39.59）下降了约12.5%，因此，22.5°为双锚绳系统的最佳锚绳安装角。

# 第五节　不同排布方式海水抗风浪网箱受力比较试验

## 一、试验设备

东海水产研究所对不同排布方式的四口海水抗风浪网箱进行了受力比较模型试验研

究。网箱模型试验在东海水产研究所网具模型试验水池进行。试验静水池主尺度 90 m×6 m×3 m；拖车车速范围 0~4.0 m/s，相对精度 *P* 不大于 1%；测力系统使用 Lu-A 型测力传感器，量程为 100 N，测力仪器的线性误差小于满量程的 0.5‰（图 4-29）。HE 0.2 型拉力计，测量精度 0.1 kg，最大负荷值 200 kg，三种计量单位 N（牛顿）、kg（千克）、lb（磅）可供选择、相互换算，自动峰值及峰值保持功能，可记忆 896 个测试值，可与计算机连接进行数据输出。ROV H300 水下摄影机一部，水下摄像头为 DTR100 Z 型可 360°全角度无限旋转，倾斜角度 0°~90°，旋转速度 0~72°/s，镜头 10 倍变焦，工作温度 0~50℃，工作深度可达水下 300 m。

图 4-29　网箱水动力模型试验大型水槽（90 m×6 m×3 m）

## 二、模型网箱设计与制作

1. 原型网箱的选择

目前，在国内外生产中实际应用的 HDPE 框架圆形重力式网箱的规格和参数如表 4-5 所示。

**表 4-5　HDPE 框架圆形重力式网箱的规格和参数**

| 项目 | 参数 | 项目 | 参数 |
|---|---|---|---|
| 海水抗风浪网箱周长（m） | 20~50 | 沉子重量（kg/个） | 35~50 |
| 海水抗风浪网箱直径（m） | 6~16 | 锚碇形式 | 多点式或水下网格式 |
| 海水抗风浪网箱深度（m） | 6~15 | 分力浮球（cm） | ϕ70 |
| 浮管外径（mm） | 200~350 | 设置水深（m） | 10~30 |
| 扶手管径（mm） | 110~125 | 锚绳长度 | 按水深锚绳长比 1：（3~5）计算 |
| 网架高度（cm） | 80~140 | 锚绳粗度（cm） | ϕ38 |
| 网目大小（cm） | 1.0~8.0 | 锚链/重物（m/100 kg） | 3~10 |
| 网线粗细（mm） | 14~24 | 锚的形式 | 犁锚 |

本试验以我国各海区实际投入养殖生产最为普遍的HDPE框架圆形重力式网箱的规格和参数为原型网箱参数。原型网箱主要规格及参数为：海水抗风浪网箱框架为直径250 mm的HDPE挤出管构成的双管圆环形结构，外圈周长50 m，海水抗风浪网箱高度8 m；海水抗风浪网箱箱体采用聚乙烯经编网，网片规格为网目尺寸32 mm，目脚粗度2.0 mm；网衣采用菱形目装配（水平缩结系数为0.65）；重锤配重分别为500 kg、600 kg和700 kg。

2. 模型网箱大小尺度比的确定及制作

由于本试验的试验水池宽6 m，考虑到水池池壁对水流边界效应的影响，每侧都留有1 m的间距，考虑到试验网箱纵向排布时，两只网箱的直径再加上箱体之间50%的间距不能大于4 m以及模型材料制作时选用与实物网箱材料最为相似的PPR管材，现有管材长度为每根4.3 m，要焊接成一圆环，为了使所做模型更接近于实物网箱，使其形状最大限度接近于圆形并且尽量减少模型网箱的焊接接头，最终确定模型网箱外径1.41 m，而实物网箱外径为16.01 m。田内准则认为网片的阻力与网线直径（$d$）和网目目脚长（$\alpha$）的比值，即$d/\alpha$成正比，只要保持$d/\alpha$的值不变，即使改变$\alpha$或$d$的大小，亦不影响网具阻力。因此，在制作模型网箱时，网线直径（$d$）和网目目脚长（$\alpha$）可按不同于网具其他尺度的比例进行缩小，即可选用两个不同的尺度比。对于渔具中的纲索和网片长度，选用大尺度比（$\lambda$），即几何相似模数；对于网目目脚和网线直径，选用小尺寸比（$\lambda'$）。计算公式如下：

$$\lambda = \frac{L_F}{L_M} = \frac{16.01}{1.41} = 11.36$$

式中：$L_F$——实物框架长度，指渔具中的纲索和网片长度；

$L_M$——模型框架长度，指渔具中的纲索和网片长度。

根据 $\frac{d_F}{a_F} = \frac{d_M}{a_M}$ 则有 $\lambda' = \frac{d_F}{d_M} = \frac{2}{1} = 2$ 或 $\lambda' = \frac{a_F}{a_M} = \frac{32}{16} = 2$

$d_F$——实物网线直径；

$\alpha_F$——实物网目目脚长；

$d_M$——模型网线直径；

$\alpha_M$——模型网目目脚长。

此外，为了保持几何相似，模型和实物网片的缩结系数必须相同。由模型网箱直径和原型网箱的具体尺寸反推，根据田内准则最后确定模型大尺度比（$\lambda$）为11.36，小尺度比（$\lambda'$）为2。

模型网箱浮管为厚度4.5 mm，直径40 mm的PPR管材采用热塑焊接而成的双管圆环形结构，外环外径1.40 m，内环外径1.31 m，内外环使用四组铁箍相连；网衣装配高度0.70 m，沉力配备分别为1.8 kg、2.32 kg和2.71 kg；箱体采用聚乙烯经编网，网片规格为网目尺寸16 mm/网线直径1.0 mm；网衣采用菱形目装配（缩结系数为0.65）。网箱模型试验如图 4-30 所示。

图 4-30 网箱模型试验

3. 海水抗风浪网箱排布试验设计

本试验设计了两种组合排布方式："一"字形排布和"田"字形排布（每种排布方式又可调整网箱间距）分别为试验组Ⅰ、Ⅱ（图 4-31）。其中试验组Ⅰ为一排四列，试验组Ⅱ为两排两列，这两种排布方式都可以对网箱之间的距离进行调整，设计调整间距分别为箱体直径的 50%、25%及无间距。各符号含义如表 4-6 所示。

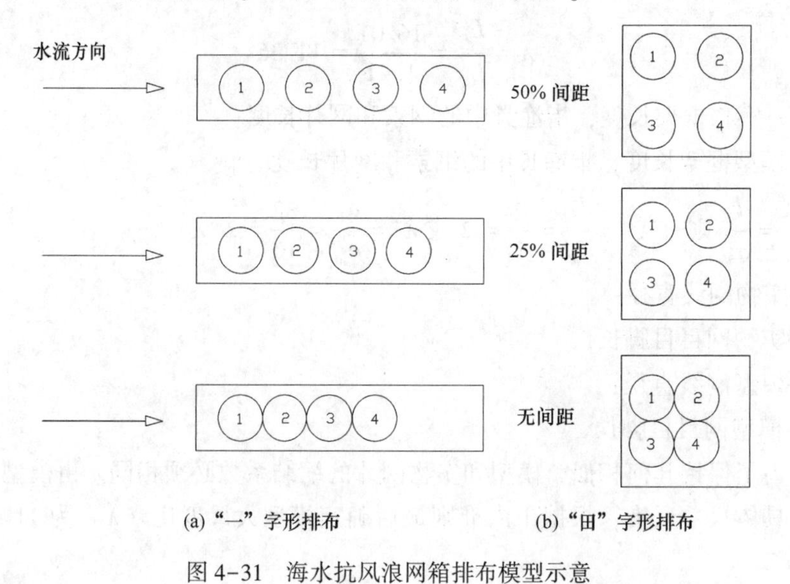


图 4-31 海水抗风浪网箱排布模型示意

表 4-6 符号说明

| 符号 | 符号代表项 |
| --- | --- |
| $6a_{11}$、$6a_{21}$、$6a_{31}$、$6a_{41}$ | 600 kg 配重，50%间距，第一、二、三、四只海水抗风浪网箱“一”字形排布 |
| $6a_{12}$、$6a_{22}$、$6a_{32}$、$6a_{42}$ | 600 kg 配重，25%间距，第一、二、三、四只海水抗风浪网箱“一”字形排布 |
| $6a_{13}$、$6a_{23}$、$6a_{33}$、$6a_{43}$ | 600 kg 配重，无间距，第一、二、三、四只海水抗风浪网箱“一”字形排布 |
| $6b_{11}$、$6b_{21}$ | 600 kg 配重，50%间距，“田”字形排布第一只、第二只 |
| $6b_{12}$、$6b_{22}$ | 600 kg 配重，25%间距，“田”字形排布第一只、第二只 |
| $6b_{13}$、$6b_{23}$ | 600 kg 配重，无间距，“田”字形排布第一只、第二只 |
| $7a_{11}$、$6a_{11}$、$5a_{11}$ | 700 kg、600 kg、500 kg 配重，第一只海水抗风浪网箱 50%间距，“一”字形排布 |
| $7a_{21}$、$6a_{21}$、$5a_{21}$ | 700 kg、600 kg、500 kg 配重，第二只海水抗风浪网箱 50%间距，“一”字形排布 |
| $7a_{31}$、$6a_{31}$、$5a_{31}$ | 700 kg、600 kg、500 kg 配重，第三只海水抗风浪网箱 50%间距，“一”字形排布 |
| $7a_{41}$、$6a_{41}$、$5a_{41}$ | 700 kg、600 kg、500 kg 配重，第四只海水抗风浪网箱 50%间距，“一”字形排布 |

## 三、试验方法

根据拖网模型水池试验渔具模型试验准则（田内准则），由于在静水池中采用拖动模型网箱的办法来进行试验，故根据运动转换定律拖车车速就等于水流速度，相对流速为 0~2. 5 kn。

1. 网箱模型试验装置及布置

固定网箱用的外框架采用不锈钢管，直径 20 mm，厚度 1. 2 mm，主尺度 4 m×10 m，可拆卸（图 4-32），可组成 2 m×10 m，4 m×4 m 两种形式，网箱模型采用四点式锚泊固定，测量阻力时，由于测力装置不能在水下使用，所以自制了一个滑轮装置，将拉力改变方向引到水面上进行测量（图 4-33、图 4-34）。

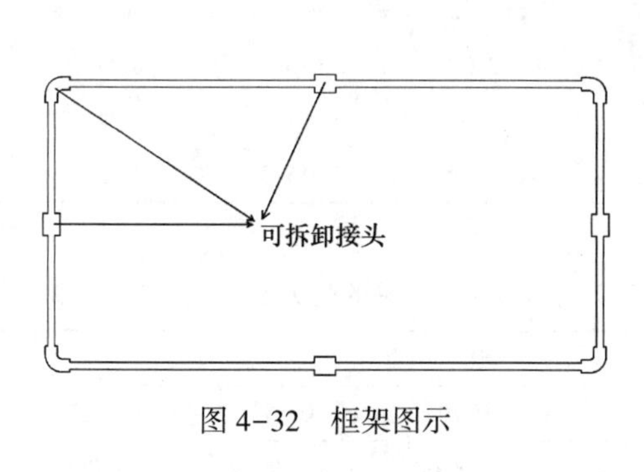


图 4-32 框架图示

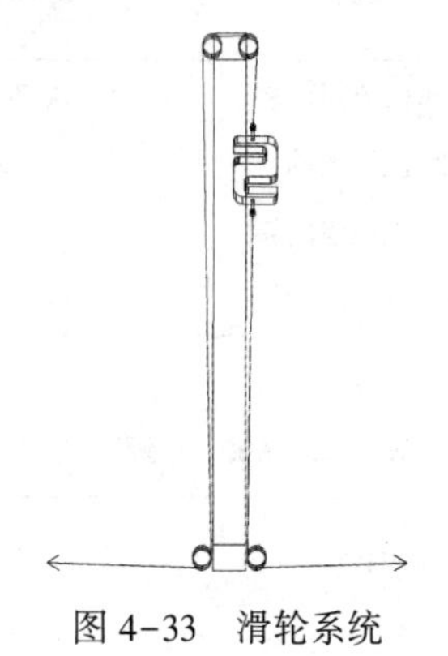

图 4-33 滑轮系统

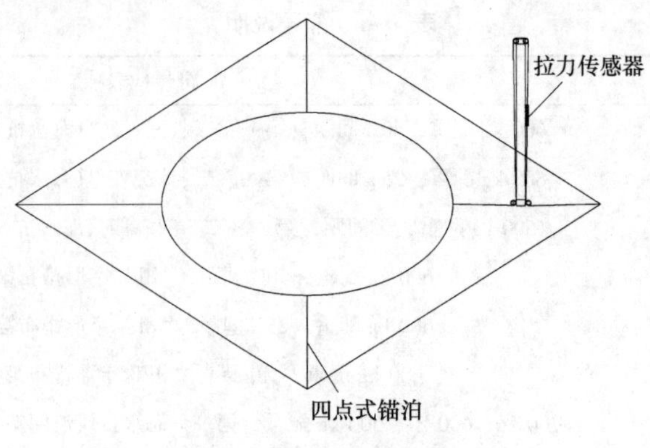


图 4-34　测力示意

2. 阻力的测试和计算

模型网箱的阻力直接通过 HE0.2 型拉力计测得，实物网箱（$F_1$）和模型网箱（$F_2$）阻力换算公式：$F_1=F_2\lambda^2\lambda'$。

## 四、不同排布方式网箱受力试验结果与分析

### （一）试验结果

根据阻力换算公式 $F_1=F_2\lambda^2\lambda'$ 将模型试验的结果换算成实物网箱的受力。

1. “一”字形排列网箱的受力

**表 4-7　700 kg 配重 50%间距在不同流速下网箱的受力值（N）**

| 海水抗风浪网箱 | 流速（kn） | | | | |
|---|---|---|---|---|---|
| | 0.39 | 0.53 | 0.70 | 0.875 | 1.07 |
| 第一只海水抗风浪网箱 | 3 784.34 | 4 645.79 | 7 562.25 | 9 968.95 | 14 343.51 |
| 第二只海水抗风浪网箱 | 3 161.72 | 3 877.91 | 4 452.21 | 6 625.41 | 8 257.80 |
| 第三只海水抗风浪网箱 | 3 270.11 | 3 690.82 | 4 148.92 | 5 207.02 | 5 245.79 |
| 第四只海水抗风浪网箱 | 2 658.42 | 3 141.07 | 3 613.39 | 3 915.37 | 4 387.69 |

**表 4-8　600 kg 配重在不同流速、不同间距下海水抗风浪网箱的受力值（N）**

| 海水抗风浪网箱 | 间距 | 流速（kn） | | | | |
|---|---|---|---|---|---|---|
| | | 0.39 | 0.53 | 0.70 | 0.875 | 1.07 |
| 第一只海水抗风浪网箱 | 50% | 3 582.36 | 4 502.51 | 7 368.68 | 9 226.78 | 13 588.76 |
| | 25% | 3 528.22 | 4 472.86 | 7 011.95 | 9 191.57 | 13 221.16 |
| | 0% | 3 355.29 | 4 344.84 | 6 934.88 | 9 049.67 | 12 904.96 |

续表

| 海水抗风浪网箱 | 间距 | 流速（kn） | | | | |
|---|---|---|---|---|---|---|
| | | 0.39 | 0.53 | 0.70 | 0.875 | 1.07 |
| 第二只海水抗风浪网箱 | 50% | 3 054.26 | 3 771.49 | 4 387.69 | 5 625.41 | 7 657.80 |
| | 25% | 2 924.26 | 3 698.56 | 4 087.69 | 4 903.88 | 7 311.95 |
| | 0% | 2 710.04 | 3 226.24 | 3 871.49 | 4 387.69 | 6 968.68 |
| 第三只海水抗风浪网箱 | 50% | 2 924.26 | 3 420.12 | 3 948.92 | 4 707.02 | 4 987.69 |
| | 25% | 2 839.09 | 3 228.22 | 3 871.49 | 4 618.71 | 4 803.88 |
| | 0% | 2 264.79 | 2 968.14 | 3 613.39 | 4 000.54 | 4 387.69 |
| 第四只海水抗风浪网箱 | 50% | 2 580.99 | 3 097.19 | 3 569.52 | 3 888.92 | 4 302.51 |
| | 25% | 2 451.94 | 2 839.09 | 3 226.24 | 3 613.39 | 4 129.59 |
| | 0% | 1 806.69 | 2 839.09 | 3 326.24 | 3 962.44 | 4 398.64 |

**表 4-9　500 kg 配重 50%间距在不同流速下网箱的受力值（N）**

| 海水抗风浪网箱 | 流速（kn） | | | | |
|---|---|---|---|---|---|
| | 0.39 | 0.53 | 0.70 | 0.875 | 1.07 |
| 第一只海水抗风浪网箱 | 3 082.36 | 4 044.41 | 6 537.65 | 6 975.37 | 11 161.69 |
| 第二只海水抗风浪网箱 | 3 012.02 | 3 440.46 | 4 214.76 | 4 472.86 | 6 724.80 |
| 第三只海水抗风浪网箱 | 2 753.92 | 3 255.29 | 3 678.56 | 3 948.92 | 4 387.69 |
| 第四只海水抗风浪网箱 | 2 495.82 | 2 924.26 | 3 440.46 | 3 786.32 | 4 214.76 |

## 2. “田”字形排列网箱的受力

**表 4-10　700 kg 配重 50%间距在不同流速下网箱的受力值（N）**

| 海水抗风浪网箱 | 流速（kn） | | | | |
|---|---|---|---|---|---|
| | 0.39 | 0.53 | 0.70 | 0.875 | 1.07 |
| 第一只海水抗风浪网箱 | 3 899.42 | 4 917.85 | 8 101.08 | 9 649.67 | 13 563.06 |
| 第二只海水抗风浪网箱 | 2 494.96 | 3 727.36 | 4 903.89 | 7 915.05 | 9 635.71 |

**表 4-11　600 kg 配重在不同流速、不同间距下海水抗风浪网箱的受力值（N）**

| 海水抗风浪网箱 | 间距 | 流速（kn） | | | | |
|---|---|---|---|---|---|---|
| | | 0.39 | 0.53 | 0.70 | 0.875 | 1.07 |
| 第一只海水抗风浪网箱 | 50% | 3 699.42 | 4 645.79 | 7 915.04 | 9 377.60 | 13 163.16 |
| | 25% | 3 290.77 | 4 439.36 | 6 968.68 | 9 377.61 | 11 614.46 |
| | 0% | 3 259.25 | 4 129.59 | 6 581.53 | 8 259.17 | 9 936.82 |
| 第二只海水抗风浪网箱 | 50% | 2 408.93 | 3 527.36 | 4 731.82 | 7 398.84 | 9 463.64 |
| | 25% | 2 167.03 | 3 299.42 | 4 403.88 | 7 084.88 | 9 149.67 |
| | 0% | 2 039.09 | 2 931.82 | 3 684.88 | 6 449.67 | 8 118.93 |

表 4-12　500 kg 配重 50%间距在不同流速下网箱的受力值（N）

| 海水抗风浪网箱 | 流速（kn） | | | | |
|---|---|---|---|---|---|
| | 0.39 | 0.53 | 0.70 | 0.875 | 1.07 |
| 第一只海水抗风浪网箱 | 3 355.29 | 4 129.59 | 7 097.73 | 9 249.67 | 12 259.71 |
| 第二只海水抗风浪网箱 | 2 388.92 | 3 484.34 | 4 531.82 | 6 968.68 | 8 904.42 |

（二）分析与讨论

1．“一”字形排列网箱的受力分析

图 4-35 至图 4-37 是在 50%间距、“一”字形排布的条件下，不同海水抗风浪网箱在三种配重下的受力与流速的关系曲线图。从图 4-35～图 4-37 均可以看出，在相同流速时，网箱阻力随着配重的增大而增加，均表现出从第一只海水抗风浪网箱的受力到第四只海水抗风浪网箱的受力依次减小的趋势，并且其曲线趋势基本相同。这是因为水流流经每一只海水抗风浪网箱时都受到箱体网衣的阻碍使得流速降低，导致以下的几只海水抗风浪网箱受力依次减小。在流速 1 kn 时，第一只海水抗风浪网箱 700 kg 配重比 600 kg 配重时受力大 69.18 kg，比 500 kg 配重时大 153.77 kg。第三只、第四只海水抗风浪网箱随着流速的增加受力变化趋缓，这是因为水流经过第一只、第二只海水抗风浪网箱时受到阻碍使流速降低到较小的范围内，致使流速对第三只和第四只海水抗风浪网箱的影响幅度降低。

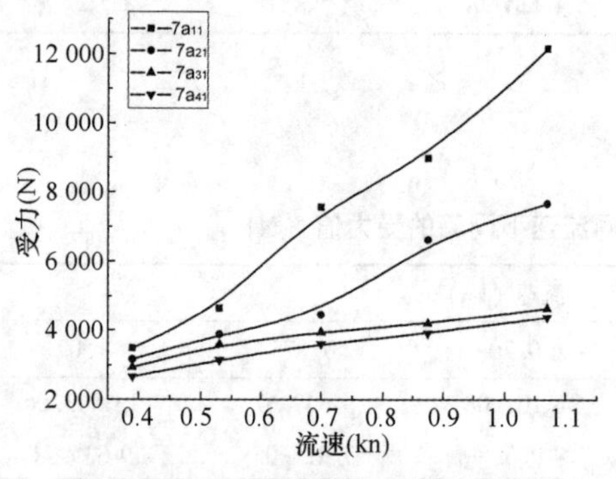


图 4-35　700 kg 配重拉力与流速曲线

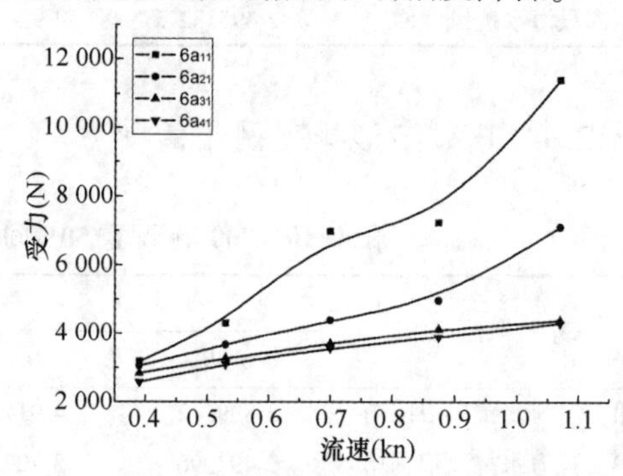


图 4-36　600 kg 配重拉力与流速曲线

图 4-38 至图 4-41 分别为“一”字形排布条件下，不同配重第一、二、三、四只网箱拉力与流速曲线图。从三种不同配重的受力趋势图可知：海水抗风浪网箱受力随流速增加而增大，配重越大受力越大。在各种配重条件下，流速增大对网箱阻力增加的影响幅度，从第一只海水抗风浪网箱到第四只海水抗风浪网箱依次减小；不同配重对网箱阻力的影响也同样出现从第一只海水抗风浪网箱到第四只海水抗风浪网箱依次减小的趋势。在流速分别为 0.5 kn 和 1.5 kn 时，第一只海水抗风浪网箱 600 kg 与 500 kg 相比较箱体阻力增大 5.76%和 9.96%，700 kg 与 500 kg 相比较箱体阻力增大 14.98%和 15.42%。而第四只海水抗风浪网箱 600 kg 与 500 kg 相比较箱体阻力仅增大 2.17%和 4.71%，700 kg 与

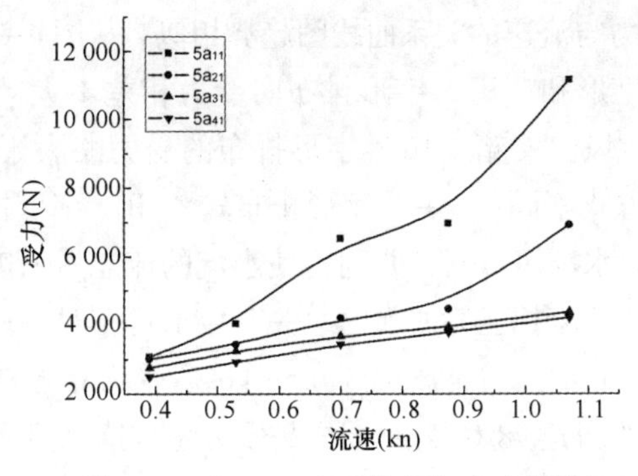


图 4-37　500 kg 配重拉力与流速曲线

500 kg 相比较箱体阻力增大 6.89%和 8.04%。

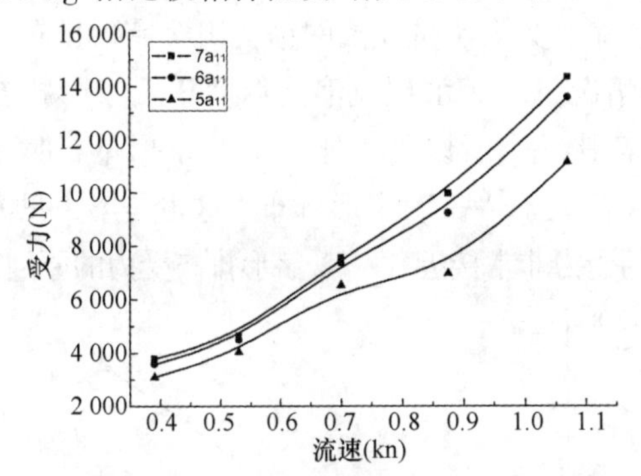


图 4-38　不同配重第一只网箱拉力与流速曲线

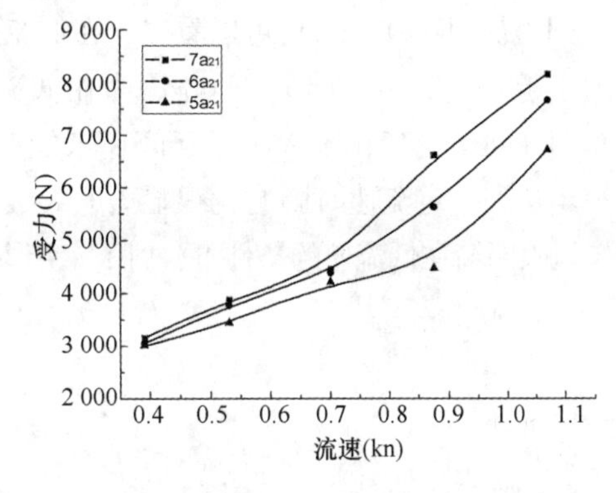


图 4-39　不同配重第二只网箱拉力与流速曲线

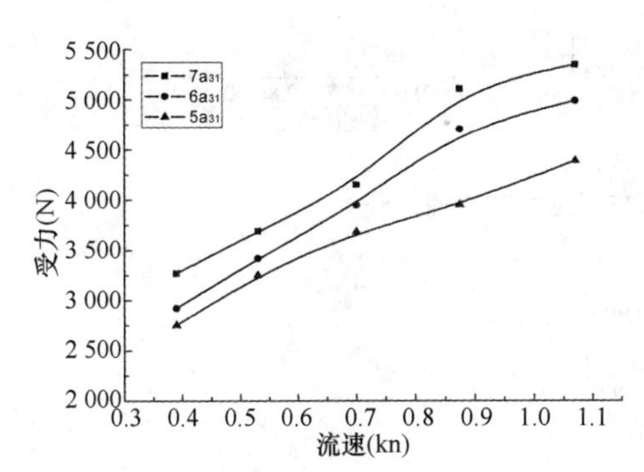


图 4-40　不同配重第三只网箱拉力与流速曲线

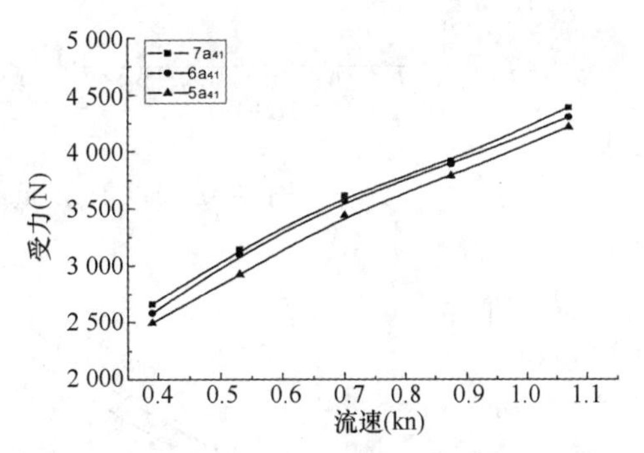


图 4-41　不同配重第四只网箱拉力与流速曲线

2. “一”字形、“田”字形受力对比分析

图 4-42（a）、（b）和图 4-43（a）、（b）分别是 500 kg 配重、50%间距条件下以及 700 kg 配重、50%间距条件下，第一、二只海水抗风浪网箱在“一”字形和“田”字形两种排布方式下的受力与流速的关系曲线图。由图可见，700 kg 配重下的第一、二只海水抗风浪

网箱与 500 kg 配重下的受力与流速的关系曲线图趋势相似。从图 4-42（a）可以看出，第一只海水抗风浪网箱“一”字形和“田”字形排布时受力相差不大，而且受力趋势线基本一致，在相同流速下，海水抗风浪网箱“田”字形排布的受力略大于“一”字形排布，这是因为海水抗风浪网箱排布方式不同，“一”字形排布较“田”字形排布受力要小，“田”字形排布时第一只和第三只海水抗风浪网箱并列，使水流的流态有所变化，“田”字形排布时两只海水抗风浪网箱产生的湍流相互叠加远比“一”字形排布时一只海水抗风浪网箱所产生的湍流要大。图 4-42（b）显示，当流速达到 0.55 kn 后受力相差较大，“田”字形排布比“一”字形排布受力相差最大可达 78.02 kg，同样是因为海水抗风浪网箱排布方式不同，“田”字形排布时两只海水抗风浪网箱产生的湍流相互叠加远比“一”字形排布时一只海水抗风浪网箱所产生的湍流要大，并且湍流的影响对于第二只海水抗风浪网箱影响更加显著，所以导致“田”字形排布的第二只海水抗风浪网箱受力要远大于“一”字形排布时的海水抗风浪网箱。

同时从图 4-42（b）可以看出，在低流速时，第二只海水抗风浪网箱“田”字形排布的受力小于“一”字形排布。这是因为在低流速的情况下，海水抗风浪网箱“田”字形排布网箱箱体间水流变化不大，相互间还未能产生湍流影响，所以受力比“一”字形排布时小些，当达到一定流速时影响就很显著，导致受力反而大于“一”字形排布。这也是第一只海水抗风浪网箱在低流速的条件下，“田”字形排布的受力非常接近“一”字形排布受力的原因。

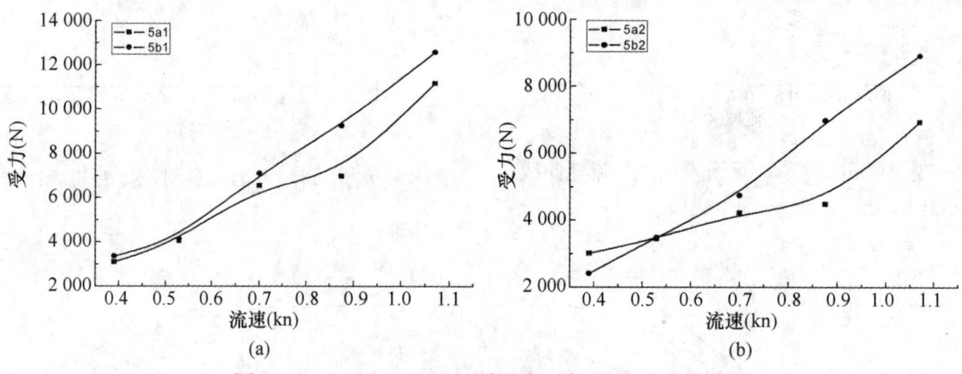


图 4-42　500 kg 配重不同排布下拉力与流速曲线

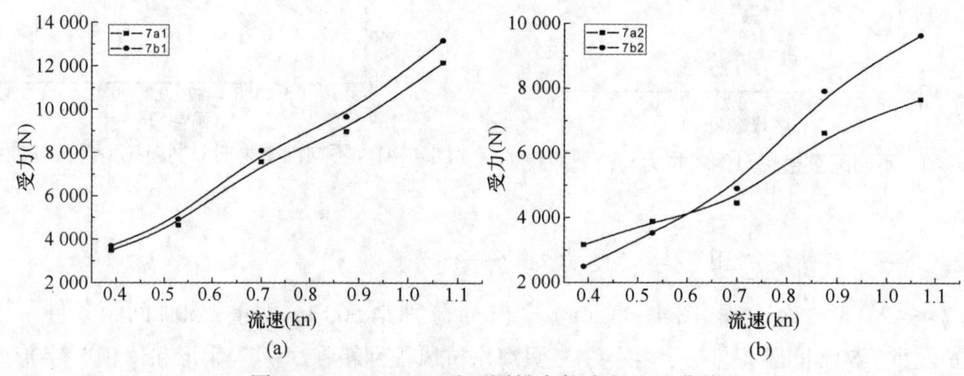


图 4-43　700 kg 配重不同排布拉力与流速曲线

图 4-44 为在 1.07 kn 流速下使用水下 ROV 的摄影照片，从图 4-44 中可以清晰地看出，第一、二、三只海水抗风浪网箱都没有互相接触，只有第三、四只海水抗风浪网箱接触，所以无间距排布不适合在“一”字形排布模式时使用。

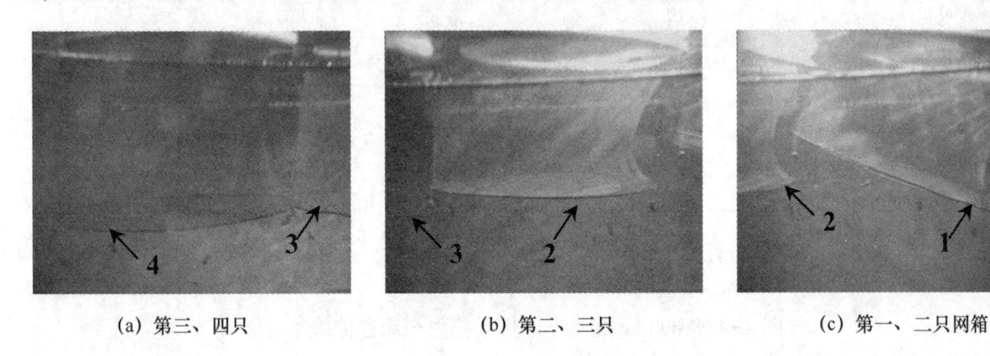


图 4-44　无间距排布 1.07 kn 流速条件下网箱水下照片

3. “田”字形排布方式对海水抗风浪网箱受力影响

图 4-45、图 4-46 是“田”字形排布、配重 600 kg 条件下，不同排布间距同一只海水抗风浪网箱受力流速的关系曲线图。从图 4-45、图 4-46 可以看出：“田”字形排布的曲线趋势与“一”字形相似，解释与上述相同。图 4-47（a）、（b）是第一、二只海水抗风浪网箱在“一”字形和“田”字形两种排布方式下的受力与流速的关系曲线图，其产生原因与图 4-42、图 4-43 相同。这说明不同的海水抗风浪网箱排布间距对于“一”字形排布和“田”字形排布网箱受力的影响是相似的。

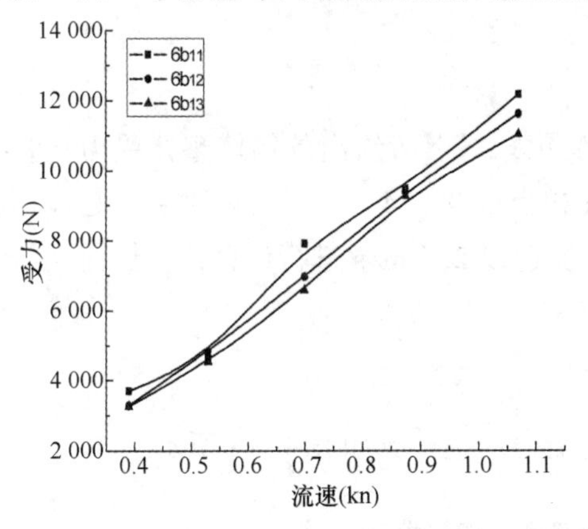


图 4-45　第一只网箱拉力与流速曲线

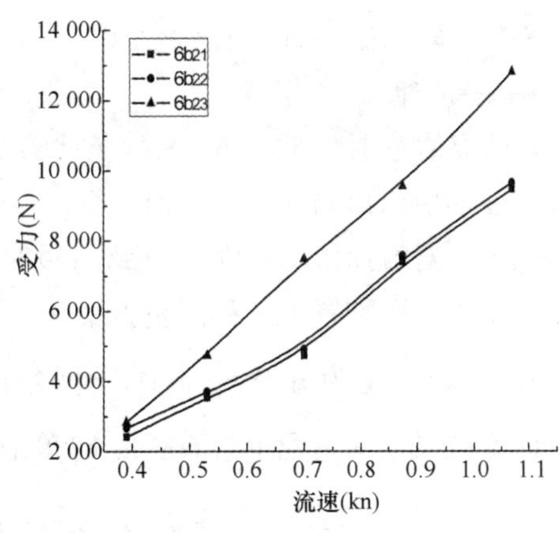


图 4-46　第二只网箱拉力与流速曲线

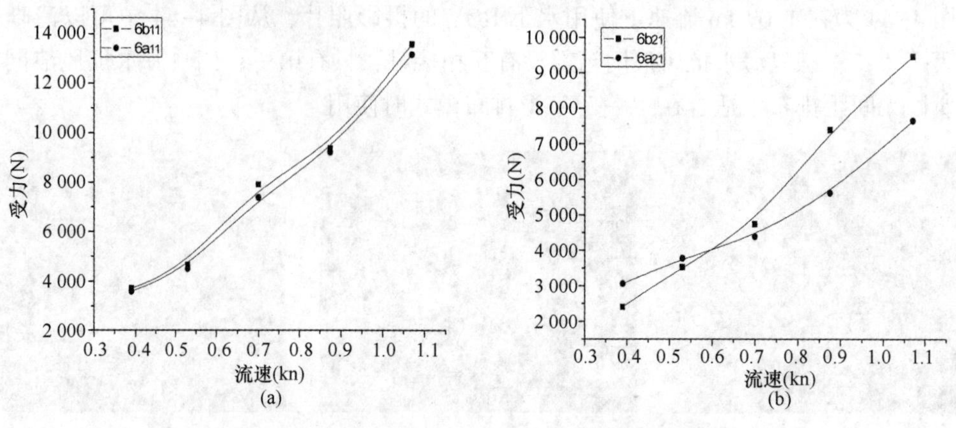


图 4-47　600 kg 配重不同排布拉力与流速曲线

## 五、四网箱组合网箱受力模型试验及其理论计算

基于上述模型试验，四网箱组合网箱受力模型试验及其理论计算如下。

尺寸为：管径 315 mm 的双浮管 HDPE 海水抗风浪网箱，周长 60 m、高度 8 m、网目尺寸 50 mm。

$$F=0.5C\times\rho\times S\times V^2$$

式中：$C$——阻力系数；

$\rho$——水密度；

$S$——垂直流向方向的投影面积；

$V$——流速。

$C$ 的取值范围 0.5~0.6、$S$ 随配重的增加而变化，以下所给出的箱体整体受力均是以箱体不变形所求出的受力最大值计算；流速 1 kn 相当于 0.514 m/s；台风时主要是风速和波浪较大，对流速影响不大，12 级台风时的水流流速以 2.5 m/s 进行计算，根据前期研究成果及施工经验配置了三种配重方案。

1. 网箱配重为 600 kg 时单个网箱的受力理论计算

海水抗风浪网箱配重为 600 kg 时单个网箱的受力理论计算如表 4-13 所示。

**表 4-13　不同流速下对应的单个网箱受力**

| | 水流流速（kn） | | | | 台风流速（m/s） |
|---|---|---|---|---|---|
| | 0.75 | 1 | 1.5 | 2 | 2.5 |
| 受力（kN） | 2.89 | 5.02 | 11.32 | 19.1 | 118.9 |

注：单个海水抗风浪网箱配重为 600 kg 时。

根据表4-13计算结果，若水流平行于绳框、单个海水抗风浪网箱配重为600 kg，且按本设计的四口网箱组合的水下锚泊系统锚泊时，台风下理论上每根锚绳所受的力为15.85 t。可选用直径36 mm以上的八股聚丙烯绳索作为锚绳。

2. 配重为1 000 kg时海水抗风浪网箱的受力理论计算

配重为1 000 kg时单个海水抗风浪网箱的受力理论计算如表4-14所示。

**表4-14　不同流速下对应的单个海水抗风浪网箱受力**

| | 水流流速（kn） | | | | 台风流速（m/s） |
|---|---|---|---|---|---|
| | 0.75 | 1 | 1.5 | 2 | 2.5 |
| 受力（kN） | 3.18 | 5.52 | 12.49 | 20.9 | 130.6 |

注：单个海水抗风浪网箱配重为1 000 kg时。

根据表4-14计算结果，若水流平行于绳框、单个海水抗风浪网箱配重为1 000 kg，且按本设计的四口网箱组合的水下锚泊系统锚泊时，台风下理论上每根锚绳所受的力为17.41 t。可选用直径40 mm以上的八股聚丙烯绳索作为锚绳。

3. 配重为1 200 kg时海水抗风浪网箱的受力理论计算

海水抗风浪网箱配重为1 200 kg时单个海水抗风浪网箱的受力理论计算如表4-15所示。

**表4-15　不同流速下对应的单个海水抗风浪网箱受力**

| | 水流流速（kn） | | | | 台风流速（m/s） |
|---|---|---|---|---|---|
| | 0.75 | 1 | 1.5 | 2 | 2.5 |
| 受力（kN） | 3.47 | 6.02 | 13.52 | 22.8 | 142.5 |

注：单个海水抗风浪网箱配重为1 200 kg时。

为确保项目海水抗风浪网箱海上锚泊系统工程的安全性，建议海上锚泊系统工程用绳索均送到农业部绳索网具产品质量监督检验测试中心进行检验测试并出具检验报告，以确保锚泊系统工程用绳索质量符合国家标准要求。根据表4-15计算结果，若水流平行于绳框、单个海水抗风浪网箱配重为1 200 kg，且按本设计的四口网箱组合的水下锚泊系统锚泊时，12级台风下理论上每根锚绳所受的力为19 t。可选用直径40 mm以上的八股聚丙烯绳索作为锚绳。

# 第五章　海水抗风浪网箱工程防污技术

大量海洋生物及微生物的幼虫、孢子能够随流移动，并附着在海水抗风浪网箱、围栏网、扇贝笼、珍珠笼和养殖围网等工程设施上，称为海洋生物污损。海洋污损生物可在海水抗风浪网箱箱体表面形成污损生物群落，一方面使得箱体内外水体交换减少、养殖环境变差，导致网箱养殖鱼类疾病多发；另一方面使得箱体网衣阻力与漂移增大、箱体网衣间磨损增加，缩短网箱使用寿命。我国水产养殖网箱一般采用换网、清洗、暴晒和敲打等机械方法清除箱体网衣附着的污损生物（附着物），但其劳动强度高、工作效率低；为此科技人员正在开发应用防污功能型金属合金网衣、防污功能型纤维网衣或网箱洗网机等，以解决海水抗风浪网箱工程防污技术难题。由于海水抗风浪网箱养殖海况差异大、海洋污损生物种类多、网箱结构复杂多变等，导致海水抗风浪网箱工程防污技术难度大，海水抗风浪网箱工程用绿色安全环保防污技术已成为世界难题。本章主要介绍合成纤维网衣海水抗风浪网箱工程防污技术，引起人们更多地关注、探索、分析研究，创新开发海水抗风浪网箱工程用绿色安全环保防污技术，助力海水抗风浪网箱产业的健康发展。

## 第一节　合成纤维网衣防污涂料研究进展

海洋中大约有 4 000~5 000 种污损生物，多数生活在海岸和海湾等近海海域。在特定海水抗风浪网箱养殖条件下，箱体用合成纤维网衣上的污损生物代谢产物（如氨基硫化氢）可毒化海水抗风浪网箱养殖环境、可滞留有害微生物，这将导致网箱养殖对象易于发病、养殖户换网操作频繁以及网箱内外水体交换不畅，从而给网箱养殖业造成经济损失。海水抗风浪网箱长期在水中浸泡后吸附了鱼体排泄物及水中污物，网箱网衣上着生了水绵、双星藻、转板藻等大量的丝状藻类。这些附着物的增多既阻碍了箱体内外水体交换，又容易造成箱体内水质恶化、缺氧，影响网箱养殖鱼类的生长；而网箱系统中附着的藤壶、牡蛎等贝类和杂藻等增加了网箱重量，这将大大降低网箱系统浮力；箱体网衣附着物又成为嗜水气单胞菌、海水弧菌等致病菌生长繁殖的场所；网箱内的鱼苗常会被水绵等丝状藻类缠绕无法逃出而窒息死亡，出苗率大大受到影响；同时还会降低鱼苗的活动能力，致使鱼苗摄食量降低，在越冬期会出现大面积的弯体病等疾病。为此，人们努力开发合成纤维网衣防污涂料，以解决箱体用合成纤维网衣防污问题。

## 一、重金属防污涂料研究进展

最初用于舰船的防污涂料，以毒料释放型防污为主要技术途径，通过涂料中可释放的铜、锡、汞、铅等重金属防污剂，在材料周围形成对海洋植物孢子以及海洋动物幼虫有毒杀作用的毒料浓度层，从而达到防污效果。有毒防污涂料由成膜物质、无机填料、防污剂（毒料）、辅助材料和溶剂等组分构成，其主要成膜物质有氯化橡胶、合成橡胶、氯乙烯及氯乙烯和醋酸乙烯共聚物、环氧树脂和丙烯酸树脂等。常用的防污剂如有机锡 TBT（包括三丁基氟化锡、三丁基氧化锡、三苯基氢氧化锡和甲基丙烯酸三丁基锡等）、氧化汞、氧化亚铜、DDT、敌百虫等。后来涂料的基料多采用自抛光型。自抛光涂料不溶于水，但遇到海水时缓慢水解，水解产物溶于水，释放出不含有机锡的防污剂，同时出现新的表层。但这一类防污剂的毒害很大，即使含百亿分之几的有机锡就足以使某些海洋生物发生畸变，抑制其繁殖，并且不适于食用。所以随后使用更多的是无锡自抛光涂料。20 世纪 70 年代以后，随着汞、砷等防污剂的禁用，有机锡化合物成为代表性的防污剂。20 世纪 80 年代，发现有机锡在鱼类、贝类体内会积累，导致遗传变异。20 世纪 80 年代末各国纷纷立法，禁用或限用有机锡防污涂料。国际海事组织（IMO）决定到 2008 年，有机锡全面禁用。目前氧化亚铜类防污涂料占主导地位，但由于铜元素会在海洋中，特别是海港中大量积聚，导致海藻的大量死亡，从而破坏生态平衡，因此最终也将被禁用。

## 二、无锡自抛光涂料

自抛光防污涂料的基料采用可水解聚合物做成膜物，可添加防污剂，也可在分子骨架上引入锡、锌、铜等金属离子，一般做成丙烯酸的金属盐或硅烷化丙烯酸聚合物使用。涂层在海水中通过离子交换作用释放金属离子起到防污效果，并且通过直接水解不断将表面溶解更新，防止表层钝化及海洋生物附着。自抛光涂料在静止的海水里更新效果差，对航行的船舶作用更好，航速越高，自抛光作用越明显。无锡自抛光防污涂料不含有机锡，又具有自抛光的功能，既克服了原有机锡自抛光涂料中因含有机锡而毒性高的缺点，又具有自抛光防污涂料节能的优点。其防污机理与有机锡自抛光型类似，即有防污作用的含有机金属，如锌（Zn）、铜（Cu）等的基团与基料树脂形成共价键，基料不溶于水，其共价键在海水中可被钠、钾等金属离子水解形成亲水基团，随着水解的进行，平稳地释放出防污剂，从而起到防污作用；当亲水基团达到一定浓度时，这层树脂便剥落掉，又暴露出新的与有机金属键合的树脂层，并在这一水解过程中形成平整的涂层。

2008 年 1 月，伊朗科学家详细研究了影响无锡自抛光涂料的溶蚀和防污性能的诸多因素，内部参数包括颜料的粒径大小、形状、含量、溶出速率还有涂层基料的水解速度，外部参数包括海水的酸碱度、盐度、温度，用于船体时还包括船只的航行速度，并公布了一个制备无锡自抛光涂料的设计规范。近年来许多国家均致力于低毒或无毒防污材料和技术的研究与开发，并探索由生物学领域和表面物理学领域出发，根据海洋污损生物由动物幼虫和植物孢子附着、变态、成长的生态习性，通过降低材料表面自由能、采用表面吸水性防污材料、改变材料的表面电性以及生物防污材料，实现长效和无公害防污的技术途径。

## 第二节　微生物对金属材料的腐蚀作用

微生物广泛分布于自然界中，它不但分解有机物质，也腐蚀无机金属材料。金属框架海水抗风浪网箱（简称金属框架网箱）使用无机金属材料，分析研究微生物对金属材料的腐蚀作用，有助于采用相关防腐措施，延长金属框架网箱的使用寿命。微生物对有机物质和无机物质材料的腐蚀作用是通过生产各种代谢产物来完成的。下面来介绍微生物多金属材料的腐蚀作用。金属材料及其金属框架制品除了受到化学腐蚀或电化学腐蚀以外，还遭到微生物腐蚀，而且微生物对金属材料及其金属框架制品的腐蚀作用相当大。用钢铁材料做成的海水抗风浪网箱金属框架，由于经常与水接触，会受到铁细菌、硫细菌以及硫酸盐还原菌等的侵蚀。在火力发电站冷却水通过的铜管子里面，由于硫酸盐还原菌的作用，铜管子里面也会发生强烈的腐蚀现象。铝制品（如飞机的铝制油箱、铝制热交换器以及铝合金等）除了遭到细菌的腐蚀外，还会受到芽枝霉菌的作用。在喷气机燃料以及其他石油二次产品中，会繁殖多种细菌和霉菌，这是导致油液腐败和金属腐蚀的重要原因。在切削油、研磨油、压延油等金属的加工油中，会繁殖假单胞杆菌、枯草杆菌、去磺弧菌、梭状芽孢杆菌、黄曲霉、芽枝霉、柱孢霉和镰孢酶等，它们分解乳化液，产生各种代谢物质，腐蚀金属材料和制品。

微生物进行生命代谢活动时会产生各种化学物质，其中酸对金属有很大的腐蚀性。有一种硫细菌在有氧条件下能使硫或其他硫化合物（如硫代硫酸盐）氧化，以此来获得它所需的能量，但反应最终将产生硫酸，如让该菌在实验室培养基上生长，可使 pH 值降低至 0.7，这样强的酸性显然会促成金属的腐蚀。亚铁细菌也有类似的作用，在有些矿山中，该细菌代谢活动所产生的酸会造成水泵等机械设备的腐蚀，给采矿带来困难。细菌、真菌等微生物还能产生柠檬酸、葡萄糖酸、曲酸、乳酸、延胡索酸、丙酸、五倍子酸、衣康酸等有机酸，这些有机酸都会腐蚀金属。微生物产生的代谢物质很多，其中代谢的单质硫会使铁和钢等金属很快腐蚀。土壤中，无论是在通风良好还是在通风不良的情况下都会由微生物产生单质硫，在有氧时，一些硫细菌能氧化硫化物产生硫，而在缺氧时，硫酸盐还原菌又能使硫酸盐还原产生硫。硫酸盐还原菌还能分解含硫的有机物来产生硫化氢，这是一种对金属有腐蚀作用的物质。许多微生物都能分解蛋白质，最后产生的氨也会腐蚀金属。

微生物对电化学腐蚀有什么影响呢？原来，电化学腐蚀涉及两类电子传递机制：

$$H_2O+O_2+2e \rightarrow 2\ (OH)^- \quad (5-1)$$

$$2H2e \rightarrow 2H \rightarrow H_2 \quad (5-2)$$

在一般的中性含氧水中，式（5-1）的电动势（EMF）大于式（5-2），故式（5-1）占优势，有些微生物的菌落紧贴在金属的表面。以式（5-3）微生物对金属铝的腐蚀为例，对这种腐蚀的机制进行说明。

$$4Al(OH)_3$$

$$\nearrow \uparrow \nwarrow$$

$$3H_2O+1.5O_2+6e \rightarrow 6(OH)^- 4Al^{3+} 6(OH)^- \leftarrow 6e+1.5O_2+3H_2O \quad (5-3)$$

$$\uparrow \qquad \uparrow \qquad \uparrow$$

$$----------4AL----------$$

微生物的菌落像一个钟罩罩在金属铝（Al）表面，从而造成了氧气的不均匀分布。在罩子内部的氧气必然比罩子边缘的氧气少，随着微生物对氧气的作用和消耗，这种趋势将增加。因为菌落边缘氧气浓度高，所以在该区域内进行如式（5-1）所示的反应，即 $2e+O_2+H_2O \rightarrow 2(OH)^-$，其中得 e 为 Al 失去的电子；Al 失去电子变成 Al 离子而溶解，最终腐蚀产物可能是 $Al(OH)_3$ 或其他铝的氧化物。菌落边缘发生电子传递处为阴极，菌落中部分金属溶解处为阳极，曾测得阴极与阳极之间电位差有 60 mV。有一些铁细菌常以这种方式腐蚀水管，使水管穿孔。飞机上装燃料的铝油桶内也经常发生类似腐蚀，但肇事的主要是霉菌（如芽枝酶等）以及一些氧化燃料细菌（如假单胞杆菌等）。

如果是在酸性溶液中，由于 $H^+$ 浓度大，就容易进行式（5-2）所示的 $2H2e \rightarrow 2H \rightarrow H_2$ 反应。该反应进行到一定程度时，由于 $H^+$ 浓度逐渐降低，$H_2$ 逐渐增多，溶液逐渐由酸性趋于中性，正反应与逆反应达到平衡，这种现象叫作极化。但如果不断地把 H 移走，正反应就将一直进行下去，这叫去极化。它会导致金属的腐蚀，因为我们把金属溶解处叫作阳极，而把金属表面发生电子传递处叫作阴极，这里去极化现象是在阴极上发生的，所以人们称之为“阴极去极化”。下面以酸性溶液中铁的腐蚀为例，来分析一下这种腐蚀机制。这一过程可概括地用式（5-4）至式（5-10）这六个离子方程式来表示。

$$8H_2O \rightarrow 8OH^- + 8H^+ \quad (5-4)$$

$$4Fe \rightarrow 4\,Fe^2 8e \quad \text{（阳极）} \quad (5-5)$$

$$8H8e \rightarrow 8H \quad \text{（阴极）} \quad (5-6)$$

$$SO_4^{2-} + 8H \leftarrow S^{2-} + 4H_2O \quad \text{（阴极去极化）} \quad (5-7)$$

$$Fe^2\,S^{2-} \rightarrow FeS \quad \text{（阳极）} \quad (5-8)$$

$$3\,Fe^2 6OH^- \rightarrow 3Fe(OH)_2 \quad \text{（阳极）} \quad (5-9)$$

$$4Fe+SO_4^{2-}+4H_2O \rightarrow FeS+3Fe(OH)_2+2(OH)^- \quad (5-10)$$

在关键的第四步［式（5-7）］，积蓄在铁表面的氢被硫酸盐还原菌利用来还原硫酸盐，这就是发生在阴极的去极化现象。由式（5-8）、式（5-9）可见，在阳极 $Fe^{2+}$ 与 $S^{2-}$ 反应生成 FeS、$Fe^{2+}$ 与 $(OH)^-$ 反应生成 $Fe(OH)_2$，从而使铁腐蚀。科研人员已经发现硫酸盐还原菌中含有氢化酶阳性的株系，能够产生阴极去极化，例如脱硫弧菌、致黑梭状芽孢杆菌等，而氢化酶阴性的株系则未发现此能力。微生物不但参与如上所述的化学腐蚀与电化学腐蚀，从而通过与金属的直接接触来使之受到破坏，而且还会分解人工加入的防腐剂或破坏金属的保护膜，从而引起腐蚀作用。如作为铁防腐蚀剂的亚硝酸盐常被消化杆菌利用而失效。碳氢化合物氧化细菌会使铝的抗腐蚀剂硝酸盐还原为亚硝酸盐，使它不能再起到保护铝的作用。铝表面生成的氧化铝是一层保护膜，可以阻止铝的进一步氧化和腐蚀，但是常在铝等金属表面的微生物却能影响保护膜的形成，如果再伴有酸性或者碱性物质生成，那么后果将更严重。科研人员发现，在脱硫弧菌生长期间，产生的$H_2S$会在钢材上形成一层膜，然后该菌的一些株系又使这层膜脱落，从而进一步地使钢材腐蚀剥落。用于铝燃料箱的有机涂料，会被微生物破坏而失去保护作用。事实上，是微生物把这些有机涂料当作营养“吃”掉了，从而使金属裸露出来，而造成金属腐蚀。

综上所述，微生物可以通过对金属的化学腐蚀、电化学腐蚀或破坏金属的保护膜和抗腐蚀剂来损害金属，也可以通过这几种方式结合起来破坏金属，也就是说，微生物引起的腐蚀也可能是几种机制共同作用的结果。例如铁在土壤中的迅速腐蚀，可能是由于在有氧和缺氧交替出现的情况下由硫细菌使硫化物氧化为硫酸而引起，还可能是由于氧气浓度差异导致电化学腐蚀而引起。

## 第三节　海洋生物腐蚀机理

### 一、海洋环境的微生物腐蚀机理

微生物腐蚀是指由微生物引起或加速的腐蚀，是一个十分复杂的电化学过程，尤其易引起或加速破坏性极强的局部腐蚀。海水是易于微生物生长的介质，海洋宏观生物就生长于微生物的环境中，在较高级的生物组织（如藤壶、贝类等宏观生物）附着之前总是微生物先附着成膜，在宏观生物壳表面周围有大量微生物存在。宏观生物死亡、腐烂处更有大量微生物繁殖生长。微生物在金属表面附着、生长、新陈代谢及死亡等生命过程主要从以下几方面影响海水环境中金属的腐蚀过程。

#### （一）浓度差异电池形成

由于微生物附着在金属表面形成不规则的聚集地，材料不可避免地形成几何的不均匀性，EPS基质的扩散屏障作用阻碍氧向材料表面的扩散，微生物膜分布及其本身结构的不均匀性、腐蚀产物的局部堆积等形成氧浓度差异电池。微生物的新陈代谢产物和腐蚀产物的向外扩散也同样被阻止，于是形成局部浓度差异电池。另外一种情况是海藻和光合作用细菌利用光产生氧气，积聚于生物膜内，氧浓度的增加，加速了阴极过程。海藻像其他细菌一样，无论光线强弱，即使在黑暗中也呼吸，将$O_2$转化成$CO_2$。局部的呼吸作用/光合作用可形成氧浓差电池，导致局部阴、阳极区产生$Cl^{-1}$。共焦扫描激光显微镜及扫描振荡微电极技术已能给出生物膜的结构、化学组分及电化学特征的一些参数等，采用旋转电极技术分析了金电极上天然海水生物膜内氧扩散动力学，氧浓差存在满足了局部腐蚀的初始条件。腐蚀产物及代谢物沉积使局部腐蚀得以发展。

#### （二）微生物的新陈代谢过程及产物对腐蚀电化学过程的影响

生物膜的存在及微生物的新陈代谢活动影响金属腐蚀过程，改变腐蚀机理、腐蚀形态。一方面代谢过程改变腐蚀机制，另一方面代谢产物具有腐蚀性，恶化金属腐蚀环境。

（三）金属沉积菌作用造成闭塞电池腐蚀

近几年金属沉积菌的作用已引起科技人员的关注。关于细菌沉积金属氧化物的观点，认为微生物加速了金属的氧化，有些使非生物性的金属氧化沉淀物积累起来，有些通过氧化金属而获取能量。嘉利翁氏菌属、球衣菌属、铁细菌属和纤毛菌属是常被提到的引起MIC的铁氧化类属，这些有机物将$Fe^{2+}$氧化成$Fe^{3+}$、或将$Mn^{2+}$氧化成$Mn^{3+}$，从而获取能量。金属沉积菌的作用使金属表面局部沉积能催化金属氧化的腐蚀产物（如FeS、$MnO_2$等），沉积物下金属成为阳极，微区可能形成闭塞电池腐蚀。腐蚀产物水解及扩散壁垒存在造成闭塞区内pH值降低和$Cl^{-1}$的富集。这种自催化机理腐蚀破坏性极强；同时腐蚀产物沉积可能导致结瘤腐蚀。许多研究发现天然海水金属沉积菌生物膜改变金属/生物膜界面环境使不锈钢类钝化金属的开路电位向贵金属化电位方向移动（Ennoblement），相应伴随着阴极极化电流密度容量的增加。酸度、溶解氧、金属沉积菌代谢产物（如$MnO_2$、$Fe_2O_3$）及微量双氧水等都被用来解释这种腐蚀现象。

（四）细胞外周高分子物质（EPS）凝胶层形成

微有机体黏附于金属表面形成胶状细胞外周高分子物质，所有黏附于金属表面的微生物都会产生高分子并在其上形成一凝胶基质层。细胞外高分子菌对生物膜的结构完整性起主要作用。凝胶对界面过程有多方面影响：

（1）在生物膜/金属界面上滞留水；

（2）捕获界面上的金属［铜（Cu）、锰（Mn）、铬（Cr）、铁（Fe）］和腐蚀产物；

（3）降低扩散速度，使金属/生物膜/海水界面溶解氧及电解质扩散复杂化。

这类高分子多为带羧酸官能团的多糖，其可以捕获金属离子从而加速金属腐蚀。铜与生物高分子的螯合作用，含钼不锈钢在天然海水中的微生物腐蚀。观察到$MnO_2$，一旦与EPS中蛋白质及氨基酸发生作用被还原。EPS结构中的特征官能团与金属离子的作用是生物化学的新研究课题。

（五）微生物因素与其他海水环境因素协同作用

海水环境中腐蚀过程复杂，影响因素繁多。微生物因素与其他因素协同作用影响腐蚀过程。金属电位变化与生物量间存在一定关系；对于阴极保护下的材料，生物活动、钙质沉淀物与保护电位相互作用。阴极电流与细菌附着间存在如下关系：

（1）在早期阴极保护抑制需氧菌生长；

（2）阴极电流有利于厌氧菌的聚集；

（3）生物膜与钙质沉淀物的作用取决于温度、溶解氧、有机质浓度及代谢产物。

生物膜及微生物生命活动还可能造成缓蚀剂效率降低，微生物能使脂肪族胺和亚硝酸盐等缓蚀剂的效率降低，在降低缓蚀作用的同时增加了微生物的数量，微生物还通过在金属表面和本体溶液中的缓蚀剂间造成弥散障碍而降低侵蚀剂的作用。另外，一些大面积覆盖的石灰质沉积膜，硬壳海洋动物附着有时破坏涂层。在一定条件下生物膜引起金属或构件电位变化，加剧了电偶腐蚀。同时生物因素与海水物理化学因素及气象因素之间相互影响。不同地理位置海域、不同气象条件下，附着生物分布及活动周期大不相同；海水物理化学性能（盐度、溶解氧、营养成分、耗氧量等）影响附着生物生命活动。不同材料上生物附着情况也不相同。

## 二、海洋宏观污损生物引起的腐蚀

海洋构件或船舰体被生物污损层覆盖是一种常见现象。海洋生物学家对各海域污损生物进行了广泛调查，对污损生物的生态区系、群落组成及生态活动规律有了一定认识，但对特定材料尤其是金属和合金材料上的附着生物认识较少。近年来，随着电化学技术、表面分析、生物技术及图像处理技术的应用，生物附着与金属腐蚀关系方面基础研究不断深入。一般认为，碳钢、低合金钢在弱碱性的海水中发生的是氧扩散控制的均匀腐蚀。在我国各海域主要附着生物有藤壶、贻贝、牡蛎、海鞘、苔藓虫、石灰虫、树枝虫、水螅及藻类等；碳钢、低合金钢海上试样局部腐蚀表现形式为点蚀、缝隙腐蚀、斑蚀、痕蚀、坑蚀、溃疡和穿孔等。Al、Cu、铊（Tl）等及其合金也因生物附着而发生各种局部腐蚀，且往往发生在沉积物海洋生物壳（如贝类）下面或其与金属及其他海洋生物的缝隙之间。局部腐蚀微环境在材料表面的分布具有一定的偶然性。腐蚀形貌、分布、局部腐蚀深度等与海洋生物因素的影响密切相关，在一定程度上受“海洋生物控制”。由于海洋生物生长周期长，且受多种因素影响，研究难度大，这方面报道较之微生物腐蚀更少，其中藤壶引起局部腐蚀现象最引人注意，死藤壶壳上有机质的分解引起介质酸化，进而形成缝隙腐蚀，揭示了藤壶附着在局部腐蚀中的作用。实验发现，生物污损造成局部腐蚀微环境，往往发生在沉积物海洋生物壳（如贝类）下面或其与金属及其他海洋生物的缝隙之间；自催化效应、海洋生物分泌液及死亡腐烂引起溶液酸化（pH 值最低可达 3~4），进一步加速局部腐蚀的生长和发展。铝镁合金在不同 pH 值 NaCl 溶液中的腐蚀行为，揭示海洋生物造成的局部微酸性环境是腐蚀敏感性强的原因。海洋生物作用是造成海洋结构材料、构筑物及船舰体局部腐蚀的主要因素，深入研究腐蚀机制，开发有效措施预防污损生物附着具有重要意义且任重道远。

## 三、我国海洋生物腐蚀研究现状

据估计，生物腐蚀损失占总体腐蚀损失的 20%左右，我国有关海洋生物腐蚀造成损失的研究有待加强。作为一个拥有 18 000 km 海岸线的世界海洋大国，研究国产海洋结构材料在本国海域内的生物腐蚀具有十分重要的理论和现实意义。20 世纪 80 年代以来，国家科委和国家自然科学基金委设立“材料海水腐蚀数据积累及其规律研究”项目，至今已积累了 71 种材料在典型海域内腐蚀数据 40 000 多个，有关人员对这些数据进行了大量分析研究。我国在微生物腐蚀及污损生物引起局部腐蚀方面开展了一些工作，微生物腐蚀的研究集中于油田注水系统中硫酸还原菌引起的腐蚀，同时在预防微生物及污损生物附着方面也进行了探索，如防止硫酸还原菌的杀菌剂和防污损生物涂料的开发等。总体来说，由于海洋生物因素作用复杂、实验周期长、研究难度大等原因，海洋生物腐蚀基础研究相对较少。

近年来，开发海洋腐蚀数据库和海洋环境腐蚀的预测、咨询系统，直至建立完善的专家系统成为热门课题。但是，复杂多变的海洋生物因素，难以控制和定量描述，腐蚀机理不完全清楚。海上长期暴露实验失重法所得腐蚀速度数据难以全面反映海洋生物造成局部腐蚀的特征，涉及海洋生物因素的影响相关模型研究较少。金属材料海水腐蚀性评价中生物因素是问题的焦点之一，忽视或未能准确把握海洋生物因素的模型来预测材料在特定海域的腐蚀情况有时会导致错误结论。生物因素及其与其他因素协同作用引起或加速的局部腐蚀破坏性极大。局部腐蚀的分布、深度与生物因素之间关系是问题的关键。建立模拟生物环境的实验方法对评价材料海水腐蚀中生物因素的作用，揭示生物腐蚀的机制具有重要意义，这方面研究工作较少见诸报道。

## 第四节　海水抗风浪网箱污损生物防除技术

海洋污损生物也称海洋附着生物（marine fouling organism），是生长在船底和海中一切设施表面的动物、植物和微生物。海洋污损生物的危害很大，当污损生物大量繁衍后如不及时清理会造成很大的危害，如增加船舶阻力、堵塞管道、加速金属腐蚀、使海中仪表及转动机件失灵、危害水产养殖等。全世界每年因为生物污损所造成的损失难以估算。

### 一、海洋污损生物对网箱的危害

海洋污损生物对网箱的危害性主要表现在以下几个方面。

（1）对箱体本身使用寿命的影响。因为污损生物的大量附着会造成网孔堵塞、水流不畅，使得箱体在自然海区中受到水流的冲击增大，所以，海洋污损生物大大影响网箱的使用寿命；再加上污损生物本身生命活动对网线的侵蚀作用及人们在清理污损生物操作过程中对网衣的磨损，也会减少网箱使用寿命。

（2）对网箱容量的影响。在水产上网箱养殖能够高产的机理就是网箱处在一个开阔的水体，箱体内外能够进行充分的水流交换，从而保证箱体内养殖动物能够得到充足的氧气。有实验表明，被污损生物堵塞网孔后的箱体，与外界水体交换的频率要下降好几倍，造成箱体内外溶解氧的差别很大。这样网箱养殖的优势就丧失了。

（3）对养殖动物自身的危害。首先被堵塞网孔的箱体，由于与外界水流的交换降低，在网箱内部就形成了一个相对封闭的环境，这样有利于有害病原菌的滋生，从而导致疾病的爆发。再则污损生物的大量附着还会与养殖动物争夺饵料和空间，特别是一些箱体养殖贝类表现得更加明显。

（4）对养殖收入的影响。污损生物附着增加渔业生产的劳力投入，从而降低网箱养殖业利润。

## 二、海洋污损生物的主要种类、数量及变化

海洋污损生物可以生长在网箱、网笼及其他养殖网具（如养殖围网等）上。污损生物种类主要有各种藻类、细菌、原生动物、海绵动物、腔肠动物、扁形动物、纽形动物、轮虫、苔藓虫、腕足类、节足动物、软体动物、棘皮动物和脊索动物等。污损生物附着盛期通常也多在生物繁衍的夏季，但具体到每个海区和不同的养殖条件，污损情况会有所改变。网箱及网笼上附着的污损生物种类和数量会因不同的养殖条件而异，如在香港大埔圩港内外的四个养殖场，分别以不同型号、不同网目的聚乙烯和尼龙网片进行实验，实验结果表明：网目大小为 1.5~2.0 英寸[①]的网片受污损最严重，而网目小于 1 英寸的网片受污损相对较轻。进一步实验结果表明，网目大于 2 英寸的网片受污损较轻；其原因是网目过大的网片可供附着的基质少，网目太小的网片则由于水流不畅，会大量滞留淤泥和形成微生物黏液膜，这都不利于污损生物的附着；此外，旧网比新网受污损严重。就特定海域和特定的养殖条件而言，网箱及网笼上污损生物的附着种类与数量也是一个动态过程，如在厦门港的实验网片上，春季附着薮枝虫、中胚花筒螅和管钩虾等，夏秋季则附着笔螅和网纹藤壶等；而在大亚湾养殖网箱上，春季以海鞘为主要附着生物，夏季以海鞘和各种软体动物为主，秋季除海鞘外苔藓虫也较多，冬季则是苔藓虫占绝对优势。另外网箱及网笼上污损生物的附着种类与数量还有较大的年变化，如科研人员 1991—1999 年间对莱州湾扇贝笼污损生物进行过调查，调查结果显示：1991—1992 年未发现附着生物，1993—1994 年主要附着生物为苔藓虫，1995 年主要附着生物为海鞘；1997—1999 年主要附着生物则是牡蛎等。

## 三、污损生物的防除技术

### （一）减少附着

减少附着防除技术是指通过对养殖区附着生物种类附着习性的了解，采取合理的生产管理技术，减小附着生物的危害。例如对养殖网笼（如扇贝笼、珍珠笼等）来说，可以根据不同种类附着生物的附着习性，采用不同季节在不同深度挂笼；养殖网笼下海时间避开附着高峰期和网套笼的方法，以减少或避开附着生物在养殖网笼的附着；这种技术途径现已在个别地区采用。另外针对大孔径网衣能减少污损生物附着的特点，可以根据实际情况尽量采用大孔径网衣，这也能在一定程度上减少污损生物的附着。

### （二）机械清除法

对于海水抗风浪网箱，机械清除污损生物方法通常采取下列措施。

---

① 英寸为我国非法定计量单位，1 英寸 = 2.54 厘米。

（1）机械清洗和刮除；

（2）定期更换网衣；

（3）转换网衣到水面或陆地上接受太阳光暴晒或淡水喷淋以杀死污损生物，然后再用棍棒敲打以去除网衣上的污损生物。

对于养殖网笼，先采用倒笼或换网措施，然后再接受阳光暴晒或淡水喷淋以杀死污损生物，最后用棍棒敲打以去除网衣上的污损生物。

### （三）涂层保护法

涂层保护法一般分为药物浸泡法和涂料涂层保护法。

（1）药物浸泡法，即将网衣浸入能够防污的药物中浸泡一段时间，然后取出风干，使药物在网衣表面形成一层保护膜，在一段时间内药物可有效防除污损生物的附着；

（2）涂料涂层保护法，此法又可分为涂层毒杀法和非毒涂层保护法。涂层毒杀法因所用含毒料防污漆严重污染海水、破坏生态环境、影响水产养殖，现已经禁止使用，人们一般采用非毒涂层保护法进行防污。非毒涂层保护法一般是用低表面能材料［如聚四氟乙烯（PTFE）材料或含有机硅氧烷材料等］做成网衣涂层，利用低表面能材料污损生物不易附着的特性来防除污损生物，但这种方法的缺点是开发和研制这些材料的费用较高，不适宜在养殖生产中大面积推广。另外日本还开发出以荞麦粉为材料做成的无毒涂层，可有效防除污损生物的附着。

### （四）生物防除法

生物防除法即在网箱及网笼内适当搭配一定比例能摄食污损生物的鱼虾来控制污损生物。如在海水抗风浪网箱内放养一些既能刮食植物又能摄食动物的杂食性鱼类，像斑石鲷、篮子鱼和罗非鱼等能有效防除污损生物。若在海水抗风浪网箱中放养一定数量的斑石鲷或篮子鱼，它们常以附着在海水抗风浪网箱箱体网衣上的丝状绿藻、褐藻、硅藻或贝类为食。有人用光棘球海胆来控制皱纹盘鲍养殖笼上的污损生物，取得了很好的效果。

### （五）污损生物防除新思路

在污着生物附着机理的研究中，许多学者认为网笼或附着基只要在海水中浸泡数小时，就会在其表面附着一层以细菌为主的微生物生成的黏性薄膜，而这是海洋细菌膜所产生的信号（即外源凝集素），它是诱导某些无脊椎动物（如藤壶、贻贝之类）和藻类附着栖息的重要媒剂。可设想利用生物技术研制专一性的抑制剂来干扰附着生物的幼体及藻类固着行为，或使用那些信号分子的类似物质及其衍生物来堵塞其化学感受器部位，从而阻止其附着。这些研究成果和构想在理论上为控制生物附着提出新的依据。在 20 世纪 50 年代，有人发现碳酸酐酶可作为抑制剂涂在物体表面干扰污着生物的代谢；此外多酚氧化酶也具有类似作用。80 年代国外科学家发现，从巨蛎属、硬壳蛤属、鹦鹉属中所含有的一种有机基质中提取的生物活性物质表面活性肽，能强有力地抑制海洋中诸如藤壶、牡蛎、船蛆、藻类等海洋生物附着，这种化学物质为聚合结构。这是一种高效能的防海洋生物附着的物质，既能干扰生物代谢，达到抑制海洋生物附着的目的，又不危害养殖贝类的发育生长。到目前为止，人们已从多种海洋植物、海洋动物和海洋微生物中提取了一系列具有防污活性的天然产物。初步研究结果表明这些物质都具有卓有成效的防污能力。进一步研究表明，海洋天然产物的防污作用机制并非想象的那样单一，而是多种机制综合起作用的，如有抑制附着、抑制变态、干扰神经传导和驱避作用等，因此，深入探讨各种化合物的防污机理，在海洋天然产物防污的研究中非常必要。此外，从自然界中分离提取多种具有较好防污活性的物质，然后研究这些防污活性物质的结构与防污效果的关系，找到防污活性功能团，再进一步通过人工合成此类防污活性化合物或其结构类似物来研制开发海洋天然产物防污剂，也成为目前防污研究中的一条重要途径。

## 第五节　合成纤维网衣防污技术成果

污损生物代谢产物（如氨基硫化氢）可毒化水产养殖环境并可滞留有害微生物，这将进一步导致水产养殖对象易于发病、养殖户换网操作频繁以及养殖网具内外水体交换不畅，从而给养殖业造成经济损失。防止污损生物污损围栏网、扇贝笼和海水抗风浪网箱箱体网片等渔网的防污技术称为渔网防污。防止污损生物污损海水抗风浪网箱的防污技术称为海水抗风浪网箱工程防污技术。由于污损生物种类繁多，网箱养殖海况千变万化，网箱防污又必须确保安全环保，导致网箱防污技术难度较大。海水抗风浪网箱防污目前已成为公认的世界性技术难题。本节将从导电防污涂料、具有微观相分离结构的防污涂料、低表面能疏水防污涂层和新型防污剂等方面来阐述合成纤维网衣防污技术成果。

### 一、导电防污涂料

海水电解用导电防污涂料是日本三菱重工株式会社于 20 世纪 90 年代开发的新型防污涂料。导电防污涂料以导电涂层为阳极、以船壳钢板为阴极，当微小电流通过时，会使海水电解，产生次氯酸钠，以达到船壳表面防止海洋生物附着的目的。我国中科院长春应化所的王佛松课题组多年致力于聚苯胺等导电高分子材料方面的研究，1999 年他们发表了关于将聚苯胺用于海洋防污防腐涂料方面的文章。他们采用官能化的质子酸为掺杂剂制备了导电聚苯胺分散液，在与涂层基料和其他添加剂共混后制成了导电涂料。该导电防污涂料不仅能防除藤壶等海生物，还能对海生物的前期附着黏泥有防除作用。经海上实验证明该导电防污涂料在海洋环境下电导保持稳定超过 1 年。

### 二、具有微观相分离结构的防污涂料

现在许多高分子材料应用于制造人工脏器，由于在使用中大多数要与血液相接触，因此，需要具有优良的抗凝血性能，人们在这方面进行了大量研究。相关研究结果表明，材料表面和血浆蛋白吸附的关系主要包括材料表面的化学组成、临界表面张力、界面能、表

面亲水/疏水性、表面电荷、表面的粗糙度、微相不均匀结构和血浆中蛋白浓度对表面蛋白吸附的影响。今井于1972年首先提出高分子材料的微观非均相结构具有优良的血液相容性，认为非均相结构尺寸达到0.1~0.2 μm时就有抗凝血性。冈野等合成了由甲基丙烯酸羟乙酯与苯乙烯组成的嵌段共聚物，发现此嵌段共聚物表面亲水/疏水微观结构与血浆蛋白吸附之间有相关性，指出材料表面产生的蛋白质吸附是与材料中亲水性与疏水性各自的微观区域相对应的，表面层状微相分离结构的尺寸在30~50 μm时，有明显的血小板黏附抑止作用。Huang等对具有表面微相分离的聚氨酯共聚物的研究结果表明，硬段相区的大小为5~25 nm的聚合物表面具有最小的蛋白吸附量，他们认为其原因在于该尺寸与蛋白质分子的大小相近似。Childs等对PDMS基聚羰酸酯共聚物的研究表明水相区为6~12 nm时，聚合物表面具有最有效的抗血栓性能。这些文献集成了多种具有微相分离结构的接枝和嵌段共聚物，从不同角度研究了微相分离结构同血液相容性的关系，指出适宜的微相分离结构不仅能抑制血小板的黏附，还能抑制血小板变形和活化凝聚。这些文献同时还指出，具有亲水-疏水微相分离结构的高分子材料最有可能用作血液相容性材料。Baler指出，生物污损与血管内血栓形成有很大的相似性，它们都是从蛋白质或生理物质的附着开始；而具有微相分离结构的高分子材料是优良的抗凝血材料。基于上述研究，科学家开发出了具有微相分离结构的防污涂料，并在相关领域得到了应用。这类涂料的难点是如何在多变的施工条件下形成相分离结构，以及如何控制微相分离结构在一定的尺寸范围内。这既可以通过化学方法如合成嵌段共聚或接枝共聚树脂，也可以通过物理方法如共混来达到。后又发现，物理共混使低表面能物质在表面聚集，当表层被磨蚀后，防污性能可能会急剧下降，因此，目前多采用化学方法。而有机硅及有机氟树脂由于本身具有一定的防污性能，因此其衍生物也成了研究重点。Gudipati最近在文献中进一步强调，海洋有机物的附着首先涉及生物蛋白和葡聚糖胶状分泌物在涂层表面的黏附，所以设计海洋防污涂层或生物应用的高分子材料，首先应考虑抑制蛋白的吸附性能，其次还需考虑表面自由能和机械性能。为获得具有抗蛋白吸附的共聚物涂层，涂层表面应存在纳米级疏水、亲水区域并存的不均匀结构，以减弱纳米级蛋白质分子与涂层表面的相互作用。复旦大学武利民教授的课题组采用两步溶液聚合方法合成了一系列聚二甲基硅氧烷（PDMS）4，4′-二苯基甲烷二异氰酸酯（MDI）-聚乙二醇（PEG）多嵌段共聚物；利用轻敲模式原子力显微镜（AFM）观察了嵌段共聚物的表面形貌，研究了退火、共聚物组成以及PEG分子量和不同的官能团对涂层表面微相分离行为的影响，同时对微相分离行为的形成机理也作了相应探讨，他们在文献中阐述该嵌段共聚物即使在PDMS含量大于50%时，涂层表面仍呈现出规整有序的纳米级相分离结构，其中疏水相和亲水相分别由PDMS链段和MDI-PEG组分构成。

## 三、低表面能疏水防污涂层

海洋生物有天然的抗附着特性，如海豚、海蟹和海绵等长期置身于海水中，但其表面却不会被海洋生物附着。这是因为海豚、海蟹和海绵等能分泌一种对附着生物有驱避作用的特殊物质，或通过其特殊的表面形态，避免其他海洋生物在体表附着。海洋生物在物体表面上的附着首先是分泌一种黏液，这种黏液对物体表面润湿并在其上分散，然后通过化学键合、静电作用、机械连锁和扩散这几种机理中的一种或几种进行黏附，因此，调控物体的表面性能就可以削弱这种黏接力。这里所说的表面性能是指表面能、官能团排列及表面形态等。美国和德国科学家研究这些大型海洋动物的表皮结构存在纳米-微米级双重结构，Baum 利用冷冻扫描电镜和多种样品制备技术，对鲸鱼表皮结构进行了详细研究，并有望在今后根据巨头鲸皮肤的这种独特构造和原理研制出一种用于船舶的防污漆及用于合成纤维网衣的防污涂料。仿生防污涂料的研究大多从生物附着机理入手，一方面寻找防污高分子材料，对一些生物的表皮状态进行模仿，赋予涂层以特殊的表面性能（如低表面能、微相分离），使海生物不易附着或附着不牢；另一方面寻找合适的天然防污剂，在不破坏环境的前提下防止生物附着，这是一种全新的防污概念，可以称之为仿生防污。近年来，仿生防污涂料的研究主要集中在新型防污剂和新型防污高分子材料等方面。在仿生防污涂料的研究方面，华盛顿大学的 Karen L. Wooley 在该方面取得了一定的进展，其研制的结合亲水性聚乙烯醇树脂与疏水性聚四氟乙烯树脂特点合成具有纳米级“山谷”结构的仿海豚皮防污涂料基料，并制成无毒仿生防污涂料；该成果经美军海军实验室试验，试验结果表明它对阻止一些海生物幼虫早期吸附有效；而且配方不同，其防污效果也不同。Karen Wooley 认为通过进一步调整表面结构特征，将有可能最终解决藤壶幼虫的早期附着。该工作打破了人们对于粗糙表面不具有防污性的传统观点，从他们的研究工作中可以得到启示，具有微相分离并具有疏水和疏油两种特性的聚合物可以用来研制防污涂料。

Barthllot 和 Neinhuis 通过观察植物叶表面的纳米-微米微观结构，发现荷叶表面的特殊微结构是荷叶不沾水的原因，并提出“荷叶效应（Lotus Effect）”理论。这种纳米-微米二元结构不仅可以产生较大的接触角，而且可以产生较小的滚动角。合适的表面粗糙度对于构建疏水性自清洁表面非常重要。根据 Wenzel 理论，浸润性由固体表面的化学组成和微观几何结构共同组成，一定的表面微观粗糙度不仅可以增大表面静态接触角，进一步增加表面疏水性，而且更重要的是可以赋予疏水性表面较小的滚动角，从而改变水滴在疏水性表面的动态过程，使荷叶具有优异的自清洁功能。

中国科学院化学研究所徐坚课题组利用聚合物在溶剂蒸发过程中自聚集、曲面张力和相分离的原理，在室温和大气条件下一步法直接成膜构筑类似荷叶微米-纳米双重结构的聚合物表面。总之，要构建用于海洋防污的超疏水涂层，就要在低表面能材料的表面构建微米-纳米粗糙结构。典型的低表面能材料是有机硅和氟树脂及其相应的改性树脂。

中国科学院江雷课题组模仿植物叶子的自清洁功能方面做了大量开创性的研究工作，并于 2005 年以“具有特殊浸润性（超疏水/超亲水）的二元协同纳米界面材料的构筑”成果获国家自然科学二等奖，研究体系集中在无机微纳米结构制备及其表面功能性修饰。中国科学院江雷课题组通过碳纳米管的蜂窝状排列和岛状排列制备了超疏水的表面，其水的接触角在 160°以上。中国科学院江雷课题组还用亲水性高分子聚乙烯醇（PVA）通过模板挤出的方法，制备了超疏水表面，并成功实现全 pH 值范围内呈现超疏水性的碳纤维薄膜，将超疏水性质从纯水拓展到酸性或碱性溶液，将超疏水与超亲油两个因素相结合，成功获得了用于油水分离的网膜。

低表面自由能防污涂料是利用漆膜的低表面自由能和较大的水接触角，使液体在其表面难于铺展而不浸润，从而达到防止海生物附着的目的。根据 Dupre 推导的公式可知，固体表面自由能越低，附着力越小。前已述及，海生物附着初期是通过分泌黏液润湿被附着表面来实现的，黏液对低表面能的表面浸润性差，从而接触角大，难以附着或附着不牢。近期研究发现，低表面能防污涂料自身性质对防污性能造成影响的主要因素有表面能、弹性模量、涂膜厚度、极性、表面光滑性和表面分子流动性。一般认为，涂料的表面能只有在低于 $2.5\times10^{-4}$ N/m 且涂料与液体的接触角大于 98°时才具有防污效果。目前，低表面自由能防污涂料主要有氟聚合物防污涂料和硅聚合物防污涂料。氟碳树脂涂料与有机硅树脂是以不同方式达到防污目的的。上述因素对它们的影响也存在差异。氟碳树脂是刚性强的聚合物，涂层表面污损物的脱落是通过它们之间界面的剪切来实现的，降低表面能对其特别重要，极性、表面光滑性及表面分子流动性对其也有重要影响；而有机硅弹性体涂层容易变形，污损物的脱落通过剥离机理来实现。降低表面能并不是其主要手段，而弹性模量及涂层厚度都有重要影响，因此，设计有效的氟碳防污涂料与设计有机硅防污涂料的思路不同。

含氟树脂是指主链或侧链的碳原子上含有氟原子的合成高分子材料，它包括氟烯烃聚合物和氟烯烃与其他单体的共聚物两类。用于涂层的含氟树脂主要有：Teflon 系列、PVDF、FEVE 和 PVF 树脂等。有机氟聚合物的表面张力是高聚物中最低的，这是由于氟原子的加入使单位面积作用力减小的缘故。含长链的全氟烷基化合物不仅显示出憎水性，而且对普通的烃、油类也有憎油性。陶氏化学曾经开发出一种有效的氟碳树脂水性防污涂料，该涂料采用聚（2-异丙烯基-2-唑啉）交联聚全氟表面活性剂制成。M. Khayet 用一定比例的聚醚酰亚胺（PEI），γ-丁内酯，含有端氟化基团的聚氨酯和一定量的 N，N-二甲基乙酰胺。采用相转换法，得到表面改性的高分子聚合物膜，X 射线光谱分析表明，在 PEI 膜表面含氟基团富集，增大了表面对水的接触角。有机硅树脂是具有高度支链型结构的有机聚硅氧烷。因有机硅树脂具有耐高低温、优良的电绝缘性、耐候性、耐臭氧性、耐水耐潮湿性、耐化学腐蚀性和低表面活性等特点而在涂料中得到广泛应用。由于有机硅树脂分子具有很好的柔顺骨架，使聚合物链段易于调整成低表面能结构构型。有机硅树脂的临界表面张力明显低于其他树脂，仅略高于氟树脂，但有机硅树脂与氟树脂相比成本更低廉。有机硅系列化合物包括硅氧烷树脂、有机硅橡胶及其改性物等。但限于工艺条件、经济性等多种因素的影响，目前研究主要集中在以改性 PDMS 树脂为基料和以硅橡胶为基料的涂料合成上。前期研究结果表明，低表面能有机硅防污涂料的关键问题是涂料对底材的附着力差和强度不够。如硅橡胶加上甲基及苯基的硅系配合物有不错的防污效果，但其附着力、强度等方面性能较差，因此，通常还需要增加一道过渡层来改善附着力。高分子 PTFE 有极低的表面能，是理想的选择，但因其不溶于溶剂，不熔化、软化，无法用普通方法制成涂膜，因此，研究上转向了其衍生物。Slater 等研制了一种由带有功能性羟基的聚二甲基有机硅氧烷及其交联剂组成的硅橡胶系低表面能防污涂料，已固化涂层中由交联剂提供的与硅相连可水解基含量增大，可导致涂料防污性能下降；当交联剂的量足以使带羟基的聚二甲基有机硅氧烷固化但又低于某一数值的时候，涂料的防污性能最好。Kishihara 等介绍的含硅氧烷树脂自抛光防污涂料，兼有自抛光涂料的水解特性及硅氧烷树脂涂料的低表面能特性。涂料能从表面缓慢水解释放出硅氧烷，从而产生亲水基团；当亲水基团达到一定数量后，表面树脂溶解于海水中不断形成表层。东京大学的研究人员在四乙基原硅酸酯（TEOS）中引入丙烯酸聚合物，采用相分离技术（相分离可控制结构的尺寸），得到火山口样微观表面结构，接着氟烷基硅（FAS）化处理，得到和普通硅基一样硬度的透光超疏水涂层，这在设计制备超疏水性涂层的研究方面具有重要的借鉴意义。还有文献报道了采用溶胶-凝胶法制备含纳米组成的氟碳涂层，疏水的表面形貌随硅粒子的含量、聚集程度和浓度等因素变化。华盛顿大学研究人员 H. M. Shang 通过控制各种硅前体在溶胶-凝胶过程中的水解和缩合反应，调节微观结构，从而得到所需要的粗糙表面；用单层表面缩合反应进行表面化学改性，通过直接浸涂，接着自组装，得到的涂层接触角最大达到 165°，透明性达 90%以上。有文献报道将聚二甲基硅氧烷（PDMS）用无光敏感剂在室温条件暴露于二氧化碳脉冲激光源下，激光辐射 PDMS 表面导致分子链有序，使表面更具有疏水性。美国 The University of Akron 的研究人员将苯甲酸钠混合在硅树脂涂料（苯甲酸钠先溶于去离子水，再加入丙酮，加入硅树脂，溶成一体）中，并研究了苯甲酸钠在硅树脂涂料中的分散及缓慢释放机理。

## 四、新型防污剂

### （一）不含重金属的无毒或低毒防污剂

继重金属防污剂之后，目前的研究热点是一些不含重金属的无毒或低毒防污剂，然而，目前仍未能找到一种其有效性、广谱性可与有机锡化合物相匹敌的防污剂代用品。现在关注的重点是不含锡的有机化合物防污剂。已发现效果较好的有 Sea-Nine 211（化学名 4，5-二氯代-2-正辛基-4-异噻唑啉-3-酮）、Copper Omadine（吡啶硫酮铜，又称奥麦丁酮）、Irgarol 1051［N-环丙基-N’-（1，1-二甲基乙基）-5-（甲基硫代）-1，3，5-三嗪-2，4-二胺］等。其中 Sea-Nine 211 对硅藻、细菌、藻类植物和藤壶等动物有很好的抑制作用，效率高，并可通过水解、光降解和生物降解很快分解，不会产生累积效应，可见对海洋环境非常安全。Copper Omadine 已证明对海水抗风浪网箱养殖鱼类无污染。Irgarol 对藻类和细菌有效，但对动物污损生物无效。这些有机防污剂都需要与其他防污剂如氧化亚铜配合使用才会有较好的综合效果。

### （二）酶基防污剂

海螃蟹等壳的表面长期不长生物，经深入研究发现，其表面至少存在 6 种以上的酶，由此开展了大量的酶基防污研究。酶基防污涂料在近十几年被研究得较多，按照机理可分为直接型和间接型两大类。直接型的酶基防污所采用的酶作用有两种，一种是可以将附着生物致死的酶作用物，这一类型的酶被先后用于酶基防污的有细胞壁降解酶、溶解酵素、几丁质酶；另一种是只影响附着生物的附着能力的酶作用物，直接作用于污损生物的黏附物，这类酶有蛋白酶、纤维素酶、木瓜蛋白酶、丝氨素蛋白酶、糜蛋白酶、糖苷酶和葡糖氧化酶。间接型的酶基防污涂料中的酶可以赋予酶作用物防污作用。这类酶作用物既可存在于海水环境中，又能存在于涂层中。

### （三）利用海洋生物次级代谢物或植物提取物作防污剂

2002 年 Singh 等从桉树叶子苯提取物中分离出 sideroxylonal A，经过生化试验证明其对紫贻贝的附着有忌避作用。2004 年美国阿克伦大学 Carlos A. Barrios 等人研究了大叶酸的防污性能。大叶酸是大叶藻或鳗草的天然提取物。大叶酸易溶于水，大部分聚合物涂层都是憎水的，而很多生物活性防污剂又是亲水的，所以，制备聚合物分散均匀的聚合物生物活性防污剂涂层是难点。最早，大叶酸被以粉末的形态与硅树脂机械共混得到涂层中大叶酸聚集体；这种大的聚集体可能分布于整个涂层中，可以为水分子的进入和溶解建立较大的通道。美国阿克伦大学 Carlos A. Barrios 课题组研究了大叶酸与硅树脂基体不同的共混方法，并通过图像处理技术估算出不同样品的大叶酸聚集体尺寸、微观形貌以及抗菌性能。早在 1946 年 Harris 就发现细菌膜可避免藤壶幼虫和管虫附着。1960 年 Crisp 和 Ryland 报道了苔藓虫幼虫亲和未被细菌成膜的表面，而不亲和细菌膜。1989 年纪伟尚等人发现氧化硫杆菌和排硫杆菌具有防污能力，由于它们在代谢过程中产生硫酸，能够抑制大型海洋生物的附着；通过细胞固定化技术制成的防污涂料，在海上做挂片试验表明具有较强的防污能力。1994 年哈佛大学的 Maki 小组在“生物膜及其在诱导和抑制无脊椎动物的附着中的作用”研究中指出，一些细菌的代谢产物中具有多糖和蛋白质成分存在，可防止生物附着。上述研究表明，海洋细菌对无脊椎动物的幼虫的抑制作用具有相当的普遍性。目前这方面的研究非常活跃，但离实际应用还有相当距离，技术上还有许多难点。首先，必须找到一种或几种能广谱防止生物附着的细菌；其次，制成涂料后细菌应仍具有活性；再者，该涂料还必须经受不同海域、不同季节、海港内特殊环境、干湿交替、船舶航行时海水的冲刷等环境的考验；而价格也是另一个必须考虑的重要因素。此外，在海洋无脊椎动物的次生代谢物中也发现大量有防污作用的物质。Hirota H 等人从海洋海绵的两个种中共得到 3 种二氯代碳亚胺倍半萜烯和 1 种愈创型倍半萜烯，这 4 种物质都能强烈抑制纹藤壶幼虫的附着，且致死率都小于 5%，比 $CuSO_4$ 低。Denys R 等人从红藻中分离纯化得到一系列次级代谢产物卤代呋喃酮，能够有效抑制纹藤壶、大型藻石莼和海洋细菌 SW8 这 3 类有代表性的污损生物附着。实验还证明，红藻的粗提物具有广谱防污性，能同时抑制多种污损生物的附着，而分离提纯后得到的每一种化合物单体都只能有效抑制一种污损生物。因此，在防污涂料研制开发的过程中，可以考虑综合使用几种具有不同防污活性的化合物，进而制备出具有广谱防污作用的高效防污剂。除了海绵以外，人们对珊瑚类也做了较多研究。Targett 等人从珊瑚中提取的龙虾肌碱和水性提取物，可防海洋底栖硅藻的附着。生化试验表明，龙虾肌碱和其类似化合物吡啶、烟酸和吡啶羧酸都能抑制硅藻的生长，而且羧基在吡啶环的2位上对其活性有重要贡献。1984年Standing等人发现某些珊瑚的粗提物能抑制藤壶的附着。Rittschof等人对这种粗提物进行了研究，认为其主要成分是萜烯类化合物，并在较低浓度下呈现抑制性，且无毒性，而在高浓度下有毒。2007年，巴西科学家从巴西褐藻中得到天然的防污物质。2004年查尔摩斯科技大学的Liubov S. Shtykova分析了美托咪啶作为防附着药物，醇酸树脂做基料的涂层系统中美托咪啶与醇酸树脂间的相互作用。瑞典的海洋生态学专家Anna-Sara Krång 2006年报道盐酸美托咪啶可以削弱端足类动物雄性体对其雌性体所分泌的繁殖信息素的敏感度，可以用来作为新型海洋生物防污剂。苯甲酸钠、丹宁酸也被用来做环保无毒的新型防污剂材料。苯甲酸盐阴离子对附着生物有抑制作用，早期的研究成果已经证实苯甲酸可以抑制微生物膜的形成。确切地讲，苯甲酸只能抑制微生物的生长，而不能杀死微生物。其抗菌机理是由于苯甲酸干扰微生物细胞膜的渗透性而抑制细胞膜对氨基酸的吸收。另外，它还能引起氧化硫酸化电子传递系统与底物之间的解偶联反应，使ATP的合成反应受到障碍。苯甲酸还能抑制微生物体内的某些酶系统，尤其是脂肪酶，α-酮戊二酸脱氢酶及琥珀酸脱氢酶。由于苯甲酸难溶于水，直接使用苯甲酸比较困难。因此，通常使用的是其钠盐——苯甲酸钠，但起抑菌作用的仍是苯甲酸。

## 第六节　合成纤维渔网网衣的防污案例

近年来宜兴市燎原化工有限公司（以下简称燎原化工）联合东海水产研究所石建高研究员课题组开展了渔网防污剂合作研究，成立了宜兴市燎原化工有限公司-东海水产研究所渔网防污剂课题组（以下简称燎原化工-东海水产研究所渔网防污剂课题组），先后实施了“渔网防藻剂试验开发研究项目”“环保型防污功能材料的开发与应用”（2007LY060101）与“环保型渔网防污剂在扇贝笼及网箱上的应用示范”（TEK2012LY060106）等科研合作项目（由于地区习惯的不同以及语言的差异等原因，也有人在一些场合将“渔网防藻剂”与“渔网防污剂”两个词语混用），其中，“环保型海洋渔网防污剂的开发与应用”项目于2013年4月通过中国石油和化学工业联合会组织的验收鉴定，鉴定结论为“该成果拥有自主知识产权，创新性强，优于国内外同类技术，综合技术水平居国际领先”（中石化联鉴字〔2013〕第019号，雷霁霖院士、沈寅初院士任项目成果鉴定委员会正、副主任）。

### 一、渔网防污剂的防污机理探讨

燎原化工-东海水产研究所渔网防污剂课题组经多年研究开发出来的新型环保型渔网防污剂是一种非水溶性、非释放型的“封闭型”制剂，其防污机理简述如下。

#### （一）关于污损生物的污染过程

海洋污损生物对渔网或其他海洋装置的污染过程还得从海洋污损生物的生活史说起。真菌、藻类、苔藓、藤壶、龙介、牡蛎、贻贝类、端足类、腔肠动物等与各种海洋污损生物，其生活史是孢子或受精卵→生根→发芽→成长→结果的过程。海水中污损生物的孢子或受精卵附着或固着在网衣或者装备上，然后生根、发芽、发育，吸收海水中的营养快速生长，最后长成成体或成虫又能产生下一代的孢子或者受精卵。例如：真菌是一种丝状体，它用孢子繁殖，其孢子很小，要在显微镜下放大600倍才能观察清楚。其生活史是孢子→发芽→菌丝（根、茎）→子带孢子或孢子带孢子或分生孢子。薮枝螅为一种树枝状的水螅型群体，生活于浅海，是污染渔网的常见生物。薮枝螅受精卵成熟后漂浮在海水中，然后在生物体表面固着下来，以出芽式发育成树枝状的群体，其基部很像植物的根，故称螅根，螅体上生出许多直立的茎，称为螅茎。薮枝螅生活史是受精卵→发育→成长（螅根、螅茎）→水螅群体。综上，海洋污损生物对网衣或装置的污染过程首先是污损生物的孢子或受精卵的附着或固着（着床），而不是污损生物的成体或者成虫的吸附。

（二）关于“开放型”防污剂与“封闭型”防污剂

水溶性和释放性的防污剂为“开放型”防污剂，而非水溶性和非释放性的防污剂为“封闭型”防污剂。所谓“开放型”防污剂，其机理认为是由于防污剂中的药物（有效成分）不断地释放出来，将污损生物的成虫或成体驱赶掉，或在涂膜表面形成一层薄膜，使成虫或成体吸附不上去。污损生物对网或装置的污染是孢子或受精卵的固着而不是成虫或成体的吸附。孢子或受精卵既没有吸食器官也没有排泄器官，它不会被驱赶。即使是“开放型”防污剂中的药物较多，也不可能形成薄膜，因此，很难起到防止海水中污损生物对渔网污染的作用。另外，药物在不断释放，会造成对海水抗风浪网箱内养殖物的伤害，所以，“开放型”防污剂用在养殖用的渔网上是不现实的，“封闭型”防污剂是非水溶性和非释放性的。不溶于水的防污染物放入成膜剂树脂薄膜中，涂抹在网衣上，靠成膜剂牢固地黏附在网衣上，使网衣表面有了“抗体”，污损生物的孢子或受精卵就不能在其表面着床、生根、发育，更谈不上生长、成熟和“结果”了，并对网内养殖生物不会造成伤害。近年来，国外开发成功的金属合金网衣（国内也在试用），也是“封闭型”环保材料的例子。其实不管是“开放型”还是“封闭型”防污剂，其作用主要取决于所选择的防污染药物是否对路（即是否有抑杀各种污损生物的能力），以及药量是否到位（即足够抑杀污损物的剂量）。

（三）关于污损生物对药物的敏感度和药物对污损生物的专一性

防污药物对污损生物的杀死或抑制作用主要取决于各种污损生物对不同药物的敏感程度，如某种污损生物对某种防污药剂没有敏感性或者敏感程度不高，该污损生物就不会被抑杀。各种污损生物对同一种防污药物的敏感性是不一样的，甚至差别很大。反之，防污药物对污损生物的作用具有专一性，某种防污药物能够抑杀某种或某些污损生物，但对其他污损生物可能无效。另一种防污药物对另一种或另一些污损生物有作用，而对其他污损生物可能无效。单靠一种防污药物来对付海洋中的众多污损生物是不现实的，没有单一药物可以包治百病。海洋污损生物种类繁多。因为黄海区、渤海区、东海区和南海区生物种类各不相同，所以必须针对各海域的污损生物种类筛选试验出不同组合的防污药物，研制成多功能的防污材料。

## 二、成膜剂的筛选

渔网防污剂由防污药物与成膜剂两部分组成。防污药物无黏附性能，放入水中很快被水冲走，起不到防污的功效。成膜剂属高分子聚合物，涂布在渔网表面经干燥后，具有极强的黏附性能，能牢固地黏附在其表面，不易脱落。利用成膜剂此特性，将防污药物均匀分散于成膜剂中，再涂布于渔网表面，就能将防污药物均匀地黏附在渔网上，在较长时间内不脱落，起到防污的功效。成膜剂的好坏是渔网防污成败的关键之一。成膜剂的种类很多，性能各异，价格不一，必须进行合理的选择。涂布在渔网上的成膜剂与涂布在内外墙及金属表面的成膜剂，在性能和要求上具有显著差异。用于渔网涂布的成膜剂，要有一定的柔软度、耐水性能良好、黏附性强、与防污药物要有良好的配伍性、使用安全、价格适中等。根据要求，共收集了氯偏乳液、聚氨酯树脂、乳化沥青、氯丁橡胶、聚乙烯树脂、苯丙树脂、纯丙树脂等各种型号的十多个成膜剂样品，经多次小样试验和综合性能评价，筛选出结膜致密、成膜优良、耐水性好、耐磨性好、有一定柔软度、能与防污药物配伍等特点的成膜剂。同时成膜剂无挥发性气味、不刺激皮肤。成膜剂的筛选，燎原化工-东海水产研究所渔网防污剂课题组进行了下列性能的试验，简述如下：

（1）取 5 g 成膜剂，加 5 g 水稀释，搅拌均匀后，倒入直径为 90 mm 的玻璃平板内，放入 45℃的恒温烘箱中过夜，让其干燥，第二天取出，观察成膜情况和柔软度情况，将结果列于表 5-1 中。

（2）按渔网防污剂的配方，取 50 g 成膜剂，另外逐步加入所需添加的防污药物、分散剂、增稠剂、消泡剂等成分，做成渔网防污剂的样品。观察加工过程中是否有异常情况出现、成膜剂与防污药物的配伍性能是否良好，结果列于表 5-1 中。

**表 5-1　成膜剂性能一览表**

| 序号 | 成膜剂 | 成膜性 | 柔软度 | 与药物配伍性 | 耐水性 | 黏附力 | 备注 |
|---|---|---|---|---|---|---|---|
| 1 | 氯偏乳液 | §§§ | + | × | ○○ | △△ | 发脆 |
| 2 | 乳化沥青 | §§ | + | √ | ○○○ | △△△ | 太软，发黏 |
| 3 | 氢偏+沥青（1∶1） | §§ | + | × | ○○○ | △△△ | 有反应 |
| 4 | 氢偏+沥青（2∶1） | §§ | + | × | ○○○ | △△△ | 有反应 |
| 5 | 氢偏+沥青（1∶2） | §§ | + | × | ○○○ | △△△ | 有反应 |
| 6 | 氯丁橡胶 | §§ | + | × | ○○○ | △△△ | 有反应 |
| 7 | 氯偏+氯丁（3∶1） | §§§ | +++ | × | ○○ | △△△ | 有反应 |
| 8 | 苯丙乳液 | § | + | √ | ○○○ | △ | 成膜性差 |
| 9 | 大桥 1# | §§ | + | √ | ○ | △△ | 耐水性差 |
| 10 | SB 乳液 | §§ | ++ | √ | ○ | △△ | 耐水性差 |
| 11 | MC 乳液 | §§ | + | √ | ○ | △△ | 耐水性差 |
| 12 | RF 乳液 | §§ | + | √ | ○ | △△ | 耐水性差 |

续表

| 序号 | 成膜剂 | 成膜性 | 柔软度 | 与药物配伍性 | 耐水性 | 黏附力 | 备注 |
|---|---|---|---|---|---|---|---|
| 13 | 大桥 6# | § § | + | √ | ○ | △△ | 太硬 |
| 14 | 聚氨酯 | § § § | +++ | √ | ○○○ | △△△ | 性能好，价格高 |
| 15 | 纯丙乳液 A | § § § | + | √ | ○○○ | △△ | 太硬 |
| 16 | 纯丙乳液 B | § § § | + | √ | ○○○ | △△△ | 太软 |
| 17 | A+B（1：1） | § § § | + | √ | ○○○ | △△△ | 稍硬 |
| 18 | A+B（2：1） | § § § | + | √ | ○○○ | △△△ | 稍硬 |
| 19 | A+B（1：2） | § § § | +++ | √ | ○○○ | △△△ | 性能好，价格适中 |
| 20 | A+B（1：3） | § § § | ++ | √ | ○○○ | △△△ | 稍软 |
| 21 | 纯丙乳液 C | § § § | ++ | √ | ○○○ | △△△ | 性能较好，价格低 |

注：(1) 表中符号“§”表示较差，“§ §”表示较好，“§ § §”表示良好。

(2) 表中柔软度一列，符号“+”表示太硬或太软，“++”表示偏硬或偏软，“+++”表示适中。

(3) 表中符号“√”表示能配伍，“×”表示有反应，不能配伍。

(4) 表中耐水性一列，符号“○”表示一般，“○○”表示较好，“○○○”表示良好。

(5) 表中黏附力一列，“△”表示一般，“△△”表示较好，“△△△”表示良好。

分别取聚乙烯和尼龙为原料的渔具用网片，在上述防污剂小样中浸渍涂布后，放在直径为 90 mm 的玻璃平板中，将平板放入 45℃的恒温烘箱中烘干。取出后，浸入预先配制好的含盐量为 3 g 的 500 mL 水溶液中（仿海水含盐量），可作长期观察是否有溶出物、是否有膜脱落情况，判断其耐水性能的好坏和成膜剂与网片的黏附性能（表 5-1）。

为了缩短观察期，可将已浸渍涂布的干网片放入 500 mL 的 3%盐水溶液中后，用搅拌机不停搅拌 24 h 或更长的时间，观察是否有溶出物和成膜剂脱落的情况，结果列于表 5-1 中。

将经过搅拌的网片晾干后，反复擦搓并反复折叠，观察成膜剂是否会断裂和脱落，结果列于表 5-1 中。

经过筛选，燎原化工-东海水产研究所渔网防污剂课题组认为表 5-1 中第 14、19、21 项的各项性能都较好，并在近两年内制成各种配方的挂片，在渤海、黄海和南海海域进行实地挂片试验，均未发现有膜脱落的情况。第 19 项还在东海海域 3 个场所进行鱼类养殖的大网应用试验，也未发现有脱膜情况。用此成膜剂配制的渔网防污剂，做成各种不同配方，经两年在海水中实地挂片试验及养殖贝类和养育的试验中，均未发现有脱膜情况，证明该成膜剂是可行的。农业部绳索网具产品质量监督检验测试中心测试结果表明：用渔网防污剂处理过的渔网的网片强力和伸长率都有所增加，如经防污剂处理后的渔用网片的网目强力可增加 7. 6%~16. 6%，网片纵向断裂强力可增加 17. 9%~28. 6%，网片横向断裂强力可增加 2. 7%~10. 9%，网片纵向断裂伸长率可增加 12. 6%~29. 3%，网片横向断裂伸长率可增加 21. 5%~32. 9%（表 5-2）。

**表 5-2　海水抗风浪网箱防污试验用网片试验结果汇总**

| 样品状态及规格 | | 试验项目 | | | | | 备注 |
|---|---|---|---|---|---|---|---|
| | | 网目强力（daN） | 纵向断裂强力（daN） | 纵向断裂伸长率（%） | 横向断裂强力（daN） | 横向断裂伸长率（%） | |
| 原色 | 60 股、网目 4 cm | 79.1 | 286.5 | 55.6 | 273.9 | 76.5 | 防污试验用聚乙烯网片 |
| | 78 纱、网目 4 cm | 88.2 | 313.6 | 63.9 | 290.8 | 74.5 | 防污试验用尼龙网片 |
| 上树脂 | 60 股、网目 4 cm | 85.1 | 337.8 | 62.6 | 303.7 | 101.7 | 防污试验用聚乙烯网片 |
| | 78 纱、网目 4 cm | 102.8 | 403.2 | 82.6 | 298.6 | 90.5 | 防污试验用尼龙网片 |
| 网片试验条件 | | INSRTON 4466 型强力试验机；温度：20 ℃；相对湿度：65 %；湿态平衡 24 h | | | | | |
| 网片测试机构 | | 农业部绳索网具产品质量监督检验测试中心 | | | | | |

## 三、防污药物的筛选

海水抗风浪网箱养殖的鱼类和贝类都是供人们食用的，必须做到绝对安全。作为渔网防污剂与船舶、墙壁等硬表面上应用的防污剂有很大的区别。目前船舶等应用的防污剂大部分是采用缓释型的驱避剂，有一定毒性。渔网上所使用的防污剂不能参照使用缓释型的药物，必须另辟蹊径。据此，选择封闭性的防污剂，即防污药物必须是不溶于水的，与成膜剂结合在一起后，能较长时间保留在网衣表面，使海水中的附着生物不能在网衣上生根、发芽和成长，保持网衣表面的清洁，使海水流通，有利于网中养殖的鱼类和贝类生长。因此，对防污药物的选择有严格要求：

（1）安全，即使用安全，对养殖物无影响，对水域无污染；

（2）高效，即对藻类和其他附着生物的抑杀效果要好；

（3）广谱，即对所有藻类和附着生物均具抑杀作用；

（4）稳定，即要求药物性能稳定，不起分解反应而失效；

（5）配伍性良好，即能与成膜剂和其他成分良好配伍，不起反应或沉淀；

（6）价格适中，货源充沛，便于推广。

几年来，燎原化工-东海水产研究所渔网防污剂课题组根据国内外资料的介绍及对药物性能的了解，共收集了吡啶硫酮盐类、异噻唑啉酮类、拟除虫菌酯类、甲腈类、咪唑噻唑类、噁嗪类等几十种抗生药物来进行筛选和试验。首先在实验室通过借用对细菌和霉菌的平板抑菌圈法进行了初步筛选（供试细菌为大肠杆菌、金色葡萄球菌、枯草芽孢杆菌、巨大芽孢杆菌、光单细胞杆菌五种，供试霉菌为黑曲霉、黄曲霉、变色曲霉、桔青霉、宛氏拟青霉、绿色木霉、球毛壳霉和蜡叶芽枝霉八种），主要看药物对细菌和霉菌的抑杀能力和其广谱性能，选择其中低毒高效和广谱比较好的药物，供以后渔网防污剂复配试验中应用。

### （一）2007—2008 年配方探索性试验情况

2007—2008 年，共设计了 20 个配方，在黄海、渤海、东海、南海等海域做实地挂网片及养殖贝类和鱼类的网具试验，如在黄渤海的大连和烟台做扇贝养殖试验，在黄渤海的长岛和南海的临高做鱼类养殖试验，在长江口做捕捉鳗鱼苗网具的试验，在东海嵊泗做挂网片试验。防污试验结果表明：一般情况是下海后的前 3 个月网上基本无海洋附着生物生长，网具清洁。3 个月后，部分配方逐步有附着生物出现。在渤海海域的贝网养殖试验情况较好，6 个月收网时，也只有少量污损物，能保持海水的流通。在东海的嵊泗挂片上只有一种当地渔民俗称“猴毛草”海生物在网片上长得很多，但无其他附着生物生长。从上述几个海域的实地试验中，发现吡啶硫酮盐类的防藻性能良好，并对海水中其他附着生物均有较好的防治作用，比传统使用的氧化亚铜作为主要防污剂的防污涂料的防污效果要好很多。并且，吡啶硫酮盐类性质稳定，不溶于水，可长期保存在成膜剂中，发挥长效的防污功效，其价格适中，货源充沛，可作为渔网防污剂的基础防污药物。但海生物种类繁多，各海域中海生物品种和数量也不一样，光靠一个药物是不能全部解决防污的，所以要再添加其他药物进行复配，才能更好地发挥其防污功能。通过这两年的试验，基本上探明了防污药物要多种复配的方向，为之后两年的配方试验打下良好的基础。2007—2008 年防污剂药物配方见表 5-3。

**表 5-3　2007—2008 年防污剂药物配方**

| 序号 | 日期 | 药物配方 | 备注 |
| --- | --- | --- | --- |
| 1 | 2007 年 1 月 13 日 | 吡啶硫酮 A+吡啶硫酮 B+噁嗪类化合物 | — |
| 2 | 2007 年 1 月 13 日 | 吡啶硫酮 A+吡啶硫酮 B | — |
| 3 | 2007 年 3 月 16 日 | 吡啶硫酮 A+吡啶硫酮 B+噁嗪类化合物 | 比例不同 |
| 4 | 2007 年 3 月 29 日 | 吡啶硫酮 A+噁嗪类化合物 | — |
| 5 | 2007 年 4 月 5 日 | 吡啶硫酮 A+吡啶硫酮 B+噁嗪类化合物 | 比例不同 |
| 6 | 2007 年 4 月 16 日 | 吡啶硫酮 A+噁嗪类化合物+硫氰基化合物 | — |
| 7 | 2007 年 4 月 19 日 | 吡啶硫酮 A+噁嗪类化合物+甲腈化合物 | — |
| 8 | 2007 年 4 月 29 日 | 吡啶硫酮 A+噁嗪类化合物+拟除虫菊酯 A | — |
| 9 | 2007 年 6 月 18 日 | 吡啶硫酮 A+噁嗪类化合物+异噻唑啉酮 A | — |
| 10 | 2007 年 7 月 24 日 | 吡啶硫酮 A+噁嗪类化合物+拟除虫菊酯 C | — |
| 11 | 2007 年 8 月 3 日 | 吡啶硫酮 A+吡啶硫酮 B+噁嗪类化合物 | 比例不同 |
| 12 | 2007 年 8 月 15 日 | 吡啶硫酮 A+吡啶硫酮 B+噁嗪类+硫氰基化合物 | 比例不同 |
| 13 | 2007 年 8 月 15 日 | 吡啶硫酮 A+吡啶硫酮 B+噁嗪类+硫氰基化合物 | 比例不同 |
| 14 | 2007 年 8 月 25 日 | 吡啶硫酮 A+噁嗪类化合物+吡啶硫酮 C | 比例不同 |
| 15 | 2008 年 1 月 7 日 | 吡啶硫酮 A+噁嗪类化合物+吡啶硫酮 C | 比例不同 |

续表

| 序号 | 日期 | 药物配方 | 备注 |
|---|---|---|---|
| 16 | 2008 年 1 月 7 日 | 吡啶硫酮 A+噁嗪类化合物 | 比例不同 |
| 17 | 2008 年 1 月 7 日 | 吡啶硫酮 A+噁嗪类化合物 | 比例不同 |
| 18 | 2008 年 1 月 7 日 | 吡啶硫酮 A+噁嗪类化合物 | 比例不同 |
| 19 | 2008 年 1 月 7 日 | 吡啶硫酮 A+吡啶硫酮 B+噁嗪类化合物 | 比例不同 |
| 20 | 2008 年 4 月 2 日 | 吡啶硫酮 A+噁嗪类化合物 | 比例不同 |

### （二）黄海海域实地试验及结果

课题组在确定了吡啶硫酮盐类作为防污剂的主要成分后，燎原化工-东海水产研究所渔网防污剂课题组设计了复配配方十多个（见表 5-4），同成膜剂等其他添加物一起，每个配方加工成渔网防污剂后，由渔网防藻剂试验开发研究项目组负责海水中的挂片试验和评定。试验地点选择在威海海域，网片均在 2009 年 4 月份下海，每月定期观察网片上附着物面积的情况，并做好记录，其结果列于表 5-5。从表 5-5 可以看出，涂布了渔网防污剂的网片，其防止海水中藻类和其他附着生物的效果明显。燎原化工-东海水产研究所渔网防污剂课题组对 LY 渔网防污剂委托上海市预防医学研究院进行了急性经口 $LD_{50}$ 毒性试验和急性皮肤刺激试验，试验结果为 LY 渔网防污剂属实际无毒级、LY 渔网防污剂急性皮肤刺激试验属无刺激性。

**表 5-4　2009 年黄海海域用渔网防污剂药物配方**

| 序号 | 日期 | 药物配方 | 备注 |
|---|---|---|---|
| 0 | 2009 年 3 月 | 吡啶硫酮 A+硫氰酸盐 | 比例不同 |
| 1 | 2009 年 3 月 | 吡啶硫酮 A+硫氰酸盐 | 比例不同 |
| 2 | 2009 年 3 月 9 日 | 吡啶硫酮 A+硫氰酸盐 | 比例不同 |
| 3 | 2009 年 3 月 9 日 | 吡啶硫酮 A+硫氰酸盐 | 成膜剂不同 |
| 4 | 2009 年 3 月 9 日 | 吡啶硫酮 A+硫氰酸盐 | 成膜剂不同 |
| 5 | 2009 年 3 月 9 日 | 吡啶硫酮 A+吡啶硫酮 B+噁嗪类+甲腈类 | 成膜剂不同 |
| 6 | 2009 年 3 月 9 日 | 吡啶硫酮 A+吡啶硫酮 B+噁嗪类+甲腈类 | 成膜剂不同 |
| 7 | 2009 年 3 月 9 日 | 吡啶硫酮 A+硫氰酸盐 | 成膜剂不同 |
| 8 | 2009 年 3 月 9 日 | 吡啶硫酮 A+硫氰酸盐 | 成膜剂不同 |
| 9 | 2009 年 3 月 9 日 | 吡啶硫酮 A+硫氰酸盐 | 成膜剂不同 |
| 10 | 2009 年 3 月 9 日 | 吡啶硫酮 A+硫氰酸盐+噁嗪类+甲腈类 | — |
| 11 | 2009 年 3 月 9 日 | 吡啶硫酮 A+硫氰酸盐 | 比例不同 |
| 12 | 2009 年 5 月 9 日 | 吡啶硫酮 A+硫氰酸盐 | 比例不同 |

续表

| 序号 | 日期 | 药物配方 | 备注 |
|---|---|---|---|
| 13 | 2009年5月9日 | 吡啶硫酮A+吡啶硫酮B | — |
| 14 | 2009年5月9日 | 吡啶硫酮A+吡啶硫酮B+硫氰酸盐 | — |
| 15 | 2009年5月27日 | 吡啶硫酮A+吡啶硫酮B+异噻唑啉酮A+拟除虫菊酯A | — |
| 16 | 2009年5月27日 | 吡啶硫酮A+吡啶硫酮B+噁嗪类化合物 | 成膜剂不同 |
| 17 | 2009年5月27日 | 吡啶硫酮A+吡啶硫酮B+噁嗪类化合物 | 成膜剂不同 |
| 18 | 2009年7月15日 | 吡啶硫酮A+吡啶硫酮B+异噻唑啉酮A+拟除虫菊酯A | 比例不同 |

**表5-5　2009年黄海海域用渔网防污剂试验情况统计**

| 序号 | 配方编号 | PE网片数量 | PA网片量 | 是否涂料 | 一定时间后海洋污损生物在网衣上的附着情况（月） | | | | | | | |
|---|---|---|---|---|---|---|---|---|---|---|---|---|
| | | | | | 1 | 2 | 3 | 5 | 6 | 7 | 8 | 9 |
| 1 | 12 | — | 1片 | ※※涂料旧网 | △ | △ | ◎ | 10% | 50% | 55% | 5% | 5% |
| 2 | 13 | 1 | 1 | ※※涂料新网 | △ | △ | ◎ | 8% | 10% | 5% | △ | △ |
| 3 | 空白 | — | 2 | 白色、未涂 | 少量 | 10% | 50% | 60% | 65% | 70% | 70% | 70% |
| 4 | 空白 | 2 | — | 黑色、未涂 | 少量 | 5% | 40% | 50% | 55% | 45% | 45% | 45% |
| 5 | 0 | 1 | 1 | 染涂 | 少量 | 25% | 60% | 70% | 75% | 78% | 40% | 40% |
| 6 | 1 | 1 | 1 | 染涂 | △ | PA网片微量<br>PE网片0 | ◎ | ◎ | 2% | 2% | △ | △ |
| 7 | 2 | 1 | 1 | 染涂 | △ | PA网片5%<br>PE网片0 | ◎ | ◎ | 2% | 2% | △ | △ |
| 8 | 3 | 1 | 1 | 染涂 | △ | △ | ◎ | ◎ | 2% | 2% | 2% | 2% |
| 9 | 4 | 1 | 1 | 染涂 | △ | △ | △ | △ | 2% | 2% | 2% | 2% |
| 10 | 5 | 1 | 1 | 染涂 | △ | △ | △ | △ | △ | △ | △ | △ |
| 11 | 6 | 1 | 1 | 染涂 | △ | △ | ◎ | ◎ | 2% | 2% | △ | △ |
| 12 | 7 | 1 | 1 | 染涂 | △ | △ | △ | △ | △ | △ | △ | △ |
| 13 | 8 | 1 | 1 | 染涂 | △ | △ | PA网片◎<br>PE网片0 | ◎ | 2% | 2% | △ | △ |
| 14 | 9 | 1 | 1 | 染涂 | △ | △ | △ | △ | 2% | 2% | △ | △ |
| 15 | 10 | 1 | 1 | 染涂 | △ | △ | ◎ | ◎ | ◎ | — | — | — |
| 16 | 11 | — | 1 | 染涂 | △ | △ | ◎ | ◎ | 2% | 2% | △ | △ |

注：(1) 涂料均未发现脱落；

(2) 表中所列数据取自石建高课题组“渔网防藻剂试验开发研究项目”研究报告；

(3) 表中符号“△”为无附着物生长，“◎”为有很少附着物生长；“%”为附着物污染面积与整块网片的比例；

(4) 序号1、2是用市场上销售的某种涂料产品（表中用“※※涂料”标识）所做的对比试验；序号3、4为空白对照试验。

在做挂网片试验的同时，燎原化工-东海水产研究所渔网防污剂课题组开展了渔网防污剂网箱养殖试验。燎原化工-东海水产研究所渔网防污剂课题组从众多渔网防藻剂配方中挑选了3个配方的渔网防污剂，并将上述3种渔网防污剂用于威海海域50 m（周长）×8 m（深）的一只海水抗风浪网箱（该海水抗风浪网箱箱体网衣分成3部分，每部分分别涂布一个配方的渔网防污剂作对比试验）上从事海上黑鲳养殖应用效果试验；该海水抗风浪网箱养殖黑鲳800条，养殖到冬季收获时未出现黑鲳死亡，黑鲳生长良好；经过权威检测部门检测养成黑鲳，所养黑鲳无受污染，使用渔网防污剂的海水抗风浪网箱养殖的黑鲳中的甲基汞、无机砷、铬、铅的检测结果符合GB 2733—2005《鲜、冻动物性水产品卫生标准》，养殖黑鲳符合食用标准。使用3个配方的渔网防污剂后的威海海域试验海水抗风浪网箱污损生物面积结果见表5-6。

**表5-6　海水抗风浪网箱中的海洋污损生物面积统计**

| 配方号 | 试验海水抗风浪网箱在海中放置一定时间（月）后的海洋污损生物面积比例（%） | | | | | |
|---|---|---|---|---|---|---|
| | 3 | 5 | 6 | 7 | 8 | 9 |
| 1 | 3 | 10 | 20 | 15 | 3 | 3 |
| 2 | 2 | 5 | 15 | 10 | 2 | 2 |
| 3 | 3 | 3 | 12 | 8 | 2 | 2 |
| 空白 | 35 | 60 | 80 | 75 | 70 | 70 |

注：（1）威海海域试验海水抗风浪网箱在海中放置上述时间中，试验人员未见网衣上涂料脱落；
（2）威海海域试验海水抗风浪网箱在海中放置8个月后天气开始进入冬季。

燎原化工-东海水产研究所渔网防污剂课题组在养鱼试验的同时，还在威海海域海水抗风浪网箱养殖试验点进行了养殖扇贝试验，试验结果见表5-7。

渔网防污剂试验开发研究项目组对黄海区试验点扇贝养殖实验网的评定如下：用渔网防污剂处理后，扇贝笼网衣污损物附着物的面积较少，产品防污性能明显优于同类防污产品。渔网防污剂试验开发研究项目组从2009年黄海海域的实地挂片试验、海水抗风浪网箱养鱼应用试验以及扇贝养殖实验网试验得出如下结论：

（1）除表5-6中空白配方不理想外，其余配方均取得防止海水中附着生物的良好效果。

（2）吡啶硫酮作为防污剂的主要成分是可行的。

（3）表5-7中的配方在试验中均未发现脱膜情况，说明复配的纯丙树脂作为成膜剂是可行的。

表 5-7 扇贝养殖实验网上的附着生物污损情况统计

| 时间 | 配方 | 黄海海域扇贝养殖实验网上的附着生物污损情况 | | |
|---|---|---|---|---|
| | | 1 号扇贝养殖实验网 | 2 号扇贝养殖实验网 | 3 号扇贝养殖实验网 |
| 2009 年 4—12 月 | 1 | ◎ | ◎ | ◎ |
| | 2 | ◎ | ◎ | ◎ |
| | 空白对照 | ◎◎◎ | ◎◎◎ | ◎◎◎ |
| 2009 年 4 月至 2010 年 1 月 | 1 | ◎ | ◎ | ◎ |
| | 2 | ◎ | ◎ | ◎ |
| | 空白对照 | ◎◎◎ | ◎◎◎ | ◎◎◎ |

注：表中符号“◎”表示附着生物污损较少；“◎◎”表示附着生物污损较多；“◎◎◎”表示附着生物污损严重。

### （三）东海海域实地试验及结果

由于各海域地理位置的不同，其气候条件及海水温度也不同。海水中的海藻类生物及其他附着生物的品种和数量也不相同。通过前几年的试验可看出，有些配方的防污剂在黄海和渤海防止海藻及附着生物的污损有较好的效果，但放到东海和南海时，其效果就不一样了。为此，进一步收集了多种防污药物，设计了二十多个配方，做成网片，在东海海域的舟山、大陈岛及福建沿海三地进行了挂片的实地试验，并且挑选了 3 个配方，做成三口大围网，进行鱼类养殖的试验。2010 年东海海域渔网防污剂药物配方见表 5-8。

表 5-8 东海海域渔网防污剂药物配方

| 序号 | 日期 | 药物配方 | 备注 |
|---|---|---|---|
| 0 | 2010 年 4 月 | 吡啶硫酮 A+吡啶硫酮 B+硝基咪唑烷类+苄基马来酰亚胺类 | — |
| 1 | 2010 年 2 月 25 日 | 吡啶硫酮 A+硫氰酸盐+拟除虫菊酯 B | — |
| 2 | 2010 年 2 月 25 日 | 吡啶硫酮 A+吡啶硫酮 B+拟除虫菊酯 B | — |
| 3 | 2010 年 2 月 25 日 | 吡啶硫酮 A+吡啶硫酮 B+苄基马来酰亚胺类 | 比例不同 |
| 4 | 2010 年 2 月 25 日 | 吡啶硫酮 A+吡啶硫酮 B+苄基马来酰亚胺类 | 比例不同 |
| 5 | 2010 年 2 月 25 日 | 吡啶硫酮 A+吡啶硫酮 B+苄基马来酰亚胺类+拟除虫菊酯 B | — |
| 6 | 2010 年 2 月 25 日 | 吡啶硫酮 A+吡啶硫酮 B+拟除虫菊酯 C | — |
| 7 | 2010 年 2 月 25 日 | 吡啶硫酮 A+吡啶硫酮 B+硝基咪唑烷类 | — |
| 8 | 2010 年 2 月 25 日 | 吡啶硫酮 A+吡啶硫酮 B+硝基咪唑烷类+拟除虫菊酯 B | — |
| 9 | 2010 年 2 月 25 日 | 吡啶硫酮 A+吡啶硫酮 B+甲基脲类化合物 | 比例不同 |
| 10 | 2010 年 2 月 25 日 | 吡啶硫酮 A+吡啶硫酮 B+甲基脲类化合物 | 比例不同 |
| 11 | 2010 年 2 月 25 日 | 吡啶硫酮 A+吡啶硫酮 B+甲基脲类化合物+拟除虫菊酯 B | — |
| 12 | 2010 年 2 月 25 日 | 吡啶硫酮 A+吡啶硫酮 B+异噻唑啉酮 B | — |

续表

| 序号 | 日期 | 药物配方 | 备注 |
|---|---|---|---|
| 13 | 2010年2月25日 | 吡啶硫酮A+吡啶硫酮B+异噻唑啉酮B+拟除虫菊酯B | — |
| 14 | 2010年2月25日 | 吡啶硫酮A+吡啶硫酮B+硝基咪唑烷类+甲基脲类化合物+拟除虫菊酯B | — |
| 15 | 2010年2月25日 | 吡啶硫酮A+吡啶硫酮B+苄基酰亚胺类+甲基脲类化合物+拟除虫菊酯B | — |
| 16 | 2010年2月25日 | 吡啶硫酮A+苄基酰亚胺类+硝基咪唑烷类+甲基脲类化合物+拟除虫菊酯B | — |
| 17 | 2010年2月25日 | 吡啶硫酮A+硫氰酸盐+硝基咪唑烷类+苄基马来酰亚胺类 | — |
| 18 | 2010年2月25日 | 吡啶硫酮类+苄基酰亚胺类+硝基咪唑烷类+甲基脲类化合物+拟除虫菊酯B | 比例不同 |
| 19 | 2010年2月25日 | 吡啶硫酮A+苄基酰亚胺类+硝基咪唑烷类+甲基脲类化合物+拟除虫菊酯B | 比例不同 |
| 20 | 2010年2月25日 | 吡啶硫酮A+苄基酰亚胺类+异噻唑啉酮B+拟除虫菊酯B | 比例不同 |
| 21 | 2010年3月 | 吡啶硫酮A+硫氰酸盐+吡啶硫酮B | 比例不同 |
| 22 | 2010年3月 | 吡啶硫酮A+硫氰酸盐+吡啶硫酮B | 成膜剂不同 |
| 23 | 2010年3月 | 吡啶硫酮A+吡啶硫酮B | — |

从表5-9试验结果可看出，网片经渔网防污剂处理后，其防污效果较好，与空白对照相比效果尤为明显。若要做得更好，尚需再做改进。另外在大陈岛及福建海域也做了挂网试验，可能由于海域环境和生物品种不同，其防污效果较舟山稍差些，燎原化工-东海水产研究所渔网防污剂课题组将做进一步研究和改进。2007—2009年期间，燎原化工-东海水产研究所渔网防污剂课题组在黄渤海做了一系列试验，取得了较好的效果。为进一步验证渔网防污剂在该海域的效果，2010年燎原化工-东海水产研究所渔网防污剂课题组又在黄海、渤海再次进行挂片试验，其试验结果见表5-10。

**表5-9　舟山海域实地试验结果统计**

| 配方编号 | 9月份附着面积（%） | | 11月份附着面积（%） | |
|---|---|---|---|---|
| | 网片材料种类 | | 网片材料种类 | |
| | PE网片 | PA网片 | PE网片 | PA网片 |
| 空白 | 86 | 80 | 100 | 100 |
| 0 | 10 | 12 | 4 | 4 |
| 1 | 15 | 13 | 8 | 6 |
| 2 | 8 | 13 | 5 | 6 |
| 3 | 5 | 7 | 5 | 5 |
| 4 | 5 | 7 | 4 | 4 |
| 5 | 8 | 7 | 4 | 3 |
| 6 | 5 | 6 | 5 | 4 |
| 7 | 10 | 5 | 5 | 6 |

续表

| 配方编号 | 9月份附着面积（%） | | 11月份附着面积（%） | |
|---|---|---|---|---|
| | 网片材料种类 | | 网片材料种类 | |
| | PE网片 | PA网片 | PE网片 | PA网片 |
| 8 | 5 | 5 | 6 | 5 |
| 9 | 3 | 4 | 5 | 5 |
| 10 | 3 | 4 | 4 | 4 |
| 11 | 5 | 7 | 7 | 6 |
| 12 | 6 | 8 | 6 | 8 |
| 13 | 10 | 12 | 5 | 4 |
| 14 | 10 | 18 | 8 | 6 |
| 15 | 25 | 15 | 7 | 13 |
| 16 | 15 | 18 | 11 | 8 |
| 17 | 18 | 23 | 12 | 11 |
| 18 | 20 | 22 | 4 | 6 |
| 19 | 18 | 15 | 0 | 1 |
| 20 | 20 | 20 | 5 | 3 |
| 21 | 5 | 5 | 8 | 6 |
| 22 | 6 | 8 | 6 | 5 |
| 23 | 6 | 8 | 4 | — |

注：网片于7月初下海，每隔两个月观察一次。

**表5-10　黄海、渤海海域挂网试验结果**

| 配方编号 | 7月 | | 9月 | | 11月 | | 12月 | |
|---|---|---|---|---|---|---|---|---|
| | 附着面积（%） | | 附着面积（%） | | 附着面积（%） | | 附着面积（%） | |
| | PE网片 | PA网片 | PE网片 | PA网片 | PE网片 | PA网片 | PE网片 | PA网片 |
| 空白 | 36 | 46 | 99 | 98 | 99 | 98 | 100 | 100 |
| 1 | 1 | 1 | 5 | 5 | 15 | 12 | 35 | — |
| 2 | 0 | 0 | 1 | 8 | 7 | 9 | 2 | — |
| 3 | 0 | 0 | 2 | 5 | 15 | 11 | 18 | — |
| 4 | 0 | 0 | 7 | 6 | 3 | 3 | 3 | 2 |
| 5 | 0 | 0 | 7 | 3 | 4 | 3 | 3 | 3 |
| 6 | 2 | 2 | 2 | 5 | 3 | 3 | 2 | 2 |

从上述试验结果看出，燎原化工-东海水产研究所渔网防污剂课题组研究的渔网防污剂在黄海和渤海的防污效果很好。

## 四、应用示范

燎原化工-东海水产研究所渔网防污剂课题组在总结前几年海上实地试验的基础之上，于2011年在东海水产研究所和威海正明海洋科技开发有限公司的配合支持下，进行了200口扇贝笼养殖扇贝的扩大应用试验。扇贝苗于4月底至5月初下海养殖，经历7个月的养殖期（图5-1），于11月27日在威海经多名水产专家现场验收，取得了专家们的一致好评。防污试验现场验收会的验收意见为："经涂有渔网防污剂的扇贝笼受海洋污损生物的污损面积均小于10%，而普通扇贝笼受污损的面积均大于90%，说明该课题组研发的渔用防污剂在防止海洋污损生物的污损上是有良好效果的。同时，经用渔网防污剂处理过的扇贝笼因污损面积小、网眼不堵塞、海水流通效果好，笼中扇贝能得到充分的饵料，生长迅速、个头大，能提高扇贝的产量，经现场对比称重，表明能增产40.1%，如推广应用，既可大量节省人力、物力，又可创造巨大的经济效益和社会效益。专家们建议尽快争取有关部门的大力支持，尽早进行技术鉴定和推向市场。"

(a) 未涂渔网防污剂的扇贝笼

(b) 涂渔网防污剂的普遍扇贝笼

图5-1　威海试验点2011年10月扇贝笼防污效果对比

## 五、安全性评估

作为渔网使用的防污涂料，其安全性十分重要。倘若防污涂料安全性不达标，即使防污效果好也不可使用。燎原化工-东海水产研究所渔网防污剂课题组十分重视防污涂料的安全性评估，项目实施期间项目组分别对渔网防污涂料的毒性、使用和未使用渔网防污剂处理网箱养殖鱼类、使用和未使用渔网防污剂处理扇贝笼养殖扇贝、用防污网片浸泡的水质与对照海水等均送样到第三方检测机构进行检测，相关安全性评估结果简述如下。

1. 防污涂料的毒性评估

燎原化工-东海水产研究所渔网防污剂课题组研发的LY渔网防藻剂样品经由上海市预防医学研究院进行了毒性和急性皮肤刺激性检测。LY渔网防藻剂样品急性经口毒性试验结果显示，LY渔网防藻剂样品对小白鼠的急性经口$LD_{50}$雄性为9 260 mg/kg 、雌性为9 260 mg/kg，依据《食品安全国家标准　急性经口毒性试验》（GB 15193.3—2003）标准，LY渔网防藻剂样品属实际无毒级；此外，LY渔网防藻剂样品急性皮肤刺激性试验结果为“无刺激性”。

2. 养殖鱼类安全性评估

国家轻工业食品质量监督检测上海站对使用和未使用渔网防污剂处理网箱养殖的黑鲪依据《食品安全国家标准　鲜、冻动物性水产品》（GB 2733—2005）标准进行了安全检测。试验结果显示，使用渔网防污剂处理网箱养殖的黑鲪与未使用渔网防污剂处理网箱养殖的黑鲪相比，两者之间的检测项目（如甲基汞、无机砷、铬和铅）差异很小，且检测结果均合格。

3. 养殖扇贝的安全性评估

经第三方检测机构检测，使用和未使用渔网防污剂处理扇贝笼养殖的扇贝相比较其主要重金属元素含量无变化。

4. 用防污网片浸泡后的海水安全性评估

经第三方检测机构检测，用防污网片浸泡后的海水与对照海水相比较其主要重金属元素含量无变化。防污网片浸泡试验时必须将5 g重量的网衣放入50 kg海水中；经称重，每只扇贝笼的网衣重量为200~300 g，相当于每只扇贝笼的水体为2~3 t海水，比实际海上扇贝在海洋中放养时的水量小很多；作为海水安全性检测的用防污网片浸泡后的海水安全性评估试验步骤如下：

（1）取两只50 kg装食品用的新塑料桶；

（2）向上述两只新塑料桶中注满浓度为1 mol的NaOH溶液，浸泡一天后倒去NaOH溶液，然后用无离子水将塑料桶反复清洗干净；

（3）向上述两只新塑料桶中注满1 mol的HCl溶液，浸泡一天后倒去HCl溶液，然后用无离子水将塑料桶反复清洗干净；

（4）向上述两只新塑料桶中各注入50 kg试验海域的海水；

（5）将5 g试验网衣放入其中一只新塑料桶内浸泡，另一只新塑料桶作为对照组，盖上桶盖；

（6）上述桶装试样在夏季室内放置3个月；

（7）用事先处理过的取样瓶取样送检。

由此可见，使用燎原化工-东海水产研究所渔网防污剂课题组研制的渔用防污剂是安全的，试验用渔用防污剂对养殖的鱼类和贝类无毒性，试验用渔用防污剂对水体环境无污染。今后将在养殖区域底泥测试方面开展安全性评估。

由于水产养殖海况差异大、海洋污损生物种类多、养殖网箱设施结构复杂等，导致海水抗风浪网箱工程防污技术难度大，海水抗风浪网箱工程用绿色安全环保防污技术已成为世界性难题。应创新开发海水抗风浪网箱工程用绿色安全环保防污技术，助力海水抗风浪网箱产业的可持续健康发展，发展蓝色海洋经济。

# 第六章　海水抗风浪网箱养殖智能装备

影响海水抗风浪网箱养殖可持续健康发展的因素很多，如养殖技术、材料技术、起捕技术、环境监控技术、生物除污技术、病害防治技术和装备技术等。对整个海水抗风浪网箱系统而言，框架系统、箱体系统和锚泊系统是海水抗风浪网箱主体，是海水抗风浪网箱必不可少的组成部分。一些海水养殖发达国家在网箱养殖工程中配套使用投饵机、吸鱼泵和洗网机等智能装备设施，而大多数海水养殖国家则根据网箱养殖企业条件、养殖人员技术水平、养殖习惯、养殖海况、劳动力成本、装备技术成熟度与实际使用效果等综合因素来决定是否选用上述装备设施。诚然，海水抗风浪网箱养殖智能装备对网箱养殖业健康发展起积极支持作用，可提高工作效率、降低工人劳动强度等。随着我国海水抗风浪网箱产业向离岸化、现代化、数字化、电子化、机械化、智能化、（超）大型化等方向发展，人们在重点研发海水抗风浪网箱主体技术的同时需协同发展与创新研发网箱养殖智能装备，以提高网箱设施工程整体技术水平、助力蓝色粮仓建设、发展深蓝渔业。适应当前网箱养殖产业的可持续健康发展需要，积极开发适合我国国情的智能网箱养殖装备显得尤为必要。

## 第一节　网箱养殖智能装备与辅助设施

网箱养殖智能装备与辅助设施包括网箱投饵机、吸鱼泵等网箱鱼类起捕设备、网箱安全监测装置、网箱管理工作平台、网箱赶鱼用网窗、网箱养殖鱼类分级装置、网箱阻流设施、网箱洗网机和网箱死鱼及残饵收集装置等，现简介如下。

### 一、网箱自动投饵机

挪威、美国、日本、加拿大和意大利等国的大型海水抗风浪网箱养殖企业在养殖生产上积极使用自动投饵机，实现了饵料运输、储存、输送以及投放的精准控制。随着自动化、机械化、智能化和数字化技术的发展，我国高校院所企业对水产养殖自动投饵机进行了试验开发研究，开发出一些适于我国池塘、湖泊、江河、水库、养殖池和循环水车间使用的自动投饵机类型主要包括离心抛散式自动投饵机、电磁振动式自动投饵机和气力输送式自动投饵机，并以硬（干）颗粒饲料为对象。我国沿海地区的海水抗风浪网箱养殖户一般搭配使用小杂鱼饲料、干颗粒饲料和湿颗粒饲料（在海水抗风浪网箱养殖过程中，哪个季节哪种饲料合适便宜就采用哪一种)，他们根据海水鱼的生长情况选用饲料种类，因此，上述池塘、湖泊、江河、水库、养殖池和循环水车间使用的自动投饵机一般不适合在海水抗风浪网箱养殖上使用，海水抗风浪网箱投饲装置要求不受饲料性状限制、要求高海况下投饵方便。基于项目委托、合作或资助等，国内已研制出多种海水抗风浪网箱养殖自动投饵机设备，但与挪威等国的先进自动投饵技术相比，具有完全自主知识产权的海水抗风浪网箱养殖自动投饵机国产品牌任重道远。几种海水抗风浪网箱养殖用投饵机如图 6-1 所示。

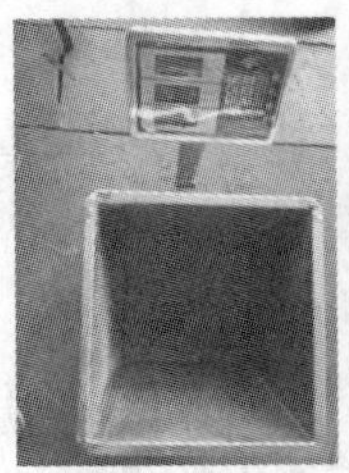

图 6-1　海水抗风浪网箱养殖用投饵机

图 6-2 为一种自动投饲系统，可采取定时定量的自动化投饵，并可根据鱼的生长、食欲以及水温、气候变化、残饵剩余自动校正投饵量。挪威生产的某型号自动投饵设备通过鼓风将饵料由直径 10 cm 的送料管送至每个海水抗风浪网箱，送料管最长可达 6 km。AKVA 集团融入了生物学、工学、电学、计算机等技术，研制出自动投饵系统，由风机、风力调节器、下料器、投饵分配器和喷料器组成。投饵系统采用计算机控制，计算机的投饵决策由温度、潮流、溶氧、饲料传感器（水中饲料余量）、摄像机系统（鱼类行为）和喷料状态等信息经养殖管理软件综合分析决定并发出各项指令，养殖管理软件是投饵系统的决策中心。投饵采用管道低压输送方式，风机经投饵分配器可实现多达 60 路远程输送，通常是 8~24 路，每路供给一个海水抗风浪网箱鱼粮。投饵输送风机功率为 7.5~45 kW，输送距离为 300~1 400 m，最大喂料量为 648~5 220 kg/h。有关海水抗风浪网箱自动投饵机的详细资料有兴趣的读者可参考其他文献资料。

图 6-2　一种自动投饲系统

（图片来源：http：//www. rock-firm. com/p_ 56. html? _ id=79）

## 二、吸鱼泵等网箱鱼类智能起捕设备

海水抗风浪网箱养殖用起捕设备亦称海水抗风浪网箱起鱼捕捞设备。随着大型海水抗风浪网箱的发展和使用，取鱼工作变得困难。如果采用小型简易海水抗风浪网箱的人工方法取鱼（如围捕等），劳动强度大、取鱼时间长，鱼的死亡率也随之提高。国外（如挪威、美国、丹麦、俄罗斯、日本等国）大型海水抗风浪网箱捕捞使用吸鱼泵。吸鱼泵最初使用在拖网和围网渔业等捕捞生产中，后来逐步发展应用到海水抗风浪网箱养殖业。海水抗风浪网箱养殖用吸鱼泵和敷网、围网等渔具相比，在原理和性能上有所不同，海水抗风浪网箱吸鱼泵要符合养殖工况条件，必须捕捞输送活鱼而无损伤。海水抗风浪网箱吸鱼泵类型较多，有真空吸鱼泵、气力吸鱼泵、离心式吸鱼泵、射流吸鱼泵等。

目前国内研究用于海水抗风浪网箱起捕的真空吸鱼泵，是利用真空负压原理，将鱼水吸上来，鱼水受的是负压作用，鱼体无损伤。该真空吸鱼泵工作原理是将吸鱼橡胶管放入达到一定鱼水比例的海水抗风浪网箱中（鱼水比例控制在 1∶1 以上），启动自动控制电路开关，真空泵开始工作；连接真空泵的真空集鱼罐内部抽气形成负压，当罐内的负压达到设定值时，吸鱼口电动球阀自动打开，鱼和水通过吸鱼胶管被吸入到集鱼罐内；当罐内的水位达到设定水位时，高位浮球限位开关工作，进气电磁阀打开进气，罐内负压消除，出鱼水密封门因内外气压差消除而打开，完成出鱼出水工作；当罐内水位降至排净时，低位浮球限位开关工作，自动控制系统重复以上的工作程序和步骤，从而实现间歇式真空起捕活鱼。图 6-3 为一种真空吸鱼泵，图 6-4 为一种国产吸鱼泵试验现场。

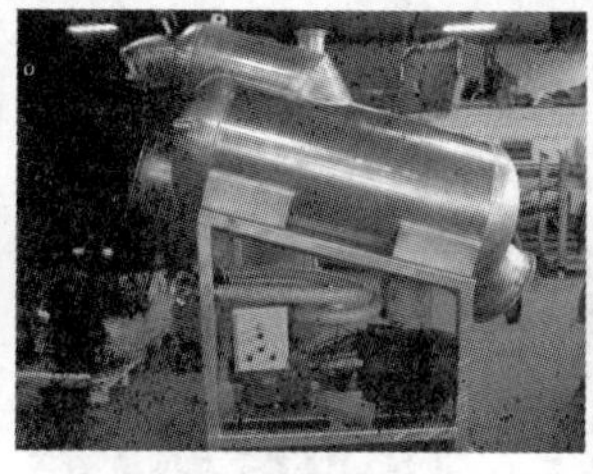

图 6-3　一种真空吸鱼泵

（图片来源：http：//www. rock-firm. com/p_ 56. html? _ id=91）

海水抗风浪网箱养殖用智能起捕设备中有全自动分鱼机和收鱼机，前者用于鱼体在网箱养殖中出现的个体差异，分级后继续饲养或收获。全自动分鱼机往往与收鱼机同时使用，先将收鱼机的吸鱼泵把鱼和海水一起从海水抗风浪网箱中吸出，再分级或直接收获。有的收鱼设备兼具计数、称重、施药等多种功能，如某型号射流式吸鱼泵，可吸送虾、鲷、鲈鱼、鳗鱼、鲑鱼等，每小时可达 80~160 t，最大的抽吸量可达 300~360 t/h，功率达 190 kW，而鱼体无损伤，保持较高的成活率。如图 6-5 所示的大型离心吸鱼泵能保证吸入泵体的鱼存活，其关键技术在于该装备拥有独特的叶轮结构，叶轮采用两片式，形成两个通道。当叶轮旋转时，离心力的作用，使鱼通过被吸入泵体，然后从叶轮的通道被抛至泵的出口，整个过程，鱼体没有任何损伤。

图 6-4　一种国产吸鱼泵试验现场

图 6-5　大型离心吸鱼泵

## 三、网箱安全监测装置

海水抗风浪网箱由于箱体网衣深、鱼群活动范围较大、养殖鱼类数量多，一旦发生逃鱼事故，养殖户或养殖企业的经济损失巨大。因此，研究海水抗风浪网箱安全监测装置对箱体网衣、养殖鱼群活动状态、鱼群量的大小变化进行实时监测，并且当发现鱼群逃逸时能进行及时有效的报警变得十分重要。目前，海水抗风浪网箱水下安全监测装置主要利用光波、声波及电子信号等形式对海水抗风浪网箱进行监测。目前已开发的海水抗风浪网箱水下观察设备主要有水下机器人、水下监视器、声呐探测器、电子信号监测系统、水产在线监控渔业互联系统等。图 6-6 为水下机器人及其控制台与修网功能配件，该水下机器人可对海水抗风浪网箱水下网衣实现水下安全监测，同时还能通过修网功能配件对特定类型网箱网衣实施修网操作。

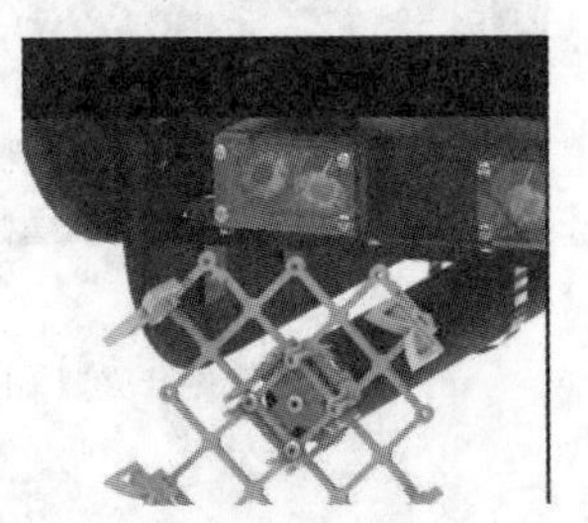

图 6-6　水下机器人及其控制台与修网功能配件

平阳县碧海仙山海产品开发有限公司、明波水产等单位成功开发了水产在线监控渔业互联系统，对被测水体进行实时在线水质监测，有溶氧、温度和盐度 3 个指标，所有水质测量数据均可以在监控室的水质监测主机柜屏幕显示，也可以接入到大屏显示器上显示（图 6-7）。

水产在线监控渔业互联系统可设置报警功能（图 6-8）。主控制柜上有触摸屏幕，可实现现场操作并设定水质数据的上下范围值，当被测水质指标超出设定上、下限范围时，

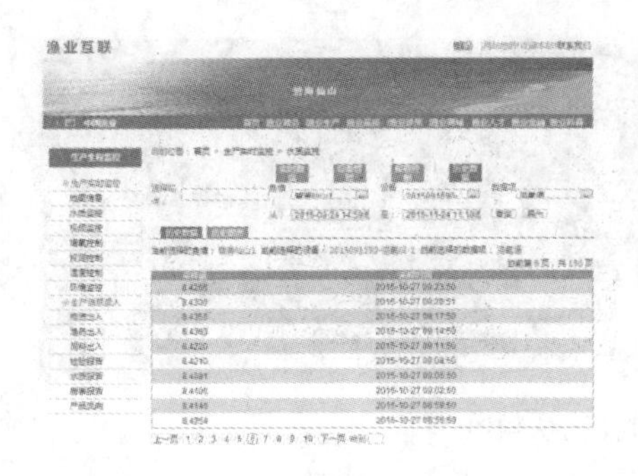

图 6-7　实时在线水质监测

图 6-8　实时在线水质增氧报警

系统自动显示报警，让工作人员知晓情况并采取相关措施。

水产在线监控渔业互联系统可实现水下视频监控、岸上视频监控（图 6-9）。水下摄像头在光照条件良好、水质良好、水的透明度和能见度较好的情况下，对水下一定深度的养殖环境实时监控，能见度为 1 m 左右，可以看到摄像头附近的水下动态，比如养殖鱼类游动或吃食情况和围网状态。岸上安装视频监控的摄像头可以对整个养殖区域环境进行实时在线监控，拍摄到的视频通过网线或光纤传输到监控室视频显示器上。支持多个摄像头多通道视频同时查看，全视角监控养殖区域环境；支持用户在云平台控制中进行摄像头（球机）拍摄的视角控制，全方位地监控养殖区域实时情况；本地硬盘可进行录像的循环录制，图像可存储 1 个月，确保用户回看已有的视频监控数据；支持用户通过网站方式远程多通道查看监控视频。

光波在水中的传导性差、吸收大、衰减快，尤其在海水混浊时，照射的范围很小，仅能照射 1 m 以内的范围，并且采用光学探测还需要提供较大的供电系统。声波在水中传播的性能好，特别是采用低频粗查和高频细探相结合的双频探测方法，可以在海水抗风浪网箱中对鱼群进行有效的监测。厦门大学研发的网箱鱼群安全状态声学监控仪，就是采用高性能声呐探测系统进行鱼群探测的。监测系统由水声换能器、发射机、接收机、数据显示

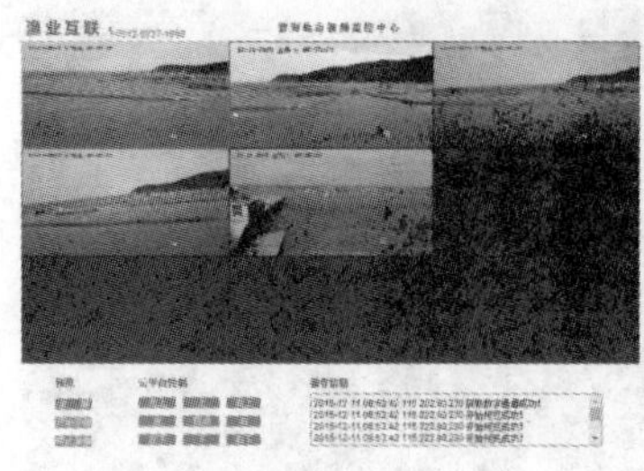

图 6-9　岸上实时在线视频监控

屏和换能器转向驱动机构等部分组成。实验结果表明，该监控仪能对回波强度进行统计积分，并由此判断鱼群量的相对值，判断是否无鱼（或少鱼）并能及时发出报警信号。此外，声学所、水科院下属所站等单位对网箱水下安全监测装置也进行过相关研究，取得了较好的试验效果。监控系统是精准喂料的灵魂，其中运用了一系列传感器包括多普勒残饵量传感器、喂料摄像机、环境（温度、溶氧、潮流和波浪）传感器。其关键技术在于：通过对温度、溶氧、潮流和波浪等参数的监测、实时观察网箱内鱼类的生活情况，以及对残饵、死鱼的监测，达到精确控制投饵量。摄像头可以上下、左右移动，以观察鱼类摄食情况，最深可移动到网箱底部观察到死鱼的情况。其关键技术在于：调解机构采用单独可控双鼓轮，通过收放绳索，调整下部摄像头上下和左右的位置。

## 四、网箱管理工作平台

海水抗风浪网箱管理工作平台即管理人员工作及休息的地方，也是小型仓库。海水抗风浪网箱设有饵料平台，兼具管理、监控、记录、喷饵、储藏、休息、暂养、垂钓休闲、旅游观光等功能。有的海水抗风浪网箱之间铺设 1~4 m 宽的工作廊桥，便于行走和操作。国内海水抗风浪网箱管理工作平台面积一般为 100~300 $m^2$，结构形式多样，既可采用“小木房+木板或塑料板+浮筒或泡沫浮球+护栏+锚泊系统”组合式结构平台，又可采用“小木房+HDPE 浮管或 HDPE 框架+木板或塑料板+护栏+锚泊系统”组合式结构平台，还可采用“改装后退役旧船+锚泊系统”等（图 6-10）。

国外海水抗风浪网箱养殖工作平台主要有两种类型，即相对固定的钢筋混凝土浮台和可移动养殖工船。工作平台多为钢筋混凝土结构，代表性工作平台面积为 500~1 000 $m^2$、深 5 m、吃水 2 m，内空（内设动力系统，噪声小）；控制室、投饵系统、仓库及员工休息室等都设置其上。钢筋混凝土浮台由于抗风浪能力差，一般只在风浪较小的峡湾内使用。由于钢筋混凝土浮台本身不能自行，所以大部分情况下依靠其他船只进行补给。图 6-11（a）为钢筋混凝土工作平台。国内外海水抗风浪网箱养殖中，有些企业将废旧船舶或退役船舶改造更新后作为网箱养殖工作平台（简称船舶工作平台），网箱监控系统、投饵系统、仓库及员工休息室等都设置其上［如图 6-11（b）］。图 6-12 为一种多功能养殖工作船。

图 6-10 海水抗风浪网箱管理工作平台

(a) 钢筋混凝土工作平台

(b) 船舶工作平台

图 6-11 钢筋混凝土工作平台与船舶工作平台

图 6-12 一种多功能养殖工作船

## 五、网箱赶鱼用网窗

随着海水抗风浪网箱养殖鱼类的生长，需要进行分养或者把养殖鱼类从既有的网箱转移到新设网箱，这时一般把鱼集中在取鱼部，用小捞网把鱼移到新设网箱，但这样作业可能会导致养殖鱼类的损伤。因此，在海水抗风浪网箱侧网附近安装能够移动养殖鱼类的网窗，需要赶鱼时，一般将新旧海水抗风浪网箱靠拢，用合成纤维网衣制成的通道网连接后打开网窗，将养殖鱼类移动到新的网箱中（图6-13）。赶鱼用网窗的设置位置根据鱼种确定，对鲥鱼和黑鳍金枪鱼类网箱，赶鱼用网窗设置在筏框垂直下方，可以用投饵方法将过半数鱼移动，剩下的鱼通过潜水员驱赶；而对鲷科鱼类网箱，赶鱼用网窗设置在底框垂直上方，利用鲷科鱼类集中在暗处的习性，在新设网箱上面用遮光布覆盖就很容易移动。赶鱼用网窗的构成形式很多，有的把钢管焊接成长方形做窗框，然后安装金属网片，固定在侧网开口部形成网高；还有的在侧网附近用合成纤维网衣做成通道网，移动养殖鱼时，把新旧网箱的通道网顶端连接后再开口；此外，如果既有网箱未设窗框，则把通道网同既有网箱连接后，在侧网开一个口子。海水抗风浪网箱赶鱼用网窗也可在其他类型网箱间赶鱼时应用。

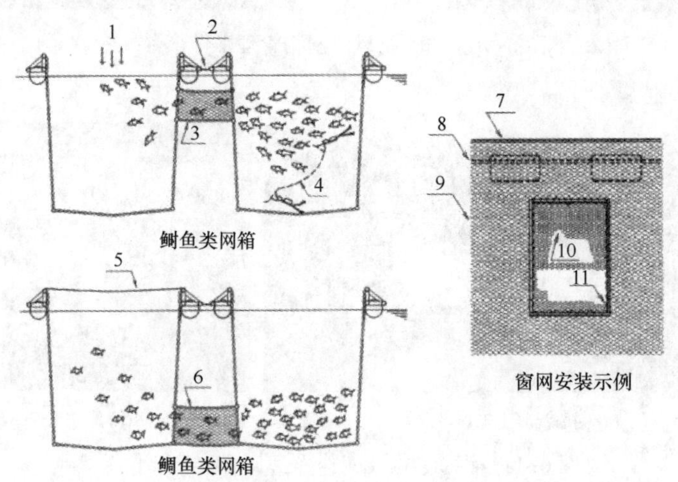


图6-13　养殖鱼经过通道网移动到另一只海水抗风浪网箱

1. 投料；2. 网箱连接部；3. 鱼通道；4. 赶鱼网；5. 遮光网；6. 鱼通道；7. 上浮框；8. 内框；9. 侧网；10. 网窗；11. 窗框

## 六、网箱养殖鱼类分级装置

海水抗风浪网箱养殖过程中，鱼类受自身生理特性和外界环境等因素的影响，其生长速度不尽相等和均衡。据资料介绍，鱼类生长速度与适应水温、游泳能力和摄食能力等因素有关。对同一口海水抗风浪网箱内同种鱼类而言，其生长外部水温大体一致，鱼类生长速度主要与其游泳和摄食能力等因素相关。俗话说，撑死胆大的，饿死胆小的就是这个意思。因此，鱼苗投放一段时间后，其规格会出现差异，必须按大、中、小规格进行分级，将规格相近的鱼分箱养殖，否则会产生强弱混养、浪费饵料、管理困难的现象。此外，在养殖鱼类起捕销售时，也需对鱼类规格进行分级筛选。这既是购买方要求，同时也利于养殖场销售平均个体较大的鱼，获得更高销售价格，小规格鱼可放回海水抗风浪网箱内继续饲养。目前国内海水抗风浪网箱养殖鱼类的规格分选主要是手工分拣，劳动量非常大。为解决海水抗风浪网箱养殖鱼类大小分选问题，人们开发出多种形式的鱼类分级装置。海水抗风浪网箱养殖鱼类规格分选方法主要包括网箱内水中分选和起捕后分选两种：

（1）海水抗风浪网箱内水中分选：科技人员在1983年设计了一种安装在地拉网中用以分离鲑鱼的刚性铝质格栅，其工作原理是：将地拉网放入网箱中，拖曳网具使网箱中的鱼全部进入地拉网中，再通过收绞网具的驱赶作用，体宽较小的鲑鱼则穿过铝金属格栅间隙游出，保留在网箱中；体宽较大的不能通过格栅间隙，被留在网中供捕捞出售。这种自然刚性格栅的主要缺点是：分离系统笨重，分离栅的面积受到限制，且刚性格栅往往会造成鱼体的损伤，从而影响分离的质量和效果。上述分级方法主要适于具有较大敞口面积和操作空间的网箱，如圆形、方向和多边形网箱等。对于上口较小或封闭性很强的网箱，如碟形网箱、Farmocean网箱和TLC张力腿网箱等则很难在网箱内进行分级网的拖曳操作，鱼类规格的分选要在起捕后进行。

（2）起捕后分级筛选：起捕后分级既可手工操作，也可机械分选。手工操作主要是靠人为观测将大小鱼分开；也有采用带有固定格栅间距的分离箱，将鱼倒入分离箱内，比格栅间距小的鱼通过格栅掉入专用容器内，其他规格较大的鱼放入其他容器。机械式分选是采用一种分级与起捕一体机。首先通过吸鱼泵将网箱中的鱼吸入到分级装置的入鱼口；经由该入口，鱼类滑向相邻格栅间距由顶部到底部逐渐增大且倾斜放置的分级装置中；利用鱼类下滑的特点，使小规格鱼能通过层层格栅，大规格鱼在不能通过某级格栅后，沿着该格栅经导鱼槽向下滑动，最终到达该级别收鱼口。比某级格栅间距小的鱼则通过该级格栅到达下一级格栅，如不能通过，则沿相应的导鱼槽到达对应的收鱼口，依次向下滑落，最后完成鱼类的规格分选。对不同鱼类，一般有4~6种规格格栅间距，通过调节分级系统上的把柄可以控制间距。对适于在网箱内水中分级的网箱，应尽量选择水中分级。因为该分级方式始终保持“鱼不离水”，分级机理是利用鱼类的逃逸行为，使鱼类自动游出分离格栅，因此，分级过程中对鱼类的干扰、惊吓等影响非常小。而将鱼类起捕到船上或岸上后再进入分级装置中分级，鱼类不仅有短时间的离水过程，而且受到惊吓和干扰的时间也相对较长，会对鱼类产生较大影响，甚至会造成鱼体损伤和死亡率增加。

针对目前我国养殖上常用的大型海水抗风浪网箱，科技人员设计了一种由分级网、分离栅、纲索及属具组成的柔性格栅式水下分级装置（图6-14）。它可以有效地把大、小鱼分级，把较大的、更具攻击性的鱼分离出来，提前出售，卖得高价格；使留下的鱼有更好的生活环境，提高饲料的转化率。柔性格栅式水下分级装置既可以成功去除进入海水抗风浪网箱的野生小杂鱼，又可以降低分级作业时的劳动强度（有吊机的情况下仅需2~3人，无吊机4~5人就可完成操作）、提高工作效率。

国内科技人员研制出棱台形鱼规格分级装置（图6-15）。该装置由分离栅、网衣、绳索和属具等构成，分离栅为棱台形刚性结构，由4个正梯形（侧面）和1个正方形（底面）格栅平面构成，并在其上方连接由PE网衣制成的导鱼网笼；分离栅框架采用不锈钢

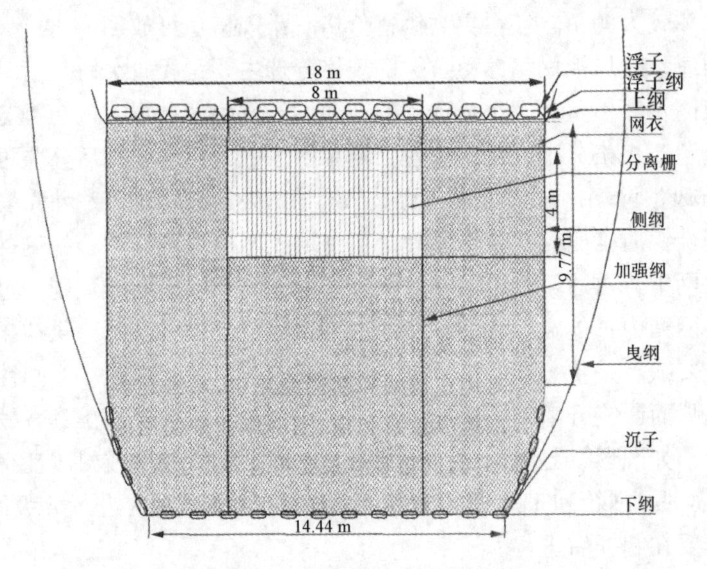


图 6-14　柔性格栅式水下分级装置

方管，栅条采用 PVC 管；栅间距按不同品种鱼类进行生物学参数统计分析后确定。刚性分级装置具有间隙均一不变的优点，但与柔性格栅分级装置相比，其海上使用与操作不便。

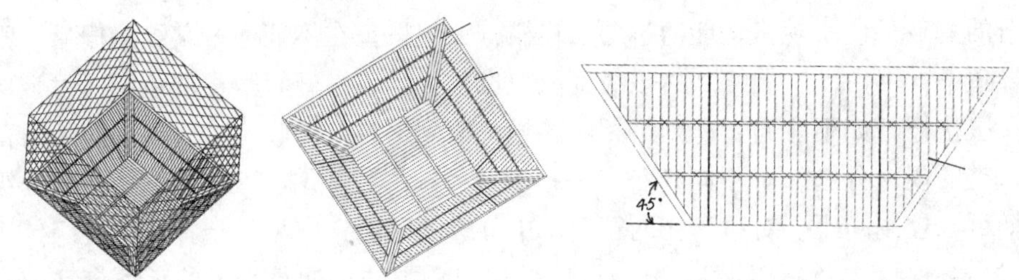


图 6-15　棱台形鱼规格分级装置及其部件

## 七、网箱阻流设施

海水抗风浪网箱一般布置在 15 m 等深线以上的开放型或半开放型未开发海区进行养殖，这些海区浪大流急，海况恶劣。由于海水抗风浪网箱的框架系统采用 HDPE 管材制造，充分地把材料的柔韧性和高强度有机结合起来，耐腐蚀、耐冲击和抗磨损的优点使得框架不仅可以随波逐流，还具有抗击台风巨浪的能力。然而，箱体系统的网衣（属柔性网衣网箱）却抵挡不住海流的作用而引起体积变形。Aarness 曾做过实验，普通重力式网箱在水流 1 m/s 的情况下，即使网衣下端悬挂很重的沉子，其体积损失率也高达 80%。根据调查，中国目前使用的海水抗风浪网箱在海流 1 m/s 以上的情况下，其体积损失率一般都在 60%以上。海水抗风浪网箱体积的变形过大对鱼类的生长非常不利。因此，阻流设施的建设很有必要。所谓阻流，就是在海水抗风浪网箱组合群（一般5~16口）布置海区的外侧，沿水流方向增设分流板，让直接冲击海水抗风浪网箱的水流分道或衰减。有些用三角形 HDPE 浮筏式消波堤，可以减弱波高的作用，大约能消减40%。若能根据海区环境条件，在消波堤的下方再悬挂数道分流网片，网片高度接近于海区水深，其阻流的效果足以使海水抗风浪网箱所在处的流速衰减到海水抗风浪网箱变形所能承受的范围，实现高密度养殖。国内曾经研究使用过的阻流设备有以下几种。

1. HDPE 管材加阻流网式

水面由4根海水抗风浪网箱专用的 HDPE 管道，通过支架并列组合成消浪系统。在框架上，铺设小木条组合板，用绳索串连。塑胶管道下面用 PA 绳索悬挂一定高度（PA+PE）网片。下端悬挂水泥重块，见图6-16。

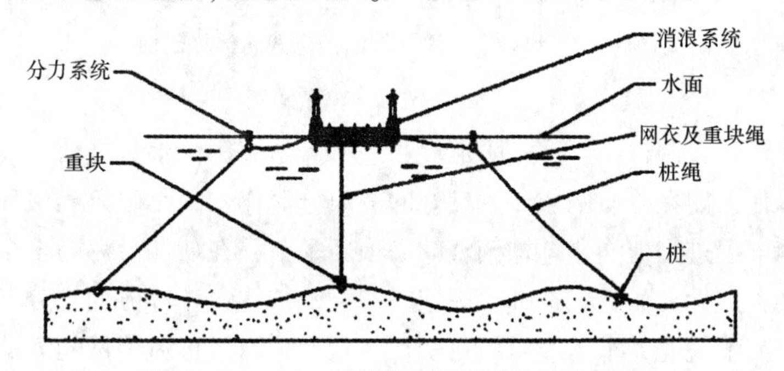


图6-16 HDPE 管材加阻流网式防浪堤剖面

2. 旧橡胶轮胎桩泊固定式

水面上由纲绳和泡沫浮子（每米1只）串联作为浮力系统，水下由旧橡胶轮胎作为防浪、分流主体，橡胶胎内腔填充塑料泡沫，每排放置橡胶轮胎约15只，由绳索串连，一端系水下固定系统，另一端系纲绳。水下固定系统由10 t 重钢筋混凝土楔形块和钢桩组成，见图6-17。

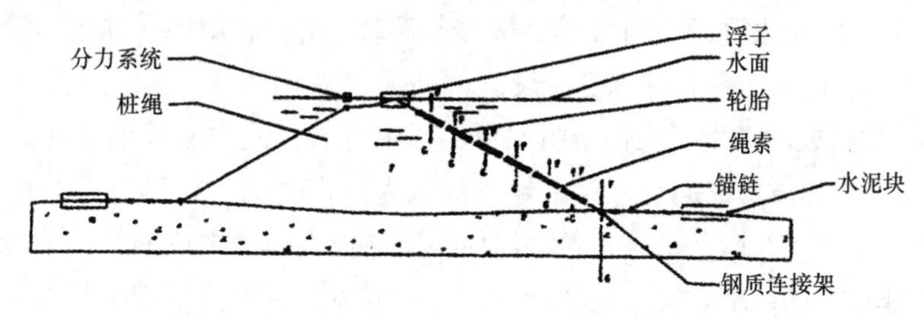


图6-17 旧橡胶轮胎桩泊固定式防浪堤剖面

3. 组合泡沫浮式桩泊固定式

水面上由纲绳和泡沫浮子串连组成三道并联浮力系统，纲绳一端系于锚链与岸桩固定，另一端用铁锚和竹桩固定。水下由锚、桩、缆绳组成固定系统。前后两道垂直挂网组成减流墙系统，网衣每段长 15 m。外侧区网衣深 6~7 m，网目 6~7 cm；内侧区网衣深 5~6 m，网目 5 cm。中间一道浮力系统一般不挂网衣，与前后两道浮力系统各相距 7.5~10 m，并联形成防浪堤，起增强抗浪、减流作用（图 6-18）。

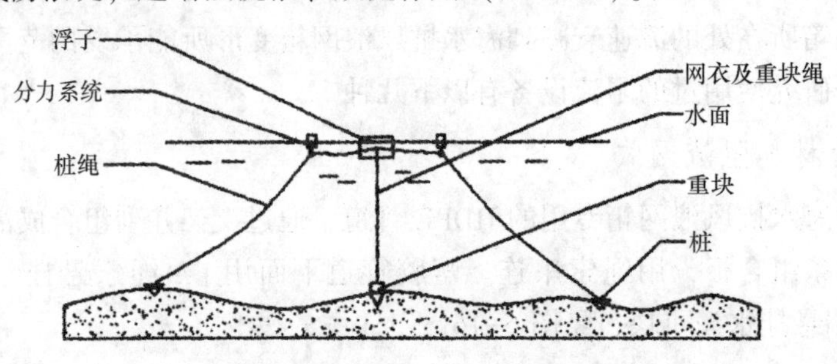


图 6-18　组合泡沫浮子桩泊固定式防浪堤剖面

因地制宜地设计、制作组合浮式防浪堤，进行养殖海区消浪分减流，技术思路有较大创新。投资成本低，能在养殖区域产生良好的消浪分流作用，是改善养殖环境，发展海水抗风浪网箱养殖，促进当地渔业结构调整的一项新举措，在浙江沿海乃至全国各地均具有较大的适应性和推广性。而且在选址、固定、装配及结构设计等方面充分考虑了消浪分流作用，同时可与海上观光、垂钓娱乐项目密切结合，为海水抗风浪网箱养殖业开拓新的生财之道。浮式防浪堤防浪结构的设计保证了养殖海区良好的水体交换能力。

为使防浪堤更加完善，需做好如下几点工作：使用更加先进的测量仪器和设备，使测量数据更加完整、准确、可靠，为防浪堤的设计、制作提供第一手资料。在防浪分流的使用过程中总结经验，使防浪分流性能更好，成本更低，以进一步扩大海域使用范围，提高其推广价值。防浪堤建设属公益性海水抗风浪网箱工程配套设施，施工建造应以政府资助为主，后期维护管理应以各养殖单位协调管理为主，成立区域性管理小组，定期做好维护、保修和防破坏、防偷盗泡沫浮子等工作，确保安全生产。防浪堤建成后，消浪、分减流效果和提高区域内海水抗风浪网箱鱼类养殖成活率、饵料利用率、养殖利润率等相关技术需作进一步深入研究。基于网箱阻流设施的研发，古国维等人和南风管业利用 HDPE 管+浮球等特种材料成功开发了柔性带阻尼帘浮板组合式浮式防波堤消波堤（专利号：ZL 201320295373.7）。防波堤纵向与常年主导风浪入射方向垂直，由两条平行的长条状浮体作为浮式防波堤主体，在两条平行长条状浮体与横向连系缆绳围成的每一单元空间内，放置柔性连接，外罩玻璃纤维蒙皮的板状硬质泡沫发泡体，其中一半带帘状阻尼结构，纵横相间布置，结构通过缆索锚固在水下基础。该专利技术科学组合波能反射、波列间的干涉消能、紊动消能及波浪力做功的消波机理，具有构造简单、材料易得、成本低、不必大型工程船舶安装、可操作性强等优点，对于日益发展的深水养殖事业无疑是项有重要意义的发明。图 6-19 为某公司产品手册展示的一种海水抗风浪网箱养殖配套用消波堤。

图 6-19 一种海水抗风浪网箱养殖配套用消波堤

## 八、网箱洗网机与网衣清洗防污方法

海水抗风浪网箱养殖海域的浮游生物较多，高温季节网箱箱体上更易附着藻类等污损生物，且污损生物生长繁殖速度极快，影响网箱内外水体交换，导致网箱内水体溶氧量和水质下降，影响网箱养殖鱼类生长率和成活率。我国南方海域，海水抗风浪网箱污损生物种类多（包括藤壶、牡蛎和浒苔等）、生长快，网箱投放后一般经过 1~6 个月，合成纤维网衣网目即被海洋污损生物堵塞满，有时受污损生物和其他附着物附着后的大型网箱用合成纤维网衣可重达数吨。合成纤维网衣箱体污损情况如图 6-20 所示。

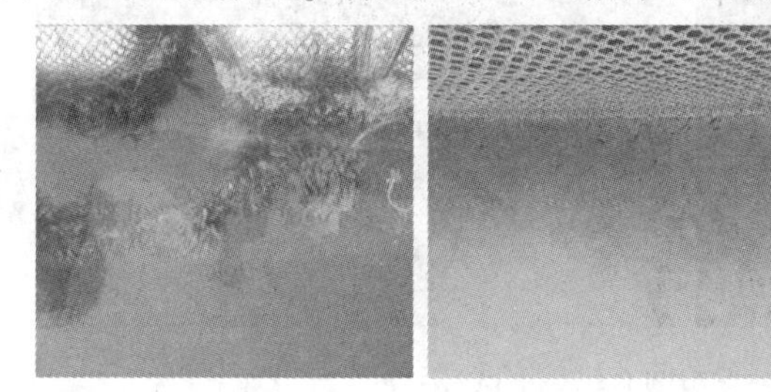

图 6-20 合成纤维网衣箱体污损情况

污泥或附生海洋污损生物对网箱设施的危害很多，其危害性表现在：①滋生细菌、寄生虫，侵袭鱼体而发病；②影响水体交换，使网箱内的代谢废物和一些残饵得不到及时清除；③海水抗风浪网箱内的含氧量下降，放养密度过密的情况下，就有可能危及网箱养殖鱼类的正常生命活动，诱发鱼病；④增加箱体的重量，增加网箱对水流的阻力，影响网箱使用寿命和使用周期；⑤牡蛎、藤壶等生物壳的边缘锐利，擦伤鱼体造成继发性感染，也会磨破网片，导致网箱养殖鱼类外逃等。养殖生产中要经常进行网箱清洁养护工作。我国海水抗风浪网箱一般采用换网、清洗、暴晒和敲打等机械方法清除箱体网衣附着的污损生物（附着物），但其劳动强度高、工作效率低，为此高校院所正在开发应用机械清洗、人工清洗、药物清洗、阳光暴晒+物理敲打后清洗、生物清除等方法，以解决海水抗风浪网箱防污技术难题。

（一）网箱洗网机

目前已开发的海水抗风浪网箱洗网机主要有射流毛刷组合清洗、纯高压射流清洗、纯机械毛刷清洗等。机械清洗箱体网衣速度快，一般比人工洗刷提高工效4~5倍。海水抗风浪网箱机械清洗可使用高压射流洗网机，以强大水流将网箱上附着污物冲落。高压射流洗网机主要包括一台独立驱动（通常采用汽油机或柴油机）的高压柱塞泵、一根高压连接软管和一个会旋转的清洗头。设备工作时，高压柱塞泵通常放在工作艇上，独立驱动的柴油机或汽油机动力能够四处移动。清洗人员手持连接清洗头的操作杆站在网箱边上进行清洗工作，高压柱塞泵产生的高压水经喷嘴喷射出很细的高压水射流，同时由于高压水射流在水里产生的反作用力，推动清洗盘转动，从而产生一个高压水射流圈，把养殖网衣上的附着物清洗掉。高压射流洗网机除在网箱上使用外，还可在养殖围网、扇贝笼等养殖设施上使用。图6-21为白龙屿超大型围网养殖网衣的机械清洗［该超大型堤坝围网网具工程由东海水产研究所石建高研究员主持设计开发，相关项目为“白龙屿生态海洋牧场项目堤坝网具工程设计合作协议”（TEK2013082）、白龙屿栅栏式堤坝围网用高性能绳网技术开发（N2014K19A）］。

图6-21　养殖网衣机械清洗

图6-22为金属网衣网箱清洗设备；图6-23为海水抗风浪网箱洗网机，上述洗网机都可对海水抗风浪网箱水下网衣进行有效清洗。

图 6-22 金属网衣网箱清洗设备

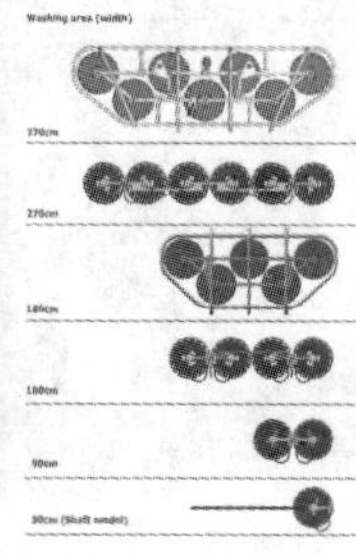

图 6-23 海水抗风浪网箱洗网机

（图片来源：http：//www. rock-firm. com/WebSite/p_ 56. html？ _ id=86）

## （二）网箱网衣清洗防污方法

### 1. 防污涂料法

近年来，燎原化工-东海水产研究所渔网防污剂课题组根据海水抗风浪网箱养殖海域附着生物特点，研制出渔网防污剂材料，对试验网箱箱体网衣进行防污处理。试验结果表明，防污试验项目的实施能有效减少海水抗风浪网箱污损生物附着（图 6-24），减少海水抗风浪网箱用箱体换网次数，降低海水抗风浪网箱换网作业强度，提高海水抗风浪网箱内

(a) 防污处理后的合成纤维网衣箱

(b) 未做防污处理的合成纤维网衣箱

图 6-24 防污处理后与未做防污处理的合成纤维网衣网箱防污效果比较

外水体交换率，项目技术实施有利于海水抗风浪网箱产业的可持续健康发展。防污涂料种类不同，其可防附着生物附着的时间也不相同。防污涂料的防污机理参见第五章，防污涂料箱体在防污涂料中的浸泡或涂染处理如图 6-25 所示。

图 6-25　网箱箱体在防污涂料中的浸泡或涂染处理

2. 生物清洗法

海水抗风浪网箱某些养殖鱼类，如鲻鱼、鲷科鱼类（如斑石鲷等）、罗非鱼、篮子鱼等喜刮食附着性的藻类，吞食丝状藻类、有机碎屑和残屑等。利用上述“刮食性”鱼类的习性，在网箱内适当搭养这些“刮食性”鱼类，让它们刮食网上的附着物，使网箱保持清洁，水流畅通。这样既能充分利用网箱内的饵料生物，增加养殖种类，提高网箱产量和效益，又能大大减轻养殖工人的劳动强度。图 6-26 为莱州明波水产有限公司繁育成功的具有除污习性（清除网衣上的污损生物）功能的斑石鲷。目前，明波水产与中科院海洋研究所、黄海研究所、东海水产研究所石建高研究员课题组等在开展网箱网衣生物清洗试验研究。

图 6-26　具有除污习性功能的斑石鲷

3. 换网法

为了清除网衣上的附着物，适应鱼体生长的需要，要适时更换网衣、扩大网目，改善箱体内外水体交换。目前我国一些海水抗风浪网箱养殖海区使用手工操作更换网衣，并总结出手工操作更换网衣的经验。手工操作更换网衣时，应首先将重块小心拉起、摘下，把旧网的一半或大部分解掉，拉向剩余一边，然后把新网衣放入框架并绑住，仅留相对的另一边；再将旧网衣移入新网衣中，或将新旧两顶网各绑一半于网箱框架的两侧，另一侧网衣用网线拼接，使新旧两顶网连成一顶。两种方法最后都将旧网衣拉起，让鱼缓缓游入新网。海水抗风浪网箱移鱼的方法：一是将旧网拉起，使鱼自由游入新网内；二是用手抄网捕鱼放入新网中，然后把旧网的最后一边解下来，将新网完全固定好。海水抗风浪网箱换网时要防止鱼卷入网角内造成擦伤和死亡。换网过程要轻、快，避免鱼体受伤或逃逸。换下的箱体须及时清洗干净，并检查有无损坏，及时修补并晒干整理、均匀浸泡或涂染防污涂料备用。清洗和更换网箱箱体应根据网箱养殖情况、海况和天气等综合因素而定，一般1~3个月进行一次箱体清洗和更换。更换下的箱体，应及时清除箱体上的附着生物，用淡水冲洗，晒干后入库保存，防虫蛀鼠咬。箱体更替使用时，应仔细检查、修补后使用。普通合成纤维网衣箱体使用寿命一般为2~3年。海水抗风浪网箱用HDPE框架的使用寿命一般为8年以上，在使用期限内，如未遭遇外力损伤框架一般可不必维护，但如果框架遭遇外力损坏，则一般需上陆维修框架，以确保海水抗风浪网箱设施的安全（采用南风管业开发的海上特种网箱维修技术，可实现海水抗风浪网箱设施的海上维修）。在海面上特别是风大浪高的工况下要把上述旧网衣换下来，又要将新的网衣装上去，靠手工操作，劳动强度大，操作难度大，养殖工人的人身安全性差，为此需要研发合成纤维网衣换网设施装备及其操作技术，改手工换网劳动为机械换网操作，这可大大提高海水抗风浪网箱养殖效率及其安全性。如果经济条件许可且金属网衣网箱技术成熟，推广使用金属网衣网箱（如锌铝合金网衣网箱、铜锌合金网衣网箱）等，可适当减少海洋污损生物的污损，减少海水抗风浪网箱换网次数、降低劳动强度以及换网对养殖鱼类造成的伤害。有关海水抗风浪网箱换网设备的详细说明读者可参照相关文献。图6-27、图6-28为海水抗风浪网箱换网操作。

图6-27 大型海水抗风浪网箱机械换网操作

图6-28 大型传统合成纤维网衣网箱手工换网操作实景

4. 合金网衣防污法

近年来，大连天正集团、东海水产研究所等单位开展了合金网衣（如锌铝合金网衣、铜锌合金网衣等合金网衣）在海水抗风浪网箱上的防污试验研究，取得了一定的防污效果，授权了一批金属网衣及其网箱专利，推动了合金网衣在我国水产养殖上的应用。东海水产研究所石建高研究员课题组首创的组合式网衣防污技术的研发及其在养殖围网上的产业化推广应用，获得了一系列成果，被中国网、大连电视台、《农财宝典》和《水产前沿》等媒体广泛报道，引领了水产养殖的蓝色革命。

## 九、网箱死鱼、残饵收集装置

在海水抗风浪网箱养殖过程中需对网箱内的死鱼、残饵及时进行收集处理，确保鱼类的健康生长。死鱼、残饵收集装置各不相同，有的用蛇形管与压缩机相连在底部漏斗处收集，也有用与浮子相连的盆状收集器，可随流移动。国外尤其注重对网箱内伤残死鱼的收集，用于分析鱼病及死亡原因，更重要的是预防疾病的交叉感染。伤残死鱼收集器的关键技术在于：在每个海水抗风浪网箱底部都安装了伤残死鱼收集小网箱和水下监视器，当伤残死鱼落入小网箱内，通过网箱残饵收集起网设备将小网箱起出海水抗风浪网箱。正常工作时，将小网箱安置在海水抗风浪网箱底部。

## 十、网箱养殖其他辅助设施

网箱工程其他装备设施有防止养殖鱼类跳逃用的栅栏网（亦称防跳网等），防止跃逃和敌害（如鸟类或海狮等）的盖网、天井网或防鸟网，覆盖在海水抗风浪网箱上面的保护真鲷体表用遮光布等，部分配套设施如图 6-29 所示。在金属网衣网箱内并设合成纤维网衣网箱，正在导入经中间培育以后撤去合成纤维网衣的方式，这对大幅度延长电防腐蚀引起的金属网衣耐用年数大有贡献。

(a) 海水抗风浪网箱栅栏网

(b) 海水抗风浪网箱防鸟网

图 6-29　海水抗风浪网箱工程的配套设施

综上所述，网箱养殖智能装备与辅助设施包括自动投饵机、吸鱼泵、安全监测装置、管理工作平台、赶鱼用网窗、养殖鱼类分级装置、阻流设施、分级装置、洗网机等，这些装备设施能使海水抗风浪网箱养殖如虎添翼。为使海水抗风浪网箱养殖业得到持续发展，应尽快研发一批实用性强、生产效率高、节省劳力和减轻劳动强度的网箱养殖智能装备，以获取较高的经济效益和较好的社会效益。

## 第二节 海水抗风浪网箱安装设备

不同种类的海水抗风浪网箱需要不同的安装设备，下面以我们目前数量最多的 HDPE 框架海水抗风浪网箱为例对海水抗风浪网箱安装设备加以说明，其他海水抗风浪网箱安装设备可参考其他文献资料。

HDPE 框架海水抗风浪网箱陆上安装设备包括切割机、多角度焊接机、热熔机（图 6-30、图 6-31）、起吊设备（如塔吊、汽车吊、行车吊，见图 6-32、图 6-33）等。

图 6-30 海水抗风浪网箱岸上安装施工

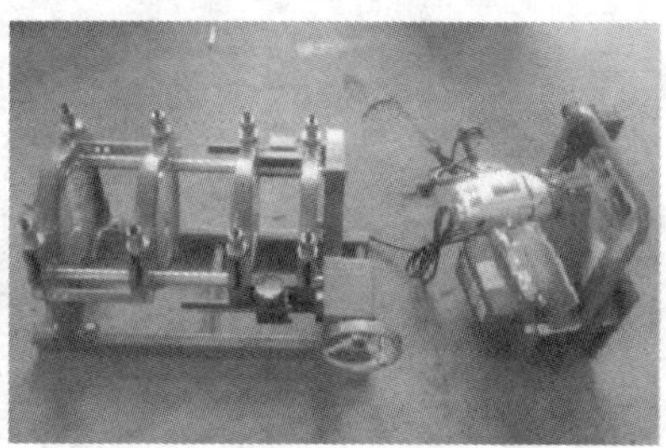

图 6-31 多功能多角度焊接机、切割机与热熔机

图 6-32 方形 HDPE 框架海水抗风浪网箱箱体网衣起吊入水工程

HDPE框架海水抗风浪网箱下水及锚泊施工设备包括吊机、拖船等（如塔吊、汽车吊、行车吊）。方形HDPE框架海水抗风浪网箱箱体网衣起吊入水工程如图6-32所示；圆形HDPE框架海水抗风浪网箱起吊入水工程如图6-33所示。为了海水抗风浪网箱能够顺利入水，一般在网箱进水时要借用码头现有塔吊或租用汽车吊等，以便将网箱或其箱体部分从岸上吊至水中。为使海水抗风浪网箱顺利到达锚泊地，在网箱吊至水中前用捆扎绳暂时固定箱体网衣以缩短网箱上框和底框间的距离，使网箱箱体网衣处于压缩捆扎收紧状态，当网箱被船拖曳至锚泊地后解开捆扎绳，网箱箱体网衣在沉石（或吊重）、网衣自重等的综合作用下下沉，并吊挂在网箱框架上（图6-34）。

图6-33　圆形HDPE框架海水抗风浪网箱起吊入水及拖运至锚地实景

图6-34　圆形HDPE框架海水抗风浪网箱锚泊施工

## 第三节　海水抗风浪网箱材料性能检测设备

海水抗风浪网箱安装前需要对采购选用的网箱材料，包括网箱框架系统材料（如框架制作用HDPE浮管或镀锌钢管等）、箱体系统材料（如箱体制作用绳索、网衣、缝合线等）、锚泊系统材料（如锚泊系统制作用桩、锚、锚链和锚绳等）性能按相关技术标准、技术规范、贸易合同等进行性能检测，以确保海水抗风浪网箱的安全性和抗风浪性能。

## 一、网箱框架系统材料性能检测设备

海水抗风浪网箱框架系统材料涉及的性能检测设备种类繁多，这里仅以 HDPE 框架海水抗风浪网箱为例加以说明。HDPE 框架海水抗风浪网箱主浮管检验用仪器设备有管材耐压爆破试验机（测试指标：静液压强度）、炭黑分散测定仪（测试指标：分析炭黑）、差示扫描量热仪（测试指标：氧化诱导时间）、电热恒温鼓风干燥箱（测试指标：纵向回缩率）、分析天平（测试指标：密度）、熔体流动速率仪（测试指标：熔体质量流动速率）等（图 6-35 至图 6-39）。HDPE 框架海水抗风浪网箱用堵头、支架、销钉、立柱管和扶手管的性能检测可采用强力试验机、冲击试验机、耐老化试验机等仪器设备。

图 6-35 HDPE 管材耐压爆破试验机

图 6-36 HDPE 管材原料用碳黑分散测定仪

图 6-37 HDPE 管材原料分析测试用差示扫描量热仪

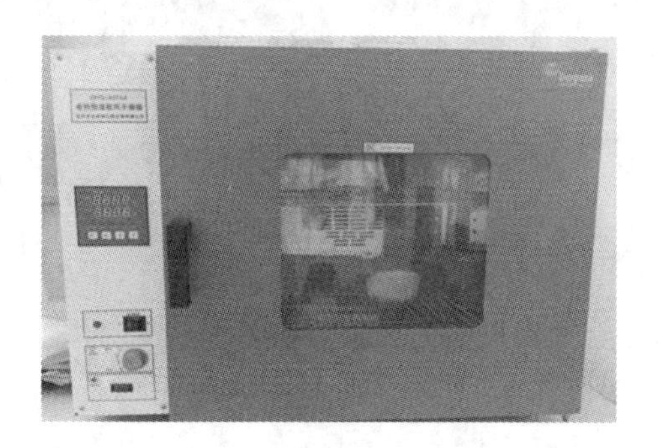

图 6-38 HDPE 管材原料分析测试用电热恒温鼓风干燥箱

图 6-39　HDPE 管材分析测试用分析天平

## 二、网箱箱体系统材料性能检测设备

海水抗风浪网箱箱体系统用网衣应具有轻便、无腐蚀、性价比高、安装运输方便、使用寿命长、无有毒有害物质（如重金属离子）释放等特点，以符合海水抗风浪网箱的抗风浪、生态健康、无公害养殖要求。箱体网衣网目尺寸采用石建高研究员主持起草发布的国家标准《渔网网目尺寸测量方法》（GB/T 6964—2010）进行测试，测试设备包括钢质直尺、网目测量仪等（图 6-40）。箱体网衣网目强力采用石建高研究员主持起草发布的国家标准《渔网网目断裂强力的测定》（GB/T 21292—2007）进行测试，测试设备包括强力试验机等（图 6-41）。

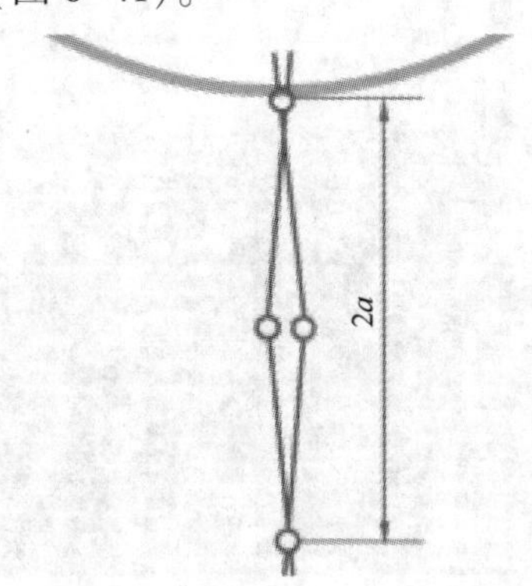


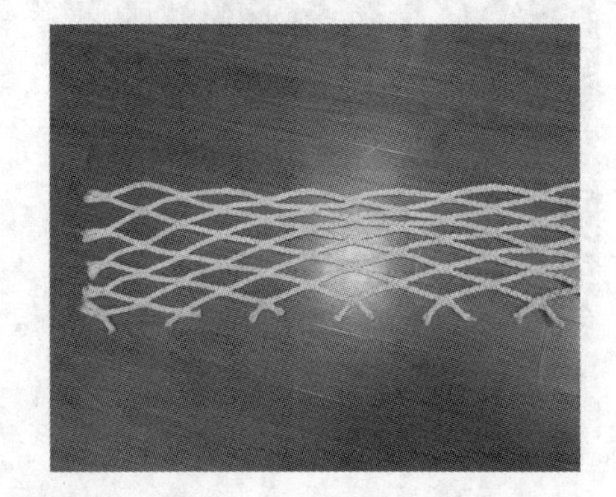

图 6-40　网目尺寸

绳索在海水抗风浪网箱箱体系统中具有十分重要的作用，被广泛使用在箱体的水平纲索、垂直纲索等领域。箱体绳索应具有高强、耐磨、耐老化、轻便、安装运输方便、无腐蚀、使用寿命长等特点，以符合海水抗风浪网箱的安全性和抗风浪要求。箱体绳索采用国

图 6-41　美国产 INSTRON-4466 型强力试验机网目强力测试

家标准《绳索　有关物理和机械性能的测定》（GB/T 8834—2006）进行测试（该国家标准已由石建高研究员主持修订，新版本标准《纤维绳索　有关物理和机械性能的测定》（GB/T 8834—2016）将于 2017 年正式实施。绳索性能测试图片见图 6-42 至图 6-44）。绳索强力性能测试采用德国产 RHZ-1600 型强力试验机等设备。

图 6-42　捻绳破断强力性能测试

图 6-43　编织绳破断强力性能测试

图 6-44　绳索线密度测试

读者或网箱用户可至农业部绳索网具产品质量监督检验测试中心进行海水抗风浪网箱箱体系统材料产品的第三方专业检测，获取科学数据和第三方检测报告。

## 三、网箱锚泊系统材料检测设备

海水抗风浪网箱锚泊系统用锚绳、索具产品的性能检测设备可参照上文的“海水抗风浪网箱箱体系统材料性能检测设备”或其他相关技术标准文献。有需要的读者可咨询农业部绳索网具产品质量监督检验测试中心与全国水产标准化技术委员会渔具及渔具材料分技术委员会。

# 第七章　海水抗风浪网箱容积变化与水体交换

海水抗风浪网箱容积变化与水体交换直接关系到网箱养成鱼类品质、网箱鱼类养殖密度、网箱鱼类生长速度和网箱经济效益等，因此，海水抗风浪网箱容积变化与水体交换是网箱产业关注的重要参量。由于海水抗风浪网箱养殖海况的复杂性、网箱种类及其养殖鱼类的多样性等，导致海水抗风浪网箱容积变化与水体交换研究变得更为迫切重要。本章将从海水抗风浪网箱的内外流速、网箱容积变化以及网箱内水体交换等方面论述网箱容积变化与水体交换，以分析研究网箱容积变化与水体交换，为海水抗风浪网箱工程技术领域与网箱产业实现网箱容积保持率增量、解决网箱箱体内外水体交换技术难题提供参考。

## 第一节　海水抗风浪网箱的内外流速

海水抗风浪网箱有圆筒形和方形等不同形状，其内外流速的计算方法有所不同，现简述如下。

### 一、圆形网箱

圆形框架和网衣围成圆柱状的网箱称为圆形网箱，圆形网箱亦称圆柱体网箱或圆桶形网箱。在我国，圆形浮式网箱中应用最广的为 HDPE 框架圆形浮式海水抗风浪网箱（HDPE 框架圆形浮式海水抗风浪网箱称谓较多，它也被称为“HDPE 圆形双浮管浮式海水抗风浪网箱”“HDPE 圆形海水抗风浪网箱”“HDPE 圆形深水网箱”“HDPE 重力式深水网箱”“PE 圆形抗风浪网箱”，等等）。如图 7-1 所示，半径 $R$ 、高度 $D$ 的圆形网箱，与来流成 $\theta$ 角度的海水抗风浪网箱面积为 $R \cdot d\theta \cdot D$ ，所以作用于这个面的力为 $f \cdot R \cdot d\theta \cdot D$ 。将圆形网箱全周进行积分所得的值加上作用于圆形网箱底面网衣上的力 $f\pi R^2$，其合力就是作用于圆形网箱的流体力 $F$ ，用式（7-1）来表示。

$$F = \int_0^{2\pi} fRDd\theta + f\pi R^2 \tag{7-1}$$

式中：$f$——单位面积的阻力。

当圆形网箱箱体网衣为方形网目时，单位面积的阻力 $f$ 值用式（7-2）来表示。

$$f = \frac{C_D d\rho u^2}{2} \cdot \frac{1}{s}(1 + \sin \theta) \tag{7-2}$$

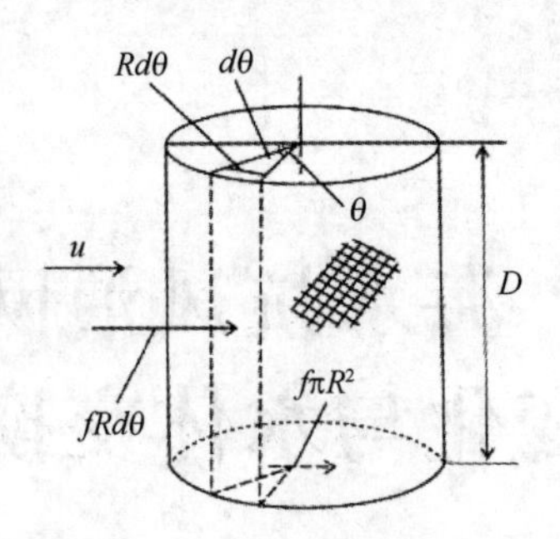


图 7-1　作用于圆形网箱的力

当圆形网箱箱体网衣为菱形网目时，单位面积的阻力 $f$ 值用式（7-3）来表示。

$$f = \frac{C_D d\rho u^2}{2} \cdot \frac{\sqrt{3 - \cos 2\theta}}{s} \tag{7-3}$$

当圆形网箱箱体网衣为方形网目时，结合式（7-2）、式（7-1）中的第 1 项 $F = \int_0^{2\pi} fRDd\theta + f\pi R^2$ 为：

$$\frac{C_D w_0 dRD}{2sg}\left[u^2\int_0^{\pi}(1 + \sin\theta)\,d\theta + u'^2\int_0^{\pi}(1 + \sin\theta)\,d\theta\right]$$

式中：$u$，$u'$ ——分别为网箱外部迎流、网箱内流速，第 1 积分项是网箱迎流前半周的积分，第 2 积分项是网箱后面半周的积分；

$w_0$——水的密度（$\rho g$）；

$s$ ——目脚长度。

$\alpha$（冲角）值可用式（7-4）求得。

$$\alpha = \int_0^{\pi}(1 + \sin\theta)\,d\theta = \pi + 2 = 5.142 \tag{7-4}$$

在式（7-1）、式（7-2）、式（7-4）的基础上，作用于圆形网箱的流体力 $F$ 可用式（7-5）表示。

$$F = \frac{C_D w_0 dRD}{2sg}\left[\alpha(u^2 + u'^2) + \frac{\pi R u^2}{D}\right] \tag{7-5}$$

当圆形网箱箱体网衣为菱形网目时，$\alpha$ 值可用式（7-6）求得。

$$\alpha = \int_0^{\pi}\sqrt{3 - \cos 2\theta}\,d\theta = 5.403 \tag{7-6}$$

把以上归纳起来，作用于圆形网箱网衣上的流体力，可以用式（7-4）、式（7-5）、式（7-6）求得。圆形网箱内流速 $u'$ 可以用以下方法求出。

阻力和流速分布的关系式可用式（7-7）表示。

$$F_D = 2\,\frac{u'}{u}\left(1 - \frac{u'}{u}\right)\frac{A w_0 u^2}{2g} \tag{7-7}$$

这里，$A = 2RD$。

式（7-7）中的 $F_D$，因为相当于式（7-5）中上流方向一半的阻力，如果式（7-5）中 $u'=0$ 的话，成为圆筒的前半部分，又因为沿底面的流程很短，底面阻力不太影响 $u'$，所以，$F_D$ 可以式（7-8）表示。

$$F_D=\frac{C_D w_0 dRD}{2sg}\alpha u^2 \tag{7-8}$$

把式（7-7）代入式（7-8），得到式（7-9）。

$$\frac{u'}{u}=\frac{1}{2}+\sqrt{\frac{1}{4}-\frac{gF_D}{Aw_0u^2}}=\frac{1}{2}+\sqrt{\frac{1}{4}-\frac{\alpha C_D d}{4s}} \tag{7-9}$$

如图 7-2 所示为式（7-9）的理论值和试验值的比较结果。

把式（7-9）代入式（7-5），可以求出作用于圆形网箱的流体力。作用于相同流时的圆形网箱流体力的理论值与试验值的比较如图 7-3 所示。如果是波动运动时，如图 7-4 所示。这样，式（7-5）不但可以求出作用于圆形网箱的流体力，而且也可以计算因波力引起的最大流速 $u_m$。

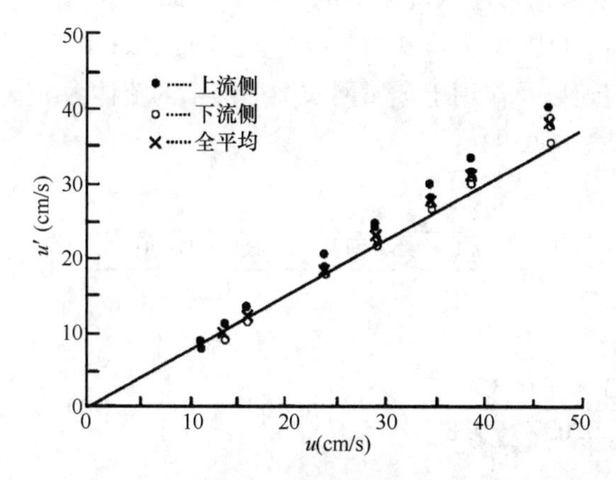


图 7-2 圆形网箱内流速的理论值与试验值的比较

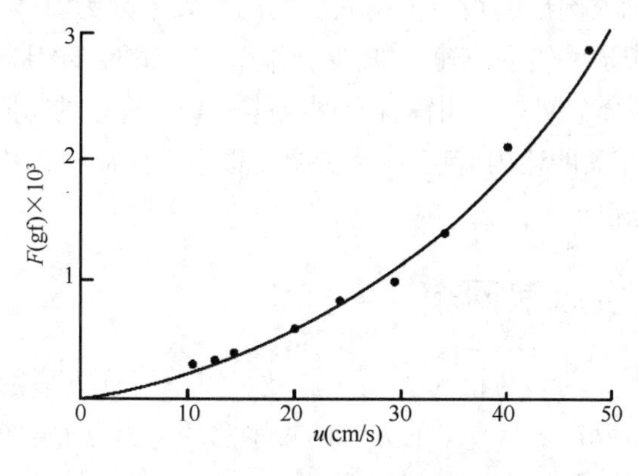


图 7-3 作用于相同流时的圆形网箱流体力的理论值与试验值的比较

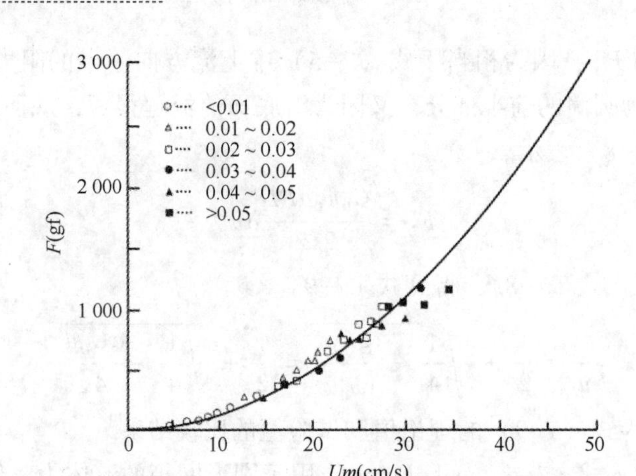


图 7-4　作用于有波时的金属网衣圆形网箱的流体力的理论值与试验值

[**例 7-1**] 金属网衣圆筒形海水抗风浪网箱（以下简称金属网衣圆形网箱）箱体网衣的网线直径 $d=3.2$ mm、目脚长度 $s=3.7$ cm；$C_D$ 为 0.86；求半径 $R=7.5$ m、高 $D=5$ m 的金属网衣圆形网箱内流速以及作用于金属网衣圆形网箱的流体力 $F$ 。

[**解**] $s/d=11.6$, $C_D=0.83$。

代入式（7-9）得：

$$\frac{u'}{u}=\frac{1}{2}+\sqrt{\frac{1}{4}-\frac{5.403\times 0.83\times 0.0032}{4\times 0.037}}=0.89$$

代入式（7-5）得：

$$F=\frac{0.83\times 1.03\times 0.0032\times 7.5\times 5}{2\times 0.037\times 9.8}\left[5.403\times(1+0.98)^2+\frac{3.14\times 7.5}{5}\right]u^2$$

$$=2.04u^2\ (\mathrm{t})$$

由上文可见，金属网衣圆形网箱内流速是外部流速的89%，作用于金属网衣圆形网箱的力为 $2.04u^2$t。金属网衣圆形网箱箱体网衣上的网目如果因为海洋生物附着而堵塞的话，$C_D$ 就变大，金属网衣圆形网箱内流速 $u'$ 减少，作用于金属网衣圆形网箱的流体力 $F$ 增大。某些金属网衣（如锌铝合金网衣、铜锌合金网衣等）具有较好的防附着性能，在养殖生产中 $C_D$ 变化幅度很小，相关网箱内流速 $u'$ 减少幅度很小，因此，作用于金属网衣圆形网箱的流体力 $F$ 增大幅度也很小。

## 二、方形海水抗风浪网箱

图 7-5 为方形海水抗风浪网箱（为便于叙述，以下简称方形网箱）实景图。图 7-6 为深度×长度×宽度大小为 $l_1\times l_2\times l_3$ 的方形网箱示意图。当方形网箱箱体网衣为方形网目时，单位面积的阻力 $f$ 值用式（7-2）来表示。

如图 7-6 所示，假设流速 $u$ 与 $l_1\times l_3$ 面成直角，作用于 $l_1\times l_3$ 上流方的力为 $F_1$、下流

图 7-5 方形网箱实景

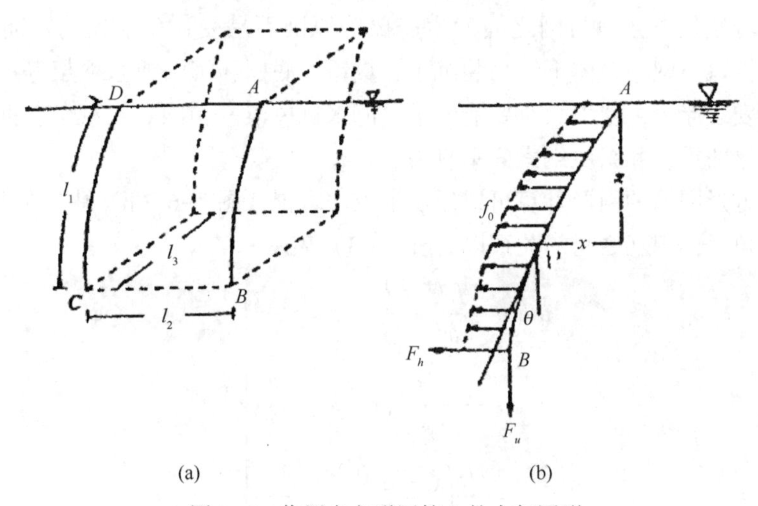


图 7-6 作用在方形网箱上的力与网形

方的力为 $F_2$、侧面的力为 $F_3$，作用于底面的力为 $F_4$，$f_1$、$f_2$、$f_3$ 和 $f_4$ 为作用于各面的单位面积的力，则作用在方形网箱上的力 $F_1$、$F_2$、$F_3$ 和 $F_4$ 可用式（7-10）表示。

$$
\begin{aligned}
F_1 &= f_1 \cdot l_1 \cdot l_3, \quad f_1 = 2ku^2 \\
F_2 &= f_2 \cdot l_1 \cdot l_3, \quad f_2 = 2ku'^2 \\
F_3 &= f_3 \cdot l_1 \cdot l_2, \quad f_3 = ku^2 \\
F_4 &= f_4 \cdot l_2 \cdot l_3, \quad f_4 = ku^2 \\
k &= \frac{C_D w_0 d}{2sg}
\end{aligned}
\tag{7-10}
$$

由式（7-9）得：

$$\frac{u'}{u} = \frac{1}{2} + \sqrt{\frac{1}{4} - \frac{gf_1}{w_0 u^2}} = \frac{1}{2} + \sqrt{\frac{1}{4} - \frac{2gK}{w_0}}$$

当方形网箱箱体网衣为菱形网目时，单位面积的阻力 $f$ 值也可用式（7-2）来表示。当方形网箱箱体网衣为菱形网目时，式（7-10）的 $f$ 可用式（7-11）表示。

$$
\begin{aligned}
f_1 &= 2ku^2 \\
f_2 &= 2ku'^2 \\
f_3 &= f_4 = 2ku^2
\end{aligned}
\tag{7-11}
$$

作用于方形网箱总体的流体力 $F$ 可用式（7-12）表示。

$$F = F_1 + F_2 + 2F_3 + F_4 \tag{7-12}$$

## 三、海水抗风浪网箱的网形及其浮沉力

小型海水抗风浪网箱一般因箱体下部水流而产生“摇晃”；当摇晃引起网箱网形变化厉害时，网箱养殖鱼类会因与网之间发生摩擦等原因而易受伤生病。为了防止或减少摇晃，可在海水抗风浪网箱箱体下缘吊装沉子、重锤、底框、沉块或张网架等重物。海水抗风浪网箱上部安装浮子，浮力大小要能够承受海水抗风浪网箱网衣、沉子、框架、作业器具、操作人员等的重量和系留纲索的垂直力。

纤维网衣方形网箱的网形计算可以用以下方法求得。图7-6（b）中网的接点 $p(x, z)$ 与垂直线成 $\theta$ 角度，相互之间的关系以式（7-13）表示。

$$
\left.
\begin{aligned}
&\tan\theta = \frac{f_0 l_p + F_H}{w l_p + F_v} \\
&f_0 = \frac{F_1 + 2F_3}{l_1\, l_3}, \qquad F_H = \frac{F_4}{l_3} \\
&F_V = \frac{w l_2}{2}\left(1 + 2\,\frac{l_1}{l_3}\right) + \frac{W}{2l_3}
\end{aligned}
\right\}
\tag{7-13}
$$

式中：$F_1$、$F_2$、$F_3$、$F_4$——式（7-10）、式（7-11）的值；

$l_p$——$B_P$ 间的长度；

$W$——沉子的水中总重量；

$w$——网的单位面积的水中重量。

海水抗风浪网箱网形变化过大时，网箱沉子的重量要增加，以确保鱼类养殖所需的正常空间。对金属网衣海水抗风浪网箱而言，由于金属网的刚性，网形变化相对较小。沉子、网片、作业器材、养殖工人或其他参观管理人员等都具有自重，浮子必须具有足够维系海水抗风浪网箱的浮力，因此，浮子的总浮力 $F_U$ 以式（7-14）表示。

$$F_U > W + w[2(l_1\, l_2 + l_1\, l_3) + l_2\, l_3] + M \tag{7-14}$$

式中：$M$——养殖工人或其他参观管理人员、踏脚架以及其他附属重量。

锚纲不是直接系留海水抗风浪网箱，而是系留浮子，用侧边张纲把锚纲同海水抗风浪网箱连接。系留浮子的必需浮力 $F_{UA}$ 可以用式（7-15）表示。

$$F_{UA} > \frac{nFh}{\sqrt{L_a^2 - h^2}} \tag{7-15}$$

式中：$n$——连接海水抗风浪网箱的只数；

$F$——一只海水抗风浪网箱的力；
$L_a$——系留索的长度；
$h$——水深。

# 第二节 不同排布方式对海水抗风浪网箱容积损失的影响

## 一、网箱排布试验设计

东海水产研究所在网具模型试验水池进行了不同排布方式对海水抗风浪网箱容积损失的影响模型试验。试验水池主尺度为 90 m×6 m×3 m，以重力式圆柱形海水抗风浪网箱（以下简称圆形网箱）为研究对象，圆形网箱周长为 50 m、深 8 m，沉力分别设置为 500 kg、600 kg 和 700 kg，研究两种不同排布方式（“一”字形排布和“田”字形排布）、不同排布间距（间距分别为箱体直径 $R$ 的 50%、25%和无间距）条件下圆形网箱的容积变化。排布方式见图 4-31。

为了简化圆形网箱容积的计算，作以下假设（如图 7-7 所示）；上层和下层的框架在不同流速下依旧保持圆形；上层框架在不同流速下，层面保持与水流方向平行；上层框架与水流方向平行的直径方向与框架的交点取为 $C$、$D$，通过直线 $CD$ 与上层网架垂直的平面经过下层圆形框架的中心。该平面与下层圆形框架的交点取为 $A$、$B$。以下层圆形框架的中心为圆点 $O$，沿直线 $AB$ 方向取为 $x$ 轴，垂直于下层圆形框架且过圆点向上的直线为 $y$ 轴。将直线 $Oa$ 和 $Ob$ 分别平均取 20 个点，直线 $Oa$ 上每个点的纵坐标对应于曲线 $AD$ 上的一点，量取曲线 $AD$ 上点的横坐标；同样，直线 $Ob$ 上每个点的纵坐标对应于曲线 $BC$ 上的一点，量取曲线 $BC$ 上点的横坐标。分别将曲线 $AD$ 和 $BC$ 上得到的 20 个点的横坐标和纵坐标数据输入 Origin 软件作图，进行公式模拟，曲线 $AD$ 和 $BC$ 的模拟公式分别记为 $x=\phi_1(y)$ 和 $x=\phi_2(y)$，曲线 $AD$ 在区间［0，a］绕 $y$ 轴旋转一周的体积为 $V_1=\pi\int_0^a[\phi_1(y)]^2dy$；曲线 $BC$ 在区间［0，b］绕 $y$ 轴旋转一周的体积为 $V_2=\pi\int_0^b[\phi_2(y)]^2dy$，模型网箱的容积 $V_M=\frac{V_1+V_2}{2}$。实物网箱（$V_F$）和模型网箱（$V_M$）容积换算公式为：$V_F=V_M\lambda^3$。圆形网箱在不同条件下的容积均依据上述方法进行计算。圆形网箱的容积保持率 $=V_M/V_{M0}$，其中 $V_{M0}$ 为圆形网箱在水流速率为 0 kn 时的体积。

## 二、试验结果

当圆形网箱在无外力作用下，处于静止状态时，用底面积乘以圆形网箱的垂直高度来求得其容积 $V_{M0}$，当圆形网箱在水槽里被拖动时，应用上述办法，即变形圆形网箱的容积保持率 $=V_M/V_{M0}$ 来求其容积 $V_M$。

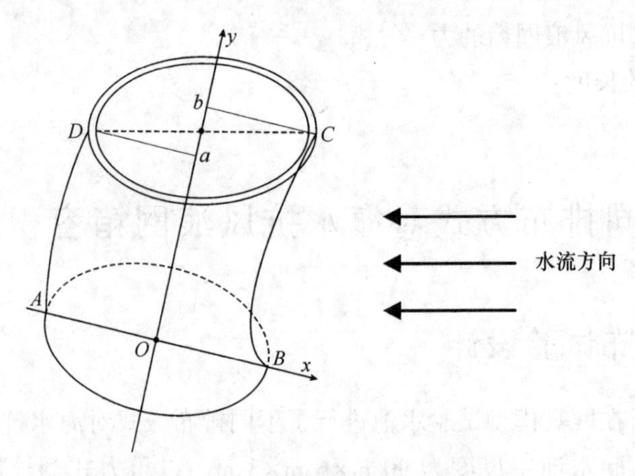


图 7-7　圆形网箱容积计算示意

## (一)"一"字形排列圆形网箱的容积保持率

表 7-1 至表 7-3 是不同情况下的测试结果。

**表 7-1　700 kg 配重 50%间距在不同流速下圆形网箱的容积保持率**

| 圆形网箱 | 流速（kn） | | | | |
|---|---|---|---|---|---|
| | 0.39 | 0.53 | 0.70 | 0.875 | 1.07 |
| 第一只圆形网箱 | 0.903 | 0.865 | 0.792 | 0.684 | 0.642 |
| 第二只圆形网箱 | 0.935 | 0.901 | 0.882 | 0.786 | 0.708 |
| 第三只圆形网箱 | 0.98 | 0.932 | 0.93 | 0.881 | 0.853 |
| 第四只圆形网箱 | 0.991 | 0.941 | 0.937 | 0.901 | 0.882 |

**表 7-2　600 kg 配重在不同流速、不同间距下圆形网箱的容积保持率**

| 圆形网箱 | 间距 | 流速（kn） | | | | |
|---|---|---|---|---|---|---|
| | | 0.39 | 0.53 | 0.70 | 0.875 | 1.07 |
| 第一只圆形网箱 | 50% | 0.915 2 | 0.872 | 0.777 | 0.704 | 0.633 |
| | 25% | 0.878 | 0.841 | 0.806 | 0.746 | 0.669 |
| | 0% | 0.910 | 0.855 | 0.781 | 0.715 | 0.662 |
| 第二只圆形网箱 | 50% | 0.938 | 0.922 | 0.873 | 0.839 | 0.754 |
| | 25% | 0.891 | 0.872 | 0.853 | 0.810 | 0.769 |
| | 0% | 0.918 | 0.873 | 0.836 | 0.796 | 0.751 |
| 第三只圆形网箱 | 50% | 0.922 5 | 0.902 | 0.871 | 0.851 | 0.826 |
| | 25% | 0.952 | 0.931 | 0.892 | 0.904 | 0.873 |
| | 0% | 0.946 | 0.932 1 | 0.918 | 0.896 | 0.878 |

续表

| 圆形网箱 | 间距 | 流速（kn） | | | | |
|---|---|---|---|---|---|---|
| | | 0. 39 | 0. 53 | 0. 70 | 0. 875 | 1. 07 |
| 第四只圆形网箱 | 50% | 0. 960 | 0. 942 | 0. 934 | 0. 912 | 0. 864 |
| | 25% | 0. 983 | 0. 946 5 | 0. 922 | 0. 918 | 0. 914 |
| | 0% | 0. 977 | 0. 971 | 0. 961 | 0. 947 | 0. 894 |

**表 7-3　500 kg 配重 50%间距在不同流速下圆形网箱的容积保持率**

| 圆形网箱 | 流速（kn） | | | | |
|---|---|---|---|---|---|
| | 0. 39 | 0. 53 | 0. 70 | 0. 875 | 1. 07 |
| 第一只圆形网箱 | 0. 867 2 | 0. 859 | 0. 697 | 0. 599 | 0. 567 |
| 第二只圆形网箱 | 0. 924 | 0. 860 | 0. 780 | 0. 708 | 0. 619 |
| 第三只圆形网箱 | 0. 975 | 0. 908 | 0. 879 | 0. 845 | 0. 788 |
| 第四只圆形网箱 | 0. 998 | 0. 920 | 0. 901 | 0. 898 | 0. 869 |

### （二）“田”字形排列圆形网箱的容积保持率

表 7-4 至表 7-6 是在不同情况下的测试结果。

**表 7-4　700 kg 配重 50%间距在不同流速下圆形网箱的容积保持率**

| 圆形网箱 | 流速（kn） | | | | |
|---|---|---|---|---|---|
| | 0. 39 | 0. 53 | 0. 70 | 0. 875 | 1. 07 |
| 第一只圆形网箱 | 0. 872 | 0. 860 | 0. 768 | 0. 717 | 0. 634 |
| 第二只圆形网箱 | 0. 921 | 0. 901 | 0. 828 | 0. 779 | 0. 727 |

**表 7-5　600 kg 配重在不同流速、不同间距下圆形网箱的容积保持率**

| 圆形网箱 | 间距 | 流速（kn） | | | | |
|---|---|---|---|---|---|---|
| | | 0. 39 | 0. 53 | 0. 70 | 0. 875 | 1. 07 |
| 第一只圆形网箱 | 50% | 0. 831 | 0. 821 | 0. 729 | 0. 654 | 0. 603 |
| | 25% | 0. 87 | 0. 749 | 0. 744 | 0. 674 | 0. 602 |
| | 0% | 0. 851 | 0. 814 | 0. 682 | 0. 620 | 0. 586 |
| 第二只圆形网箱 | 50% | 0. 866 | 0. 824 | 0. 796 | 0. 747 | 0. 704 |
| | 25% | 0. 933 | 0. 810 | 0. 753 | 0. 711 | 0. 654 |
| | 0% | 0. 879 | 0. 817 | 0. 738 | 0. 699 | 0. 607 |

表 7-6　500 kg 配重 50%间距在不同流速下圆形网箱的容积保持率

| 圆形网箱 | 流速（kn） | | | | |
|---|---|---|---|---|---|
| | 0.39 | 0.53 | 0.70 | 0.875 | 1.07 |
| 第一只圆形网箱 | 0.869 | 0.833 | 0.750 | 0.694 | 0.597 |
| 第二只圆形网箱 | 0.915 | 0.889 | 0.859 | 0.801 | 0.709 |

（三）不同排布间距对圆形网箱容积保持率的影响

在“一”字形和“田”字形两种排布方式时，箱体配重为600 kg，分析4只圆形网箱间距分别为圆形网箱直径的50%、25%和无间距排列的情况下，随着流速的改变，圆形网箱容积保持率的变化情况。

1. 不同间距“田”字形排布的圆形网箱保持率

图 7-8 至图 7-10 分别为 600 kg 配重下，“田”字形排布时，圆形网箱间距分别为圆形网箱直径的 50%、25%和无间距 3 种间距排布时第一只、第二只圆形网箱的容积保持率变化趋势图，其容积保持率变化总趋势较平稳。第一只圆形网箱 50%间距与 25%间距相比较，箱体容积保持率增大 0.14%~0.60%，50%间距与无间距相比较，箱体容积保持率增大 0.71%~8.26%；第二只圆形网箱 50%间距与 25%间距相比较，箱体容积保持率增大 1.52%~14.06%，50%间距与无间距相比较箱体容积保持率增大 1.24%~19.35%。这与受力变化趋势一致，都是因为流速过高，使得圆形网箱变形严重，令第一只圆形网箱底部翘起与第二只圆形网箱相接触，所以导致第二只圆形网箱形变加大。总的看来，流速在 1 kn 时第一只圆形网箱容积保持率都能达到 62%以上。

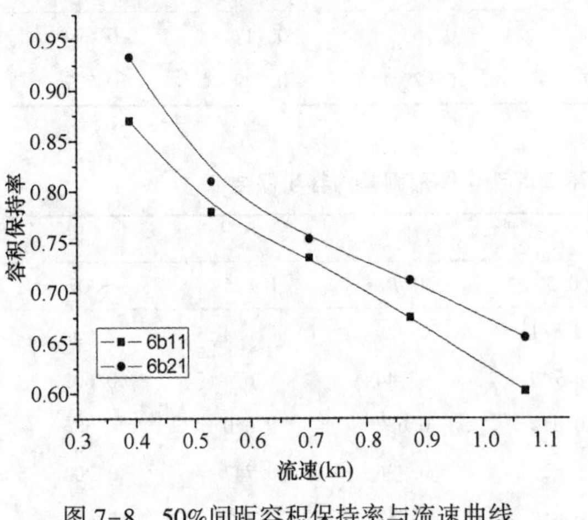


图 7-8　50%间距容积保持率与流速曲线

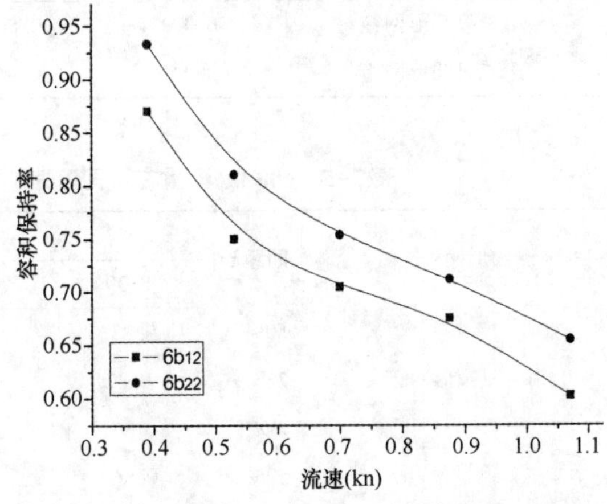


图 7-9　25%间距容积保持率与流速曲线

2. 不同间距“一”字形排布的圆形网箱保持率

图 7-11 至图 7-13 分别为 600 kg 配重下，“一”字形排布时，圆形网箱间距分别为圆

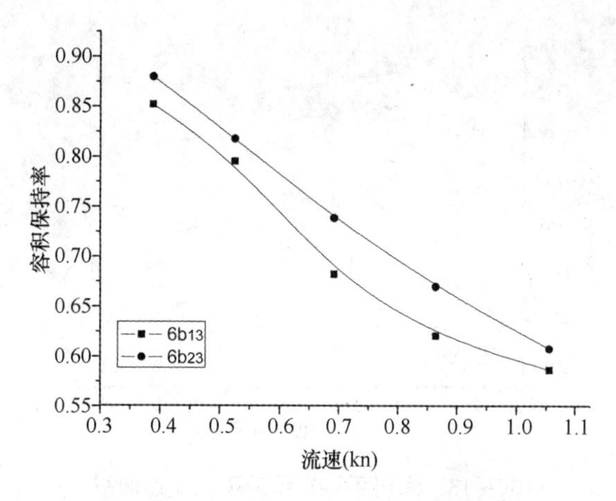


图 7-10 无间距容积保持率与流速曲线

形网箱直径的50%、25%和无间距三种间距排布时容积保持率曲线图。由图可知：随着流速的增大圆形网箱容积损失也随之变大，这三种排布间距第三只、第四只圆形网箱的形变相差不大，趋势也相同，这与拉力的变化趋势也相一致。从第一只圆形网箱的容积损失率到第四只圆形网箱的容积损失率逐步递减，其原因是水流流经每只箱体时都受到网衣的阻碍使得水流速度减缓，导致后面的圆形网箱受到水流作用依次减弱，所以容积保持率依次增大。水流流经第一只、第二只圆形网箱以后，流速已有较大幅度的减小，因此后面两只箱体形变相差不大。50%间距排布时容积损失比其他两种排布间距都要大，第一只圆形网箱25%间距与50%间距相比较，箱体容积保持率增大1.93%~11.16%，无间距与50%间距相比较箱体容积保持率增大0.69%~5.01%。第四只圆形网箱25%间距与50%间距相比较箱体容积保持率增大0.95%~3.37%，无间距与50%间距相比较箱体容积保持率增大2.52%~4.48%，25%间距和无间距排布容积保持率基本相同。

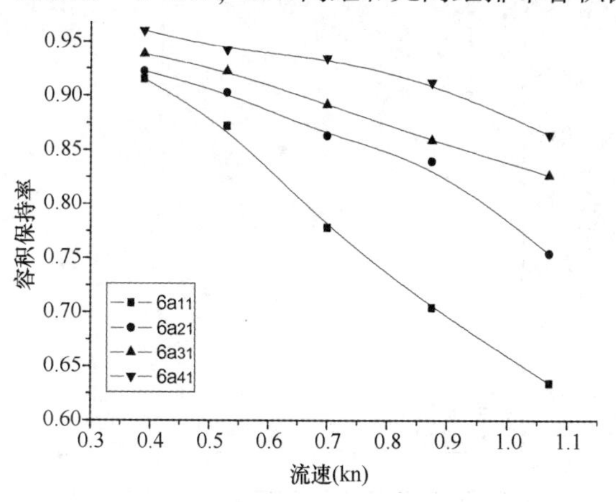


图 7-11 50%间距容积保持率与流速曲线

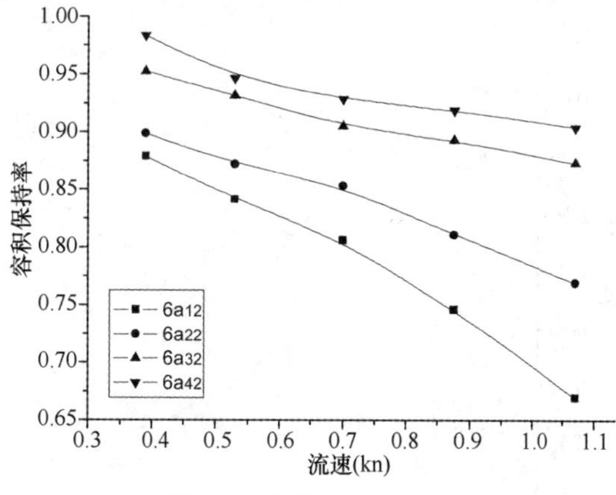


图 7-12 25%间距容积保持率与流速曲线

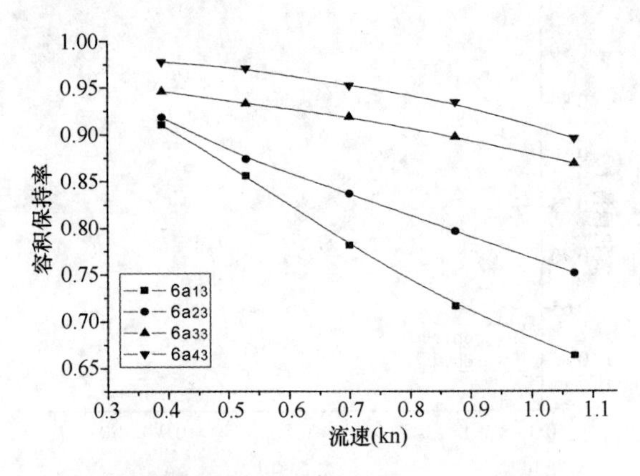


图 7-13　无间距容积保持率与流速曲线

3. “一”字形及“田”字形排布方式圆形网箱容积保持率比较

图 7-14 至图 7-19 分别为 600 kg 配重的两种排布形势下，无间距、25%间距和 50%间距的第一只、第二只箱体容积保持率曲线图，由图可知：两种排布方式的三种排布间距的第一只圆形网箱“一”字形比“田”字形的保持率高 5%左右，而且一直保持这一比例关系。这说明“一”字形排布圆形网箱的容积损失率要低于“田”字形排布，水流对箱体的影响“田”字形排布大于“一”字形排布。第二只圆形网箱容积保持率就相差较大，在流速 1 kn 的情况下，最大的是无间距排布时“一”字形比“田”字形高出 12%，相差最小的是 50%排布间距时“一”字形排布比“田”字形排布高出 4. 3%。由图可推知随着圆形网箱排布间距的增大，第二只圆形网箱“一”字形和“田”字形排布容积保持率相差逐渐减小。总体看来三种排布都是“田”字形排布的容积损失率高于“一”字形排布。50%间距时“一”字形与“田”字形排布损失率相差 2%~5%。25%间距和无间距排布时容积损失率相差 8%~10%。

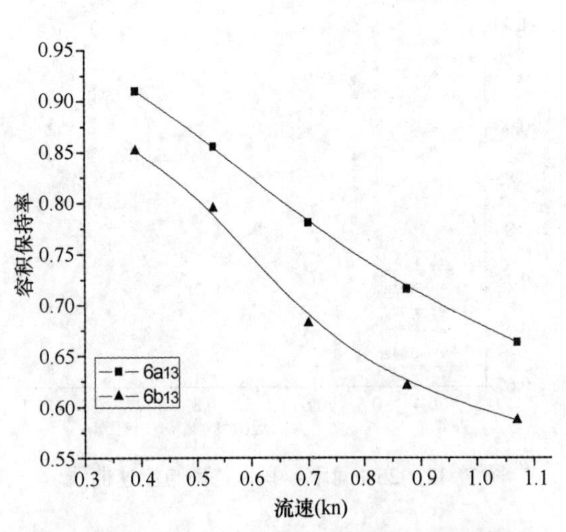


图 7-14　无间距第一只箱体容积保持率与流速曲线

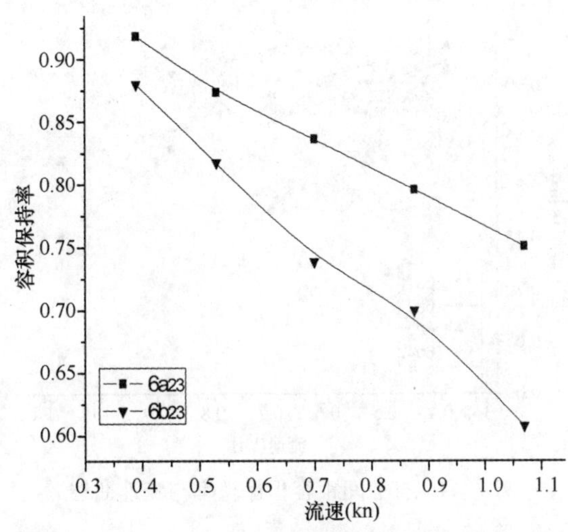


图 7-15　无间距第二只箱体容积保持率与流速曲线

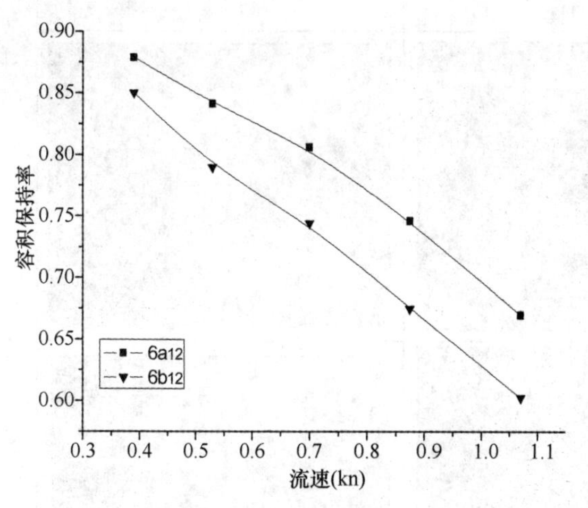


图 7-16 25%间距第一只容积保持率与流速曲线

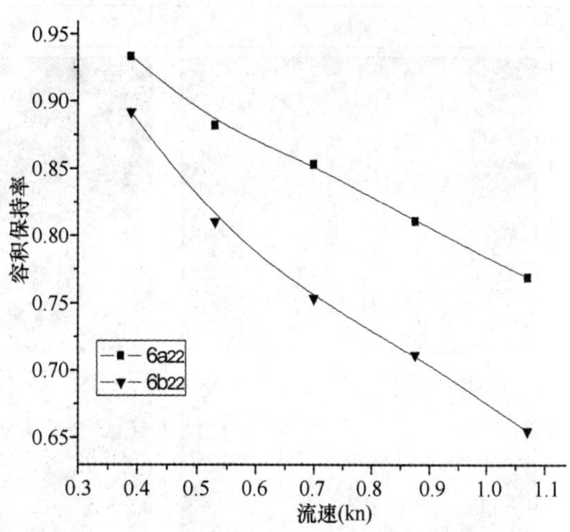


图 7-17 25%间距第二只容积保持率与流速曲线

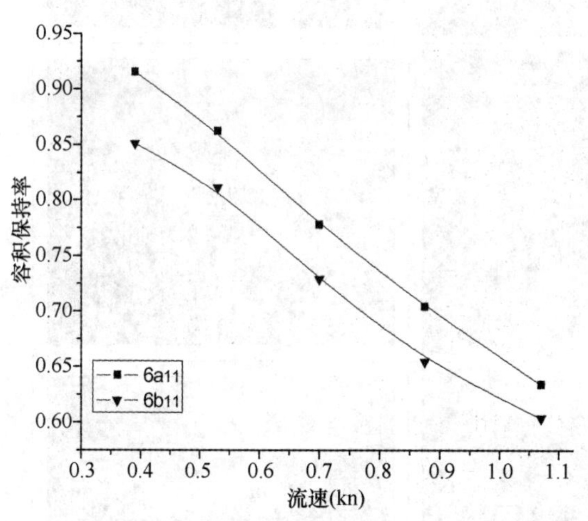


图 7-18 50%间距第一只容积保持率与流速曲线

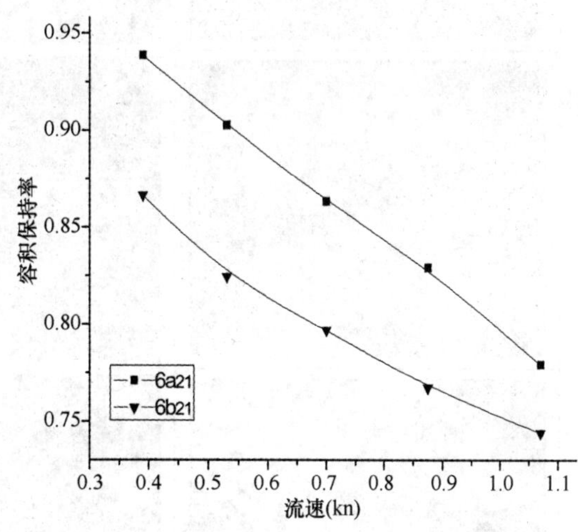


图 7-19 50%间距第二只容积保持率与流速曲线

(四) 配重对圆形网箱容积保持率的影响

在“一”字形和“田”字形两种排布方式下，50%圆形网箱直径排布间距时，分析 700 kg、600 kg 和 500 kg 三种不同配重随着流速的增加，容积保持率的变化情况。

1. “一”字形排布配重对圆形网箱容积保持率的影响

在不同流速下 700 kg、600 kg 和 500 kg 三种不同配重的圆形网箱容积对比见图 7-20。由图可清晰地看出，相同流速时，500 kg、600 kg 和 700 kg 配重的箱体容积保持率依次增大。由图 7-21 至图 7-24 可知在流速 1 kn 时第一只圆形网箱容积保持率为 56.7%~64.2%（配重 500 kg 容积保持率为 56.7%，配重 700 kg 容积保持率为 64.2%）。第二只和第三只

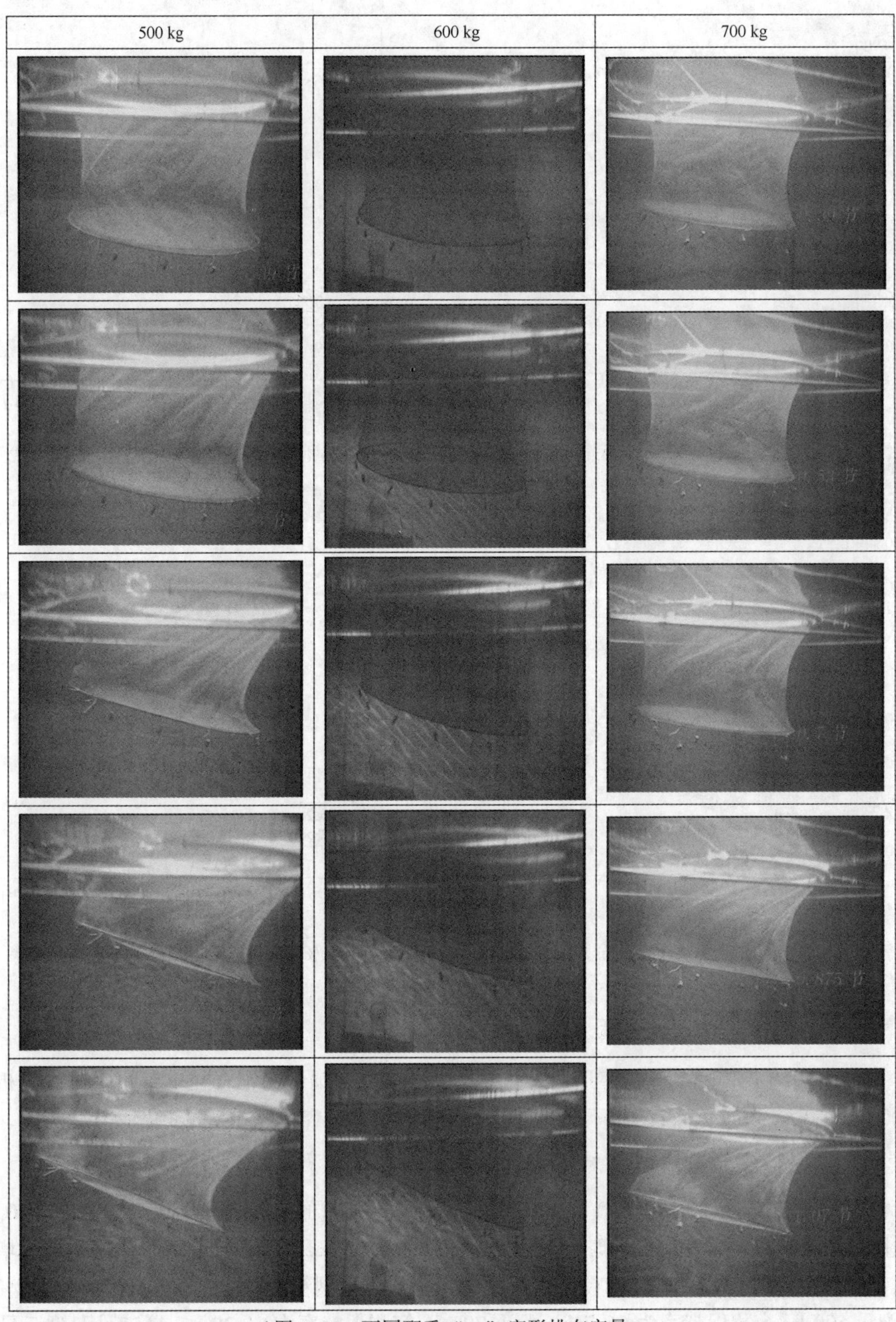


图 7-20　不同配重“一”字形排布实景

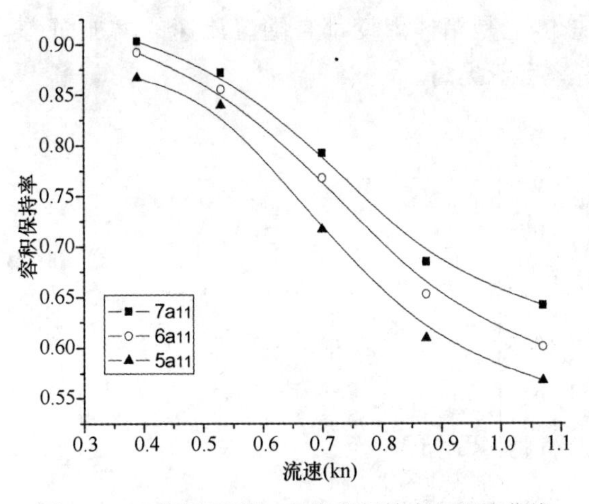


图 7-21 不同配重第一只容积保持率与流速曲线

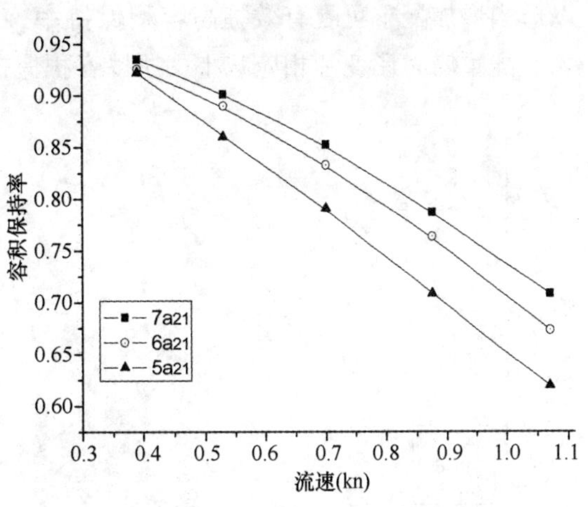


图 7-22 不同配重第二只容积保持率与流速曲线

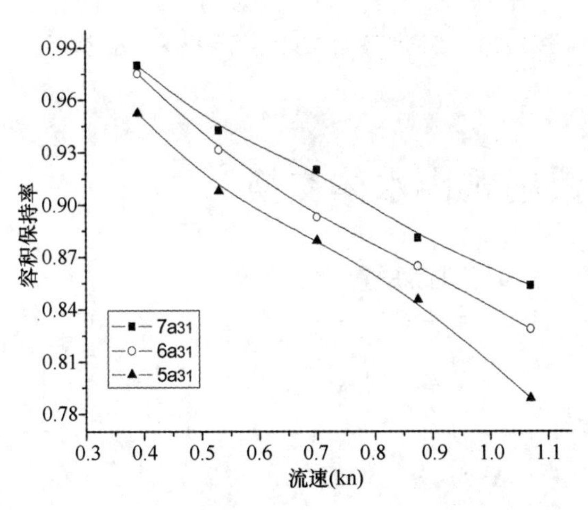


图 7-23 不同配重第三只容积保持率与流速曲线

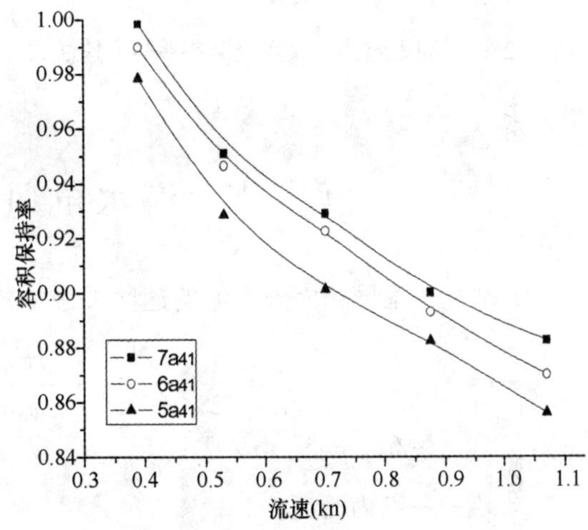


图 7-24 不同配重第四只容积保持率与流速曲线

圆形网箱在流速 1 kn 时容积保持率为 61.9%~71.8%和 78.8%~85.3%。第四只圆形网箱容积可保持在 86.9%~88.3%。对于这三种配重，随着流速的不断增大，箱体容积保持率不断降低，增加配重容积保持率也相应增大。适当增加配重可以减少容积损失。这三种配重，每增加 100 kg 的配重，容积保持率可以提高 3.1%左右。

2. “田” 字形排布配重对圆形网箱容积保持率的影响

图 7-25、图 7-26 为三种不同配重、50%排布间距、“田” 字形排布时容积保持率与流速关系曲线图。随着流速的增加，三种配重的各只圆形网箱容积保持率都线性减小，从图中可知第二只圆形网箱 500 kg 配重比 600 kg、700 kg 两种配重的容积保持率减小幅度更大。然而实际上是 600 kg、700 kg 这两种配重容积保持率随着流速的增大其变化趋势更平缓，因此可推知 500 kg 的第一只、第二只圆形网箱受水流影响比 600 kg、700 kg 都大，所

以适当增加配重可更有效提高容积保持率。总体上是箱体形变都是随着流速的增加而增大，配重增大形变量相应减小，所以容积保持率有所提高。

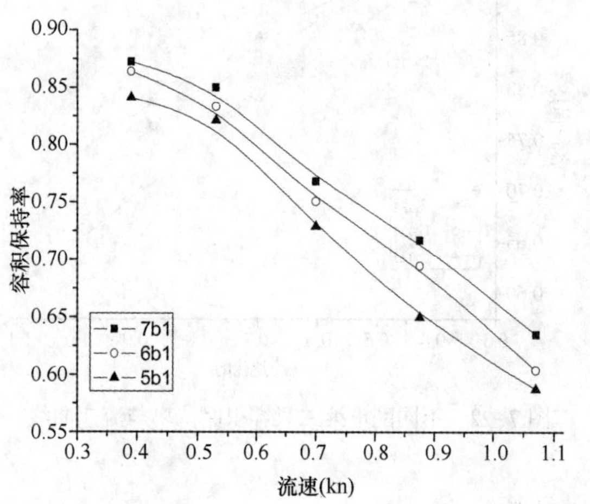


图 7-25　不同配重第一只容积保持率与流速曲线

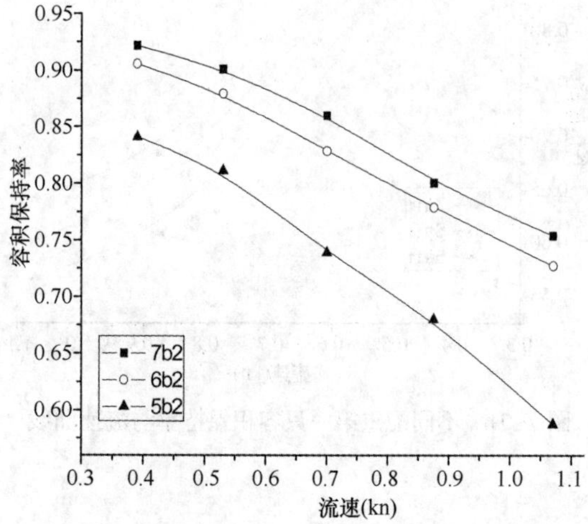

图 7-26　不同配重第二只容积保持率与流速曲线

# 第三节　海水抗风浪网箱内水体交换

海水抗风浪网箱内外水流的速度关系从式（7-9）可以知道。

$$\frac{u'}{u}=\frac{1}{2}+\sqrt{\frac{1}{4}-\frac{gF_D}{Aw_0u^2}}=\frac{1}{2}+\sqrt{\frac{1}{4}-\frac{\alpha C_D d}{4s}} \tag{7-9}$$

式中：$u$——网外流速；

$u'$——网内流速。

在流速 $u$ 的水流地方，设置的海水抗风浪网箱大小为 $A$（与水流垂直的射影面积），假如阻力为 $F_D$，后面的流速 $u'$ 可以用式（7-9）求出。如果沿水流有多只小型网箱的场合，可以依次反复计算。

在游泳力强鱼类养殖网箱内，可以看到气泡和浮游生物向水面中央集中的现象，尤其是鲕鱼养殖网箱的这种现象更为明显。这是因为鲕鱼成群作一定方向的圆运动，由于鲕鱼的旋转游泳，网箱内的海水产生循环流，因离心力的作用，中央产生稍微凹下的水流。这种状态时的水流因离心力作用从网箱侧面流出，可以解析为此时水流被底面吸收。因离心力流出网箱侧面的网箱内外的海水交换量可以计算。

假设鱼为一般性分布，海水抗风浪网箱内总养殖量为 $W$，平均质量为 $\sigma$，则 $\sigma$ 可以用式（7-16）表示。

$$\sigma = W/V,\ V=\pi R^2 D \tag{7-16}$$

除去鱼体体积的海水的大致质量 $\sigma_W$ 可以用式（7-17）表示。

$$\sigma_W = \rho\left(V - \frac{W}{\sigma_f}\right)/V \tag{7-17}$$

式中：$\sigma_f$——鱼的密度。

鱼的旋转游泳的反作用产生的水流，假设两运动量相等，如图 7-27 所示，那么，

$$\sigma \cdot 2\pi rdrD \cdot r\omega = \sigma_W \cdot 2\pi rdrD \cdot r\omega_W \tag{7-18}$$

$$\therefore \omega_W = \frac{\sigma}{\sigma_W}\omega = \frac{\omega}{\frac{\rho V}{W} - \frac{\rho}{\sigma_f}} \tag{7-19}$$

这里，$\omega$，$\omega_W$ 为鱼及海水的旋转角速度，因海水旋转运动而产生的离心力，有关半径 $r$ 的位置的平均质量为 $\rho r\omega_W$，整体网箱为 $(2/3)R\omega_W^2\rho\pi R^2D$，这个力与网的阻力平衡。网的阻力作为侧面及底面之和，当 $\theta = 90°$，每单位面积侧面为 $f_1$，底面为 $f_2$ 时，则：

$$f_1 2\pi RD + f_2\pi R^2 = \frac{C_D\rho d}{s}\pi R^2(2Du^2 + R u'^2) \tag{7-20}$$

它与离心力相等，所以

$$\frac{C_D\rho d\pi R}{s}(2Du^2 + Ru'^2) = \frac{2}{3}\pi\rho R^3 D\omega_W^2 \tag{7-21}$$

另外由底面的流入量与从侧面的流出量相等，

$$2\pi RDu = \pi R^2 u'$$

由两式可以得到：

$$u = R\omega = \sqrt{\frac{s}{3C_D d(1 + 2D/R)}} \tag{7-22}$$

由于鱼运动而从侧面流出的总流量 $q$ 可以用式（7-23）表示。

$$q = 2\pi RDu \tag{7-23}$$

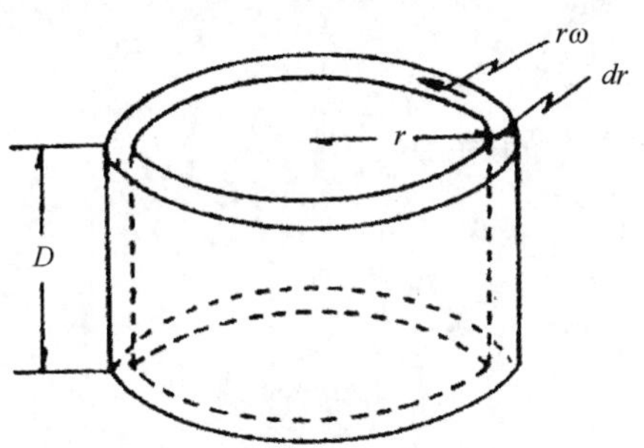


图 7-27　海水抗风浪网箱内圆筒形旋转运动

关于平均质量 $\rho r\omega_W$ 的计算，可以用以下方法。求半径 $R$ 的点 $P$ 以周速度 $V$ 运动时的加速度。由图 7-28 可知，$dt$ 时间内，$P$ 的移动距离为 $PP_1$ 即 $Vdt$，旋转角为 $\omega dt$，因此 $R\omega dt = Vdt$，所以 $V = R\omega$

这期间 $V$ 如图 7-28（b）那样变为 $dV$。

由图 7-28 可以知道，$V\omega dt = dV$，因此加速度 $a_N$ 为 $a_N = \frac{dV}{dt} = V\omega = R\omega^2$。

按照 $dV$ 的方向，由 $dV/dt$ 的方向，$V$ 方向叫作切线加速度，与 $V$ 成垂直方向叫作法线加速度，这种场合 $V$ 的大小是一定的，所以切线加速度为 0，只存在法线加速度 $a_N$。$a_N$ 乘上质量 $\rho$ 的值叫作离心力。

这个计算以一定的角速度产生循环流为前提，流中自然产生的涡流，越靠近中心则速度越快，越是外围则越慢。

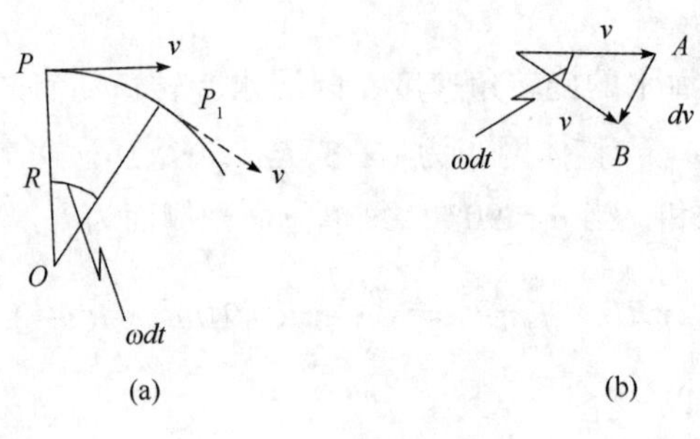


图 7-28　角速度

以上的计算式是以圆形网箱为对象，如果是方形网箱，可以用内接圆的方法对方形网箱进行海水交换量近似计算。

**[例 7-2]**：现在计算［例 7-1］的圆形网箱的海水交换量。该圆形网箱养殖鲫鱼密度为 7 kg/m$^3$（= $W/V$）。如果鲫鱼以平均 1 m/s 的速度旋转游泳。计算海水从底面吸入后再从侧网流出时的海水交换量，流速 $u$（m/s），及单位时间的海水交换量 $q$（m$^3$/s）。

**[解]**：平均游泳速度为离开鱼群旋转重心位置的圆形网箱中心距离，这个值作为中心角 $d\theta$ 的扇形（近似三角形）的重心位置，$(2/3)R =$ 5m 的半径的值，1 周所要时间 $T = 2\pi \times 5/1 = 31.4$ sec，因此，角速度 $\omega$ 为：

$$\omega = \frac{2\pi}{T} = \frac{2 \times 31.4}{31.4} = 0.2 \text{ (rad/sec)}$$

由式（7-26）可以得到：

$$\omega_W = \frac{0.2}{\frac{1.03}{0.007} - 1} = 0.001\,37$$

由式（7-29），向侧方流出的流速为：

$$u = 7.5 \times 0.001\,37 \sqrt{\frac{0.037}{3 \times 0.83 \times 0.003\,2(1 + 2 \times 5/7.5)}} = 0.014\,5 \text{ (m/s)}$$

由式（7-30）可以估算海水交换量 $q$ 为：

$$q = 2 \times 3.14 \times 7.5 \times 5 \times 0.014\,5 = 3.4 \text{ (m}^3\text{/sec)}$$

**[例 7-3]**：长×宽×深=12 m×12 m×8 m 的方形金属网箱，放养密度为 10 kg/m$^3$，养殖

鰤鱼。菱形金属网的网线直径 φ4.0 mm，网目大小为 50 mm，侧网的浸水深度为 7.5 m。海水密度 1 025 kg/m³，养殖鱼的平均游泳速度为 1.2 m/s，求这时由底面吸入由侧面流出的海水交换量。

［解］：对长×宽×深＝12 m×12 m×8 m 的方形金属网箱可以用内接圆的方法进行海水交换量近似计算。下面以半径 6m 的圆形网箱作近似计算。

$$T = 2\pi R/v$$
$$= 2\pi \times 6 \div 1.2 = 31.4\ (\mathrm{s})$$
$$\omega = 2\pi/T = 2\times 3.14 \div 31.4 = 0.2\ (\mathrm{rad/s})$$
$$\omega_W = \frac{\sigma}{\sigma_W}\omega = \frac{\omega}{\dfrac{\rho V}{W} - \dfrac{\rho}{\sigma_f}}$$
$$\varpi_w = 0.2 \div (1\,025\times 1/10 - 1) = 0.001\,97\ (\mathrm{rad/s})$$

流出侧旁的流速 $u$ 为：

$$u = R\omega = \sqrt{\frac{s}{3C_D d(1 + 2D/R)}}$$
$$= 6\times 0.001\,9\times \{0.05 \div [3\times 0.88\times 0.004\times (1+2\times 7.5\div 6)]\}^{1/2}$$
$$= 0.015\ (\mathrm{m/s})$$

海水交换量 $q$ 为：

$$q = 2\pi r D_U$$
$$= 2\times 3.14\times 6\times 7.5\times 0.015 = 3.96\ (\mathrm{m^3/s})$$

# 第八章　海水抗风浪网箱养殖经济效益分析及日常管理

海水抗风浪网箱养殖是以网箱箱体为载体，放置于水质优越的水域，采用精养技术、见效迅速、资金周转快、管理较为方便的一种养殖方式。海水抗风浪网箱养殖具有高投入、高产出、高效益和高风险等特点。人们可以通过发展海水抗风浪网箱+产业（如贝藻鱼大型海水抗风浪网箱立体生态养殖业、海水抗风浪网箱休闲游钓业、陆基循环水养殖+海水抗风浪网箱+牧场化大型养殖围网陆海接力养殖业等），改变传统单一的海水抗风浪网箱养殖模式，大力提高海水抗风浪网箱养殖效益与养成鱼类品质。在某一水域实施海水抗风浪网箱养殖之前及发展过程中，都有必要进行财务评价和效益测算，以期获得最佳经济效益。海水抗风浪网箱养殖经济效益又因网箱结构、养殖模式、养殖种类、养殖周期、养殖水域、投喂饵料等的不同而有所差异，因此，对某一水域、某一单位养殖水体的效益分析更显必要。海水抗风浪网箱养殖实施前，须进行技术、经济和生态可行性分析。海水抗风浪网箱养殖技术指标包括产量、生长率、存活率、增重倍数、饵料系数、每千克商品鱼的饵料成本、劳动生产率及产品规格变异系数等，这些都关系到网箱养殖成本和盈利。海水抗风浪网箱养殖经济指标包括投资回收、投资效果、资金偿还、盈亏平衡点、敏感度分析及产品销售等。海水抗风浪网箱养殖技术指标和经济指标虽立足点不同，但互有关联，最终都反映在海水抗风浪网箱养殖效益上。

## 第一节　海水抗风浪网箱养殖技术指标分析

海水抗风浪网箱养殖实施前，须进行技术可行性分析。现将产量、出箱规格、存活率、生长速度和增重倍数等海水抗风浪网箱养殖技术指标简述如下。

### 一、产量

海水抗风浪网箱养殖产量一般具有高产、稳产和优产等特点。可用于表示海水抗风浪网箱养殖产量的单位为 $kg/m^2$、$kg/m^3$、尾/$m^2$ 或尾/$m^3$ 等。我国目前海水传统网箱（3 m×3 m×3 m）养殖的产量指标，一般毛产量指标为 200~300 kg/只。

## 二、出箱规格

通过一段时间的海水抗风浪网箱养殖，网箱养殖鱼类生长速度越快，饲养期越短，网箱养殖效果越好越经济。出箱规格以商品鱼规格为标准，不仅个体要求达到规格，而且整个鱼群规格也要整齐肥满。如果达不到商品规格或只有一部分达到商品规格，或饲养期过长，则网箱养殖效果降低。

## 三、存活率

海水抗风浪网箱养殖存活率用式（8-1）计算。

$$s = \frac{n}{N} \times 100\% \qquad (8-1)$$

式中：$s$ ——成活率（%）；

$n$ ——出箱时的存活数（尾）；

$N$ ——进箱时的放养数（尾）。

海水抗风浪网箱养殖随着养殖周期的延长，呈现成活率降低、死亡率提高等特点，但瞬间死亡率一般逐渐下降，瞬间存活率逐渐上升，即死亡率高峰发生在鱼种进箱的最早阶段。目前我国海水抗风浪网箱养殖鱼类的存活率应不低于70%，最好在80%以上。

## 四、生长速度和增重倍数

海水抗风浪网箱养殖生长速度是经过一个网箱养殖周期饲养后，网箱养殖鱼群的长度或体重的增长量。海水抗风浪网箱养殖增重倍数是指鱼群起捕时的平均净增重和放养的鱼种平均重量之比。海水抗风浪网箱养殖的生长技术指标通常采用增重倍数来表示，其反映出选择鱼种的规格大小、饵料使用效果和养殖技术。

1. 净增体长、净增体重

海水抗风浪网箱养殖净增体长用式（8-2）计算。

$$L = L_1 - L_0 \qquad (8-2)$$

式中：$L$ ——收获时净增体长或全长（cm）；

$L_1$——收获时体长或全长（cm）；

$L_0$——放养时体长或全长（cm）。

海水抗风浪网箱养殖净增体重用式（8-3）计算。

$$W = W_1 - W_0 \qquad (8-3)$$

式中：$W$ ——收获时净增体重（g）；

$W_1$——收获时体重（g）；

$W_0$——放养时体重（g）。

2. 生长率

海水抗风浪网箱养殖生长率用式（8-4）或式（8-5）计算。

$$K_L = \frac{L_1 - L_0}{L_0} \times 100\% \tag{8-4}$$

式中：$K_L$ ——体长（或全长）生长率（%）；

$L_1$——收获时体长或全长（cm）；

$L_0$——放养时体长或全长（cm）。

海水抗风浪网箱养殖净增体重用式（8-5）计算。

$$K_W = \frac{W_1 - W_0}{W_0} \times 100\% \tag{8-5}$$

式中：$K_W$ ——体重生长率（%）；

$W_1$——收获时体重（g）；

$W_0$——放养时体重（g）。

3. 平均日增重

平均日增重用式（8-6）计算。

$$K_{dw} = \frac{W_1 - W_0}{d} \tag{8-6}$$

式中：$K_{dw}$ ——平均日增重（g/d）；

$W_1$——收获时鱼的个体体重（g）；

$W_0$——放养时的个体体重（g）；

$d$ ——放养至收获时的养殖天数。

4. 增肉（长）倍数

增肉倍数 $Q_W$ 用式（8-7）计算。

$$Q_W = \frac{\overline{W}_1}{\overline{W}_0} \tag{8-7}$$

式中：$Q_W$ ——增肉倍数；

$\overline{W}_1$——养成鱼的平均体重（g）；

$\overline{W}_0$——放养时的平均体重（g）。

增长倍数 $Q_L$ 用式（8-8）计算。

$$Q_L = \frac{\overline{L}_1}{\overline{L}_0} \tag{8-8}$$

式中：$Q_L$ ——增长倍数；

$\overline{L}_1$——收获时平均体长或全长（cm）；

$\bar{L}_0$——放养时平均体长或全长（cm）。

5. 放养效益

放养效益指放养时鱼种重量与收获时单位网箱养殖鱼的重量之比。放养效益是生产率、生产速度和存活率的综合反映，可以判定某一水域有无开展网箱养殖的生产价值，或网箱养殖的生产技术是否成熟。

放养效益指数 $E$ 用式（8-9）计算。

$$E = \frac{W}{F} \tag{8-9}$$

式中：$E$——放养效益指数；

$W$——收获时单位网箱养殖鱼的重量（g）；

$F$——放养时鱼种重量（g）。

6. 饵料系数

饵料系数是指鱼类每增加单位产量所耗去的饵料量，是衡量饲料配方、加工、投饵率及投喂技术等的一项综合指标。饵料系数能反映饵料质量和测算饵料用量。在海水抗风浪网箱养殖上饵料系数又称增肉系数。对于人工配合饲料的饵料系数应不高于 2.5，最好小于 2，天然小杂鱼应不高于 10，最好小于 8。挪威养殖大西洋鲑的饵料系数已达到 1.1 的水平。饵料效率或称饵料转化率，也是表示饵料的营养效果。营养价值高，饵料系数低，饵料效率就高。饵料系数、饵料效率分别用式（8-10）、式（8-11）计算。

$$\xi = \frac{G_1}{G_2} \tag{8-10}$$

式中：$\xi$——饵料系数；

$G_1$——总投饵量（kg）；

$G_2$——鱼总增重量（kg）。

$$\eta = \frac{G_2}{G_1} \times 100\% \tag{8-11}$$

式中：$\eta$——饵料效率；

$G_1$——总投饵量（kg）；

$G_2$——鱼总增重量（kg）。

配合饵料的质量、投饵技术、竞食生物、饵料生物量和水质状况等因素都会影响饵料系数。降低饵料系数也就降低了饲料成本，提高了网箱养殖经济效益。在网箱养殖过程中，降低饵料系数是一个系统工程，贯穿在网箱养殖生产的全过程。降低网箱养殖饵料系数的关键技术包括改进网箱养殖方式、选择生长速度快且饲料转化率高的优良品种、建立良好的水域环境条件并进行良性生态养殖、采用科学合理的放养技术（包括放养密度、放养对象质量、放养操作方法等）、控制饲料品种及其质量（包括品种、规格、质量及加工工艺水平等）、科学饲养管理、研究投饲技术、科学管理饲料的贮存、重视天然饵料作用等。

7. 平均数、标准差和变异系数

被测网箱内鱼群重量的平均数（$\bar{X}$）指的是网箱内鱼群的尾平均重量，它反映了鱼群的重心位置，用式（8-12）计算。

$$\bar{X} = \frac{X_1 + X_2 + X_3 + \cdots + X_n}{n} = \frac{\sum X}{n} \tag{8-12}$$

式中：$\bar{X}$——被测网箱内鱼群重量的平均数（g）；

$X_1$、$X_2$、$X_3$、$X_n$——网箱内鱼群的每尾重量（g）；

$n$——网箱内鱼群的总尾数。

被测网箱内鱼群重量标准差 $S$ 反映了鱼群的离散程度，用式（8-13）计算。

$$S^2 = \sum_{i=1}^{n} (X_i - \bar{X})^2/(n-1) \tag{8-13}$$

式中：$S$——标准偏差；

$X_i$——网箱内第 $i$ 尾鱼的重量（g）；

$\bar{X}$——被测网箱内鱼群重量的平均数（g）；

$n$——网箱内鱼群的总尾数。

海水抗风浪网箱养殖可用平均数和标准差来求出变异系数 $CV$，用式（8-14）计算。

$$CV = \frac{S}{\bar{X}} \times 100\% \tag{8-14}$$

式中：$CV$——变异系数；

$S$——标准偏差；

$\bar{X}$——被测网箱内鱼群重量的平均数（g）。

按式（8-14）获得的变异系数 $CV$ 小，表示网箱养殖的商品鱼（或鱼种）规格整齐、质量好，相应的网箱养殖技术也比较成熟；一般网箱养殖起捕时的变异系数 $CV$ 应不超过10%。

## 第二节　海水抗风浪网箱养殖经济指标分析

海水抗风浪网箱养殖实施前，须进行经济可行性分析。现将投资回收期、资金借贷和利息、经济效果、敏感性分析、海水抗风浪网箱养殖生产效益分析等海水抗风浪网箱养殖经济分析指标简述如下。

### 一、投资回收期和投资效果系数

1. 投资回收期

海水抗风浪网箱养殖投资回收期指项目投产后，从投入生产的时候起，以每年所得的效益偿还原有投资所需的时间。投资回收期越短，网箱养殖项目经济效果就越好。网箱养殖因生产周期较长，一般包括使用资金所付出的代价在内，投资回收期一般应在 3 年，最好为 1~2 年。

2. 投资效果系数

海水抗风浪网箱养殖投资效果系数也称投资收益率，是指海水抗风浪网箱养殖项目投产后每年获得的收益与原始投资之比。

## 二、资金借贷和利息

1. 资金借贷

海水抗风浪网箱养殖项目创建须投入原始资金，涉及资金的筹措和借贷。资金借贷主要为自筹（包括集资）、有偿的借贷和拨款。有偿借贷又分为无息、低息、常息和高息贷款等。

2. 利息

海水抗风浪网箱养殖借贷的资金，在项目建成投产后应偿还的是本金和利息，估算投资回收时应把利息考虑进去。

3. 累计净收入（净收入现值）曲线图

海水抗风浪网箱养殖累计净收入（净收入现值）曲线图是对技术方案中各种经济指标的一种形象描绘，有助于对项目实施时的评价作全面的权衡比较。

4. 盈亏平衡点

海水抗风浪网箱养殖盈亏平衡点即盈亏临界产量（$X$），指海水抗风浪网箱养殖企业的产品当达到某一产量指标时销售收入等于生产成本，用式（8-15）计算。

$$X = \frac{F}{P - V} \times 100\% \qquad (8-15)$$

式中：$X$——盈亏临界产量；

$F$——固定成本总额；

$P$——单位产品售价；

$V$——单位产品的可变成本。

一般而言，盈亏平衡点应在从事海水抗风浪网箱养殖生产时的设计方案或年产计划的 60%以下时生产盈利潜力很大。

## 三、经济效果

海水抗风浪网箱养殖的经济效果可用单位面积海水抗风浪网箱的产值（这是一项与毛产量相适应的经济指标）、生产每千克商品鱼耗用的成本、生产成本中各类开支所占的比重、生产每千克商品鱼所获得的利润和单位面积网箱所获得的利润等来评价。

对海水抗风浪网箱养殖效果进行评价，必须从多方面综合考虑，既要看它的生产效果，又要分析它的经济效果。海水抗风浪网箱养殖不能仅以单项指标的结果就做出肯定或否定的结论。由于渔业经营管理不仅要求有较高的产量、产品质量和劳动生产率，更重要的是获得较大的经济效益，因此，对经济指标的分析就更为重要，它常常对网箱生产的发展起着决定性的作用。

## 四、敏感性分析

由于技术经济分析中大部分数据都来自预测或估算，这就一定会产生误差，因此，对这些不确定因素变动进行逐一分析，观察其中每一个不确定因素的变动对整个网箱养殖生产利润的影响，即敏感度分析。对海水抗风浪网箱养殖管理者来说，敏感度大的因素在网箱养殖生产计划实施过程中要特别注意。

## 五、海水抗风浪网箱养殖生产效益分析

海水抗风浪网箱的鱼产量及其在该水体的总渔获量中所占的比重是衡量较大范围（例如一个省、地区、县等）或一个水体网箱养殖在它的整个渔业中所起作用的指标。

海水抗风浪网箱养殖生产效益分析示例、网箱养殖经济效益分析示例分别见表 8-1、表 8-2。

表 8-1　海水抗风浪网箱养殖生产效益分析示例

| 项目 | | 单位 | 养殖种类 | | |
|---|---|---|---|---|---|
| | | | ____鱼 | ____鱼 | ____鱼 |
| 放养 | 时间 | 月　日 | | | |
| | 规格 | g/尾 | | | |
| | 数量 | 尾 | | | |
| | 重量 | kg | | | |
| | 产地 | | | | |
| 收获 | 时间 | 月　日 | | | |
| | 规格 | g/尾 | | | |
| | 数量 | 尾 | | | |
| | 产量 | kg | | | |
| | 净产量 | kg | | | |
| | 销售地价格 | RMB/kg | | | |
| 单位总产量 | | $kg/m^2$□　$kg/m^3$□ | | | |
| 单位净产量 | | $kg/m^2$□　$kg/m^3$□ | | | |

续表

| 项目 | 单位 | 养殖种类 | | |
|---|---|---|---|---|
| | | ____鱼 | ____鱼 | ____鱼 |
| 养殖周期 | 天 | | | |
| 增重倍数 | 倍 | | | |
| 平均日增重 | g/尾 | | | |
| 放养效益指数 | | | | |
| 成活率 | % | | | |
| 耗用饲料 | kg | | | |
| 饲料系数 | | | | |

备注：海水抗风浪网箱箱号：________；面积：________$m^2$；水体________$m^3$

**表 8-2　养殖经济效益分析示例**

| 序号 | 项　目 | 单位 | 合计 | 养殖班组 | | |
|---|---|---|---|---|---|---|
| | | | | 1 组 | 2 组 | 3 组 |
| 1 | 养殖面积 | $m^2$ | | | | |
| 2 | 总产量 | kg | | | | |
| 3 | 总收入 | RMB | | | | |
| 4 | 总支出 | RMB | | | | |
| 5 | 苗种费 | RMB | | | | |
| 6 | 饲料费 | RMB | | | | |
| 7 | 鱼药费 | RMB | | | | |
| 8 | 折旧费 | RMB | | | | |
| 9 | 工资 | RMB | | | | |
| 10 | 工具费 | RMB | | | | |
| 11 | 运输费 | RMB | | | | |
| 12 | 贷款利息 | RMB | | | | |
| 13 | 其他 | RMB | | | | |
| 14 | 盈亏情况 | RMB | | | | |
| 15 | 每千克鱼成本 | RMB | | | | |
| 16 | 每千克鱼饲料成本 | RMB | | | | |
| 17 | 单位面积（或体积）产值 | RMB/$m^2$（或 RMB/$m^3$） | | | | |
| 18 | 单位面积（或体积）利润 | RMB/$m^2$（或 RMB/$m^3$） | | | | |
| 19 | 劳动生产率 | kg /人 | | | | |

## 第三节　海水抗风浪网箱养殖生产效果分析

海水抗风浪网箱养殖结果只有通过养殖生产效果分析才能更好地检验养殖计划的准确性，从而总结经验、吸取教训并修订计划，以利于来年海水抗风浪网箱养殖的再生产。现将海水抗风浪网箱养殖生产效果简述如下。

### 一、出箱规格

通过一段时间的海水抗风浪网箱养殖，鱼类生长速度越快，饲养期越短，效果越好、越经济。出箱规格以商品鱼规格为标准，不仅个体要求达到规格，而且整个鱼群规格也要整齐肥满。如果海水抗风浪网箱养殖鱼类达不到商品规格或只有一部分达到商品规格，或饲养期过长，则养殖效果有待提高。

### 二、单位面积产量

单产水平的高低是衡量养殖效果和计算盈亏的重要依据，又可分毛产量和净产量，前者是反映海水抗风浪网箱生产潜力发挥程度，后者反映海水抗风浪网箱养殖技术水平的指标。一般采用立方米为计算单位，也可折合亩产量，单产水平越高，说明海水抗风浪网箱养殖效果越好。

### 三、放养效益

放养效益是用来比较海水抗风浪网箱和其他方式养殖效果的一项指标。放养效益指的是每投放单位重量的苗种所能回收的商品鱼的重量数，是生长率与成活率的综合反映。放养效益指数 $E$ 为回捕的鱼体重量 $W$ 与投放的鱼种重量 $F$ 的比值，用式（8-9）计算。

### 四、成活率

成活率用来衡量进苗种的质量及进海水抗风浪网箱后管理技术水平的一项指标。

### 五、生长率

生长率用来衡量鱼的生长速度的指标。生长率反映了海水抗风浪网箱养殖对象的选择、密度的确定、饲养管理水平以及水体状况等方面的情况，在分析生长率时要密切结合密度进行，离开密度谈生长率没有意义。生长率用式（8-16）计算。

$$G = \frac{\ln W_1 - \ln W_0}{d} \times 100\% \qquad (8-16)$$

式中：$G$——生长率；

$W_1$——海水抗风浪网箱养殖鱼类最终重量（g）；
$W_0$——海水抗风浪网箱养殖鱼类原始重量（g）；
$d$——鱼类养殖天数。

## 六、净增率

净增率用式（8-17）计算。

$$W = \frac{W_1 - W_0}{W_0} \times \frac{1}{d} \times 100\% \tag{8-17}$$

式中：$W$——净增率；
$W_1$——最终重量；
$W_0$——原始重量；
$d$——养殖天数。

7. 饵料系数

海水抗风浪网箱养殖饵料系数是衡量养殖效果和决定盈亏的主要因素。

# 第四节　海水抗风浪网箱日常管理

海水抗风浪网箱养鱼管理包括选址、布局、锚泊固定、计划制订、种类选择、种苗放养、投饵技术、监测跟踪、换网清洗（或清洗维护）、安全防范、防病治害、分级分箱、收获起捕、运输销售、成本核算等内容。上述内容中有的在另外章节中分述，这里主要介绍养殖过程中的日常管理。海水抗风浪网箱鱼类养殖日常管理是指鱼种放养后到起网起捕为止的养殖管理工作。应选派责任心强并具一定专业知识的人员负责。在养殖生产管理中，必须根据养殖鱼类的种类、规格、放养数量、饲料品种以及养殖海区的环境条件，制定科学、合理又适合本养殖单位的操作管理细则。同时，采取各种措施提高全体养殖员工的技术素质，加强网箱配套设施的建设也是海水抗风浪网箱养殖成功的保证。

## 一、分箱

鱼类经过一段时间的饲养，随着个体生长、密度增大、大小差异，需定期将箱中的养殖鱼类进行分箱处理，按规格大小、体质强弱分开饲养，以免出现两极分化现象。大型海水抗风浪网箱放养的是大规格的鱼种，经5~7个月的养殖就可达到商品规格，而海水抗风浪网箱分箱、换网操作较为困难，一般当年养成当年上市的海水抗风浪网箱不进行分箱。而隔年养殖的鱼类在经过一段时间养殖后，鱼类的生长有时出现差异，且随着个体的增长，网箱内鱼体总量已达到或超过网箱单位面积容纳量，必须及时进行分箱处理。分箱时，按鱼体规格大小、体质强弱分开饲养，以防饲料不足弱肉强食。分箱操作须特别小心，在鱼群过数、分鱼等过程中，放置时间不宜过长，密度不宜过高，谨防鱼群缺氧和鱼体损伤，以免引起病菌感染，造成死亡。通常从鱼种养至成鱼，要分2~3次网箱，也可结合换网进行分箱。但有些鱼类如鰤鱼是凶猛的肉食性鱼类，生长速度相当快，要求鱼种为200~250 g/尾，每个月就要分箱一次。当然也可以低密度养殖，5~6个月换网分箱一次。河鲀鱼等特殊鱼种可结合剪齿工序进行分箱操作，以节省养殖成本。

## 二、巡箱检查

常言道“种田人不离田头”，同样，养鱼人应不离海水抗风浪网箱。因为海水抗风浪网箱养鱼是风险性极高的产业，网箱里的鱼与大海仅一网之隔，稍不注意，就会前功尽弃，因此，必须随时巡箱检查，严加防范；一旦发现隐患，立即采取解救措施。巡箱检查、监测的内容包括水质海况、鱼群活动、摄食情况、生长测量、病害死亡、网箱破损、生物附着、逃逸被食和防盗安全等内容。

每日早、晚至少两次巡察海水抗风浪网箱，结合投饵，特别注意观察鱼群的活动及摄食情况，一是检查病害、受伤及死鱼情况，以便及时采取防治措施；二是观察鱼类的生长，以便及时调整投饲量，目测养殖的鱼类是否已达到预定的规格，个体是否均匀，以便决定是否转入下一阶段的饲养；三是根据摄食时鱼群大小，了解网箱中鱼类有无被盗及外逃，是否有其他外来杂鱼侵入等。国外海水抗风浪网箱养殖发达国家已有水下监视器、传感器等先进监视仪器，但限于财力及水质混浊等条件，国内海水抗风浪网箱养殖一般以肉眼观察为主。国内一般通过肉眼观察，辅以监测用流刺网、潜水员水下观察等来完成巡箱检查。对于台风、风暴潮、洪水暴雨、水温剧变等灾害性天气及突发性污染、赤潮等水质恶化更要加强防范，并采取应急预案，以减少养殖损失。巡箱检查时一旦发现问题，应及时补救解决，防患于未然。

## 三、网箱养殖鱼类生长测量

除结合投饵目测鱼体生长及个体差异外，要定期测量鱼体生长情况，一般每半月到一月测量一次。方法是在海水抗风浪网箱中随机取样30~50尾同一种鱼类，逐尾测量体长和体重，动作要轻快，避免伤及鱼体。根据放入网箱内的鱼数，再除掉平时死亡累计总鱼数，得出网箱中残余尾数，乘以测定的平均体重，得出网箱鱼群总重。据此调整饲料种类和投饲量，否则不易准确决定投饲量，容易出现多投饲料造成浪费，少投饲料造成鱼体生长不良。鱼体测量最好结合分箱、换网时一并进行，并同时检查鱼类的疾病情况。发现鱼群生长不佳时，应从饵料的质量和数量、水质、水温、放养密度及病害等方面寻找原因，并及时调整措施。

## 四、网箱养殖环境监测

海水抗风浪网箱养殖过程中需及时对环境进行日常监测，确保养殖安全。海水抗风浪网箱养殖户每天需对养殖区域海水温度、比重、溶氧、水色、透明度、pH值、天气、风浪、潮流等环境情况进行监测或记录，同时把环境情况数据记录在册。养殖企业应配备水化学测试仪器，或委托外单位定期对化学耗氧量、硫化氢、营养物质和重金属等进行监测。莱州明波水产有限公司、浙江省平阳县碧海仙山海产品开发有限公司等单位目前已可通过渔业互联网+水质监控设备+可视化监控视频等仪器设备对养殖区域水质环境实现智能化实时在线监控，大大提高了水产养殖装备工程技术水平（图 8-1、图 8-2）。测量水质，最好选定固定网箱、固定位置和固定水层，以便逐日比较。对金属网衣网箱，养殖单位必须定期对水质、养殖鱼类和养殖区域海底底泥等进行重金属含量评估，及时防范并评估养殖区域或养殖对象的重金属超标风险，确保养成鱼类品质与养殖环境安全，推动海水抗风浪网箱养殖业的可持续健康发展。

图 8-1　养殖环境可视化实时在线监控

图 8-2　养殖水质环境智能化实时在线监控

## （一）水温

温度是影响水生生物生长和发育的重要因素之一，海水比热大，温度升降比较缓慢，冬季水温比气温高，夏季水温比气温低。内湾及其养殖水体容易受气温影响，水温变化幅度比外海大。近岸因水浅，水温垂直变化很小，因此，对养殖区的水温测量只需使用表面温度计测出表水温即可。使用海水抗风浪网箱时需对养殖网箱达到的水层温度进行精确测量，确保养殖鱼类完全。当测量发现水温接近养殖鱼类的临界温度时，需及时转移鱼类或将养殖网箱移至安全区域。

（二）盐度

海水中所含盐类很多，以氯化钠最多，约占总盐量的80%；大洋海水的盐度一般都在35左右。近岸海区的海水盐度因受降雨、河川径流和蒸发等的影响，变化很大。同一海湾的湾口与湾顶部盐度不同，同一地区也因季节而有变化。海水盐度变化时，生物体内的渗透压也随之变化。盐度每增加1，渗透压即增加1.24个大气压，因此对海水鱼类影响很大。海水盐度可用比重计测得比重，再按关系式换算；也可使用电子仪器（水质测定仪、盐度计等）、折射计（或折光仪）等仪器设备来测定。过去常用银量滴定法测定海水氯度，再按关系式换算为盐度。养殖生产中多以测定比重来换算盐度值。

（三）水色及透明度

水色主要是由于海水中有微小粒子存在，太阳光被屈折、反射、吸收的程度不同而呈不同颜色。养殖区内海水的颜色主要同海水中生长的浮游生物、泥沙含量和工厂排水等因素有关。饵料浮游生物量大的海水多呈黄绿色。测量水色一般用水色计确定。透明度是了解总光量沿水体深度分布情况的指标，透明度不同，光量和光质不同，对养殖鱼类与箱体网衣污损生物都有直接或间接影响，并进一步影响养殖鱼类的售价（如某些养殖户在养殖石斑鱼时，为了调控水色及透明度，在养殖周期中有时在海水抗风浪网箱的顶部安装黑色防晒网或遮阳网，以获得市场喜好颜色的石斑鱼）。透明度同水的吸收和扩散系数有关。扩散系数表示海水分子和微小悬浮物对光的乱反射能力的大小。吸收率大体是一定的，故扩散系数左右着透明度。近岸或内湾水域的透明度一般较小。测量透明度的简单方法是使用白色透明度圆盘，以下沉水中开始看不到圆盘的水深（米）值表示。

（四）pH值

海洋中$CO_2$-$HCO_3^-$-$CO_3^{2-}$体系在较短时间内起着恒定海水pH值的缓冲作用，也就是说海—空二氧化碳交换控制着海水的pH值。正常自然海水pH值为8.1~8.3。海水中的$CO_2$除来源于空气外，还来源于生物的呼吸作用、有机物的分解等。当游离二氧化碳发生明显变化时，则pH值会有高低不同的变化，而有害物质的毒性也随之变化。海水中硫化物毒性随pH值下降而增加。与此相反，在温度和盐度不变的情况下，有毒的非离解氨在总氨中所占比例随海水中进行的同化作用、呼吸分解作用的强度。测定pH值的方法有比色法和电位法。现多使用水质测定仪、酸度计和电位计等仪器测定。

（五）化学耗氧量（COD）

化学耗氧量指一升水中含有的还原物质，在一定条件下被氧化剂氧化时所消耗氧或氧化剂的毫克数。还原物质即为有机物，化学耗氧量也就是有机物耗氧量。海洋中所有有机化合物除少数由河流输入之外，几乎都是海洋中活生物体的分泌、排泄等代谢产物和生物尸体组织的破裂、溶解、氧化的产物。这类来源于生物作用的有机物统称为生源或耗氧有机物，其中污染水质影响大的是可溶性有机物，故化学耗氧量是反映养殖池污染程度的指标。测定方法随采用氧化剂的不同而分为高锰酸钾（$K_2MnO_4$）法、重铬酸钾（$K_2CrO_7$）

法和碘酸钾（$KIO_3$）法等。养殖池水中有机物易被氧化，一般都采用高锰酸钾法测定。同一水体用不同方法或同一方法在不同条件下测定时，测得的耗氧量不同，因此，耗氧量测定值必须说明所用方法，严格控制条件。

（六）溶解氧（DO）

溶解氧即空气中的氧溶解在水中的部分。溶解氧是重要的水质指标，也是维持水生生物活动的重要因素。水产养殖生产上的灾害事件，多是由于水体中溶解氧极度耗竭而引起鱼的大量死亡。一般认为溶解氧低于 3 mg/L 时，养殖生物摄食停止或下降。氧在海水中的溶解度随水温、盐度的升高而变小。水中溶氧量通过海水表面溶解空气中的氧、降雨、河水得到补充，也因植物同化作用而增加。由于夜间水生植物的光合作用停止，而水生生物需呼吸耗氧，所以一天之中在黎明前水中溶氧量达到最低值。溶氧量测定方法有碘量滴定法、气体分析法、光学分析法和电化学分析法等，以碘量滴定法为主。但在养殖生产中，往往要求操作简便、快速，所以多使用仪器（测氧仪和水质测定仪）进行测定。

（七）硫化氢（$H_2S$）

硫化氢是可溶性有毒气体化合物，在内湾海水循环差的场所，有残饵、代谢产物、尸体等大量沉积的地方，因有机物沉淀，底质成为黑色污泥，发出硫化氢臭味。有机硫化物与无机硫酸盐经生物厌氧分解产生硫化氢，一般认为未离解的硫化氢构成对生物的毒性，其毒性随水温、pH 值和溶氧量的变化而变化，当未离解的硫化氢超过 2 mg/L 时，即对水生生物有害。当水域呈中性或微酸性及溶氧量低于正常值时，硫化物毒害加剧。海水硫化氢的直接测定方法极少，多是测定硫化物。硫化物高时，用碘量法测定；含量低时可用亚甲蓝比色法，依据样品中硫化物含量及测定时样品中的 pH 值即可得出硫化氢含量。也可采用离子电极法，用坐标曲线来计算样品中硫化物的浓度。

（八）底质氧化还原电位

氧化还原电位差（Eh）是表示底质中氧化剂与还原剂相对含量的关系，也是表明底质的污染程度。Eh 的数值越大，即底质中氧化剂所占比例越大，氧化能力越强。养殖网箱底部由于投饵多、养殖期长，底质往往呈现显著的还原状态，对水生生物很不利，生物的产量与质量常因此而降低。测定氧化还原电位一般使用酸度计和电位计等仪器设备。

（九）氮

氮是各种藻类所必需的一种大量营养要素，也是养殖水体内常见的一种限制初级生产力的营养元素。氮以单质（$N_2$）、无机物（$NH_3$、$NH_4^+$、$NO_2^-$、$NO_3^-$ 等）和有机物（尿素、氨基酸、蛋白质等）形式存在。有机氮在氧化分解成无机氮的过程，也存在着 $NH_4^+$、$N_2$、$NO_2^-$、$NO_3^-$ 四种形式。其中 $N_2$-N 甚少，其他三种各有不同特点，彼此间还具有紧密的相互关系：

$$NH_4^+ - N \xrightarrow{\text{氧化}} NO_2 - N \underset{\text{还原}}{\overset{\text{氧化}}{\rightleftharpoons}} NO_3 - N$$

式中，$NH_4^+$ - N在水中呈动态平衡：$NH_3 + H^+ \rightleftharpoons NH_4^+$。

平衡时，$NH_3$ 及 $NH_4^+$ 的含量取决于pH值、温度、盐度等因素。$NH_3$ 和 $NH_4^+$ 都能被藻类直接利用，而 $NH_3$ 则对海洋动物有剧毒，鱼类能耐受的最大 $NH_3$ 浓度为0.025 mg/L。$NH_4^+$-N采用纳氏试剂和次溴酸盐氧化法测定，亦采用铵离子电极法测定。$NO_2$-N在海水中含量甚微，是有机氮氧化分解成无机氮过程中极不稳定的中间产物。采用重氮-偶氮比色法测定。$NO_3$-N是氮化合物氧化作用的最终产物，海水中 $NO_3$-N含量比 $NO_2$-N多。对其他饵料及鱼类无不良影响，其缺点是遇 $O_2$ 很易脱氮损失，与 $NH_4^+$ 共存时，会抑制藻类对 $NO_3^-$ 的吸收，损失概率大。测定方法采用锌-镉还原法，将水样中 $NO_3$-N还原为 $NO_2$-N，而后用重氮-偶氮比色法测定水样中总 $NO_2$-N量，减去原水样中的 $NO_2$-N的含量，即为 $NO_3$-N的含量。

（十）磷

浮游植物吸收利用的磷主要是溶解状态的无机磷酸盐（$PO_4$-P），有些有机磷也能被直接吸收利用。通常只采用磷钼蓝法测定可溶性无机磷酸盐的含量。

（十一）硅

硅是硅藻必需的营养元素，硅藻是鱼、贝类的活饵料。在天然水体内，硅以溶解、胶体及悬浮状态存在，但能与钼酸铵试剂反应被测定的硅酸盐称为活性硅酸盐，都能为硅藻吸收利用，作为水中有效硅含量的定量指标。硅酸盐中原子硅含量大于10 μg/L的水样采用硅钼黄法测定，小于10 μg/L的水样用硅钼蓝法测定。

（十二）重金属

重金属是比重近于或大于5的金属统称，常见的如铜、汞、锌、铁、镉、铅、锰等。海水正常组成中含有一定数量的重金属元素，这是生物有机体生活所必需的。然而随着工业三废进入水域的数量日益增加以及局部海域大量使用重金属材料，重金属已成为养殖水质污染的一个突出问题。重金属污染具有来源广，残毒时间长，有积累性，会随食物链转移、浓缩，污染后不易发觉而难以恢复的特点，给海洋生物带来了不良影响。正常海水内锌、铜含量分别为10 μg/L、3 μg/L左右，如果海水中锌、铜含量分别超过30 μg/L、10 μg/L时，则会影响生物的生长与发育，也会影响生物的食用安全。重金属离子测定有化学法和仪器测定法，仪器测定法通常使用极谱仪和原子吸收分光光度计。在水产养殖中，如果某海区大量或集中使用重金属线材、重金属网衣、重金属板材以及重金属柱桩等重金属材料，必须定期对海区水质、底泥和养殖鱼类等进行重金属监测和风险评估，防止养殖鱼类重金属超标，确保养殖鱼类的食用安全、保护人们的身体健康。

（十三）海流

海流不但改变海水抗风浪网箱形状减少网箱容量，增加网衣的不安全性，而且鱼类在过急的海流下，常顶流逆行增加能量消耗，影响正常的生长和生活，甚至产生应激反应，因此，过急的海流不适宜海水抗风浪网箱养殖。但没有海流的海区由于水流交换不好，水环境不佳，易产生污染，同样也不适宜网箱养殖。测定流速方法是用海流计，最好经常监测，特别是夏季大潮时更要加强监测。准确掌握流速、流向对于网箱锚泊也同样重要。为了了解新型网箱拟投放海域的流速情况，东海水产研究所曾通过使用多普勒点式流速仪对新型网箱拟投放海域流速进行长时间测量，流速试验为新型网箱设计提供了科学依据。图8-3为一种便携式明渠流速/流量仪，该流速仪是专为水文监测、农业灌溉、江河流量监测、工业污水、市政给排水、水政水资源等行业流速/流量测量而设计的一种便携式测量仪表。该流速仪采用了特殊的超微功耗设计方案，全数字信号处理技术，使得仪表测量更加稳定可靠，测量精度高，可广泛用于水文、水利、农灌、给排水等需要经常移动测量而且现场又无电源的场合。

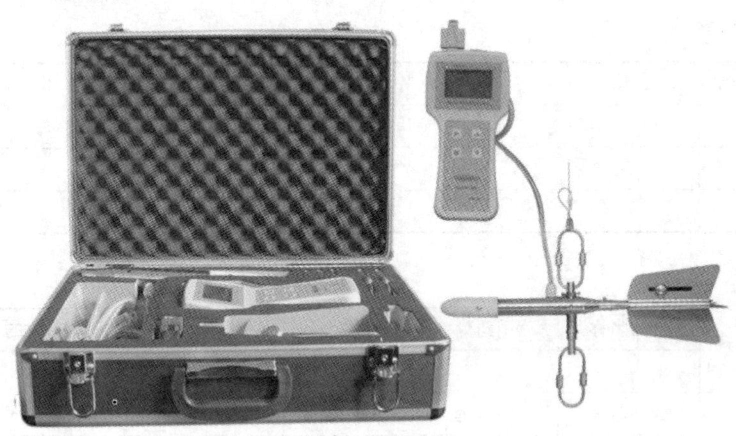

图 8-3　一种便携式明渠流速/流量仪

（图片来源：http：//lsy.kfll.cn/）

## 五、网箱现场记录

做好海水抗风浪网箱现场记录，建立养殖日志，是养殖生产必需的一个环节，也是无公害水产品生产质量管理的一项重要内容，又是检查生产、积累经验、查找隐患、寻求对策、提高技术和改善管理等的重要参考资料和第一手数据。要专人负责，认真做好网箱现场记录。海水抗风浪网箱养殖生产现场记录示例可见表8-3。实际网箱养殖生产中，企业可根据实际情况设计合适的网箱养殖生产现场记录表，由专人负责及时进行现场记录与归档保存，方便水产品生产质量管理与监督抽查检验。

### （一）水质海况

逐日记录天气、风浪、气温、水温、比重、溶氧、透明度、流速等。记录赤潮、污染物、台风、暴雨、洪水、冷空气等突发性天气和海况。

### （二）放养情况

鱼种产地、种类、放养日期、规格、数量和价格等。

表 8-3 海水抗风浪网箱养殖生产现场记录表示例

××××××水产有限公司海水抗风浪网箱养殖生产现场记录表

ⅰ. 水温、天气状况

| 今日水温 | | | 天气状况 | | | 风向风力 | 海面浪高 | 水质变化 |
|---|---|---|---|---|---|---|---|---|
| 6：00 | 12：00 | 18：00 | 阴 | 晴 | 雨 | | | |
| | | | | | | | | |
| 其他水质状况 | | | | | | | | |
| 备注： | | | | | | | | |

ⅱ. 饵料投喂情况

| 冻杂鱼/虾（15 kg/块） | | 颗粒饵料 | 摄食情况 |
|---|---|---|---|
| 冻杂鱼 | | | |
| 虾 | | | |
| 备注： | | | |

ⅲ. 用药情况

| | | | | | |
|---|---|---|---|---|---|
| 口服用药 | 药品名称 | 用药量 | 网箱编号 | 生产厂家 | 用药后鱼的状态及摄食情况 |
| | | | | | |
| 洗鱼用药 | 药品名称 | 用药量 | 网箱编号 | 生产厂家 | 用药后鱼的状态及摄食情况 |
| | | | | | |
| 备注： | | | | | |

ⅳ. 养殖情况

| 海水抗风浪网箱编号 | 1 | 2 | 3 | 4 | 5 | 6 | 7 | 8 | 9 | 10 |
|---|---|---|---|---|---|---|---|---|---|---|
| 死鱼/病鱼 | | | | | | | | | | |
| 死因/病因 | | | | | | | | | | |
| 病因分析 | | | | | | | | | | |
| 备注： | | | | | | | | | | |

ⅴ. 其他情况

日期：______年____月____日　　记录人：__________　　审核人：________

## （三）饲料投喂

记录每天的投饲时间、种类、数量、残饵以及鱼类摄食情况等。

（四）鱼类活动

记录鱼类活动情况、病鱼数量及症状、用药等防治措施，记录死鱼数量及死亡原因、处理方法。

（五）生长测量

记录每 15~30 天测量的 30~50 尾鱼的体长与体重。

（六）网箱养殖鱼类起捕记录

记录海水抗风浪网箱养殖鱼类起捕日期、种类、规格、数量、销地及价格。

每日将各网箱饵料投喂种类、数量，鱼的活动情况、摄食情况及网箱完好情况，死鱼、病鱼数量等由专人记录到“海水抗风浪网箱管理日记”上。管理日记是检查工作、积累经验、制订计划、提高技术和防控风险等的重要参考资料。

## 六、网箱安全检查

在海水抗风浪网箱养殖过程中经常检查网箱和固定系统是否安全是非常重要的一项工作，千万不能忽视安全检查工作。

（一）防逃检查

每周至少检查一次海水抗风浪网箱是否逃鱼。海水抗风浪网箱防逃检查时主要检查海水抗风浪网箱框架、箱体、箱体网具缝合部、网盖、箱体底网、箱体底框以及网箱固定系统等部件是否安全可靠。在灾害性天气出现之前，海水抗风浪网箱养殖工作人员应采取以下风险预防措施：

①网箱上加盖网，以防海浪反卷而逃鱼；

②检查和调整锚缆、桩索拉力，加固网箱拉绳和固定绳；

③尽量清除网箱框架上的暴露物；

④检查框架、锚缆和桩的牢固性；

⑤养殖人员、养殖工船转移至避风港等。

（二）防偷盗及敌害生物

海水抗风浪网箱养殖区要有专人看管或安装视频监控设备，以防养殖鱼类或养殖设施偷盗现象发生。在海水抗风浪网箱养殖区安装夜间标志灯具，以防船只破坏养殖网箱设施，确保船舶安全航行和养殖设施安全。在海水抗风浪网箱上安装防鸟网与防护网，以防止大型鸟类或其他动物对养殖鱼类的伤害。养殖过程中还要注意防止敌害生物（如海狮等）对养殖鱼类造成伤害，以免造成不必要的损失。

## 七、网箱养殖管理重点

春季是水温回升期，海水抗风浪网箱养殖鱼类摄食活动逐渐旺盛。春季阶段海水抗风浪网箱养殖鱼类由于经过越冬，体质有所下降，而水温对细菌繁殖适宜，网箱养殖鱼类容易发病。因此，春季应投喂一些质量好、新鲜、适口的饵料，以及使用营养物质强化鱼体，且投饲要耐心，使鱼体体质逐渐恢复。

夏季是一年中水温最高期，海水抗风浪网箱养殖鱼类体力消耗较大，因此，夏季要细心观察鱼的行为，并且特别要注意投饲。在夏季饲养管理中，须注意鱼类放养密度、网箱污染、饵料鲜度、冷冻鱼解冻处理以及投饲方法等。夏季由于水温升高，网箱箱体上也易生长各类污损生物，造成网孔堵塞、水流不畅、溶氧不足；若网箱放养密度较高，容易造成缺氧死亡。因此，夏季需按时换网（可采用纯手工、手动起网机、无线遥控电动起网机等方式换网）、洗网（采用水下洗网机、高压水枪等进行洗网）或及时对污损生物进行清理等。有关养殖网衣的系统防污技术，读者可参考东海水产研究所石建高研究员编写的《渔用网片与防污技术》。夏季是冰鲜饵料最易腐败时期，投喂鲜度差或解冻不完全的饵料，会引起营养性疾病，而营养性疾病难以治疗。

秋季最重要的管理是开展鱼类疾病预防和治疗，详细资料读者可参见相关养殖技术专著。

冬季水温剧降，鱼类摄食量逐渐减少，体重不会增加甚至减轻。因此，冬季一方面应仔细观察鱼类摄食状况；另一方面调节投饲量。由于越冬期鱼类体内能量消耗过度，也容易发生各种鱼病。越冬管理，每年 11—12 月份至翌年 2—3 月份水温可能会降至鱼类生存温度的下限范围。鱼类活动能力减弱，停止摄食或基本不摄食，进入越冬阶段。有的鱼类特别是温水性鱼类若不采取保温措施可能导致死亡。在海水抗风浪网箱越冬养殖过程中一定时刻关注天气变化、经常测量水温，一旦发现水温异常且存在养殖风险，应立即将越冬养殖鱼类移至室内养殖场等高温养殖场所，以确保养殖鱼类安全。

正常情况下，浙江海区冬季自然水温在 8℃以上，海水抗风浪网箱养殖大黄鱼等鱼类可安全越冬，但养殖鱼类越冬须注意以下几点：

（1）鱼类养殖品种选择。可以选择适应海区生长的鱼类，一般最低水温应高于越冬鱼类的死亡极限温度在 2℃以上，最好 5℃以上。

（2）放养密度。由于越冬期鱼类活动能力减弱，放养密度按同规格的放养密度增加 25%～50%。

（3）鱼种选择。越冬鱼种应选择当年网箱养殖几个月的个体，且鱼体健壮活泼、肥满度好、体表完整、肤色正常、体应无损伤。鱼体瘦弱的，应剔除或专箱养殖。

（4）越冬管理，在越冬前首先要换网。放养鱼种在越冬前 15～30 天用淡水或加药物浸洗消毒。越冬期不移动网箱、换网，不惊动鱼群，定期检查网箱，防网箱破损而逃鱼。在水温适宜时，可适量投饲，以补充体力，增强越冬御寒能力；同时采用迟停食、早开食的方法，以增强鱼体体质，提高成活率。越冬结束后，取出越冬鱼类，清点鱼数量，用淡水或加药物浸洗消毒后，分箱养殖。

# 第五节 海水抗风浪网箱商品鱼的起捕及运输

海水抗风浪网箱商品鱼的起捕是网箱养殖的重要工序，当养殖鱼类达到规定产量、规格要求，或因市场急需，或已完成养殖周期（一般当水温下降到15℃以下）就可进行起捕。

## 一、网箱商品鱼的起捕时间与上市规格

### （一）起捕时间

如果海水抗风浪网箱养殖鱼类提前达到某一预定商品规格时，可立即起捕；若养殖鱼类产品集中，售价较低时，也可继续暂养，待价格上升时再进行出售。总之，海水抗风浪网箱养鱼的起捕时间要考虑养殖海区的环境条件、市场需要和经济效益等综合因素。

根据人们的消费习惯及鱼类生长特性，不同种鱼类养成上市规格有所不同。养成鱼类上市规格过大、过小都会影响海水抗风浪网箱养鱼收益。黑鲷、黄鳍鲷、单斑笛鲷和紫红笛鲷等养殖鱼类上市规格一般控制在250 g/尾以上；鲈鱼、真鲷、大黄鱼、卵形鲳鲹和鮸状黄姑鱼等养殖鱼类上市规格一般控制在500 g以上；龙胆等大型石斑鱼上市规格一般控制在750 g/尾以上；鰤鱼、黑鮸鱼、美国红鱼和日本黄姑鱼等养殖鱼类的上市规格一般控制在1 000 g/尾以上。

### （二）上市规格

海水抗风浪网箱商品鱼的上市规格根据市场需求、养殖海况和鱼类生长规律等因素综合确定。海水抗风浪网箱商品鱼的上市规格不一定越大越好，例如：石斑鱼市场等级A级鱼为450~1 500 g，B级鱼为250~450 g及1 500 g以上，C级鱼150~250 g，D级鱼150 g以下；黑鲷350 g以上，鰤鱼750 g以上等。水温下降时，海水抗风浪网箱养殖鱼类生长将趋缓或停止生长，这时应该将养殖鱼类逐步起捕上市。

## 二、网箱商品鱼的起捕与运输

### （一）网箱商品鱼起捕

海水抗风浪网箱养殖工人一般在起捕前1~2天停止给养殖鱼类投饵。小型网箱商品鱼起捕有直接用活水船在小型网箱边称重过数或将小型网箱拖曳至岸边用吊车起吊称重。前一种方法用两条船或直接站在小型网箱木框上将小型网箱两角提起，不断收网，用抄网将鱼抄起，直至捕完；后一种是把小型网箱底框四角用绳索吊在浮框的四角上，把小型网箱底框拖上渔排边框，解开缚绳，即可捕捞。大型海水抗风浪网箱起捕，发达国家一般使用围网、吸鱼泵或整体起吊等方式。常把吸鱼泵和分级设备安装在一条养殖工船上，起捕时养殖工船靠近网箱，把吸管放入网箱中，启动吸鱼泵即可将鱼吸上并送入分级设备进行

分级、计数；整个操作过程时间短、速度快、劳动强度小、操作安全、鱼体不受损伤。国内目前已试制出海水抗风浪网箱鱼类起捕用真空吸鱼泵小试或中试设备（由筒体和真空泵组及附属管道、快速接头、电器控制箱等组成），但尚未实现批量生产销售。

（二）网箱商品鱼运输

根据消费习惯，国内海水抗风浪网箱商品鱼消费方式包括活鱼、冰鲜鱼、冷冻鱼、初级加工鱼类以及深加工鱼类消费等。以活鱼形式提供市场，既能提高海水抗风浪网箱商品鱼的经济价值，又能满足人们对活鱼的消费需求，因此，海水抗风浪网箱商品鱼的快速、高密度保活运输正越来越受到关注。国外对商品鱼运输十分重视，20 世纪 90 年代，日本仅活鱼运输专用车就有 2 000 多辆。近年来我国商品鱼运输迅速发展，山东、福建等沿海地区有一定数量的专用鲜活水产品运输船。海水鱼保活运输难度比淡水鱼大，特别是中底层鱼类一旦减低水压，离水后即死亡。但鱼类和其他冷血动物一样，都有一个固定的生态冰温，因此，只要掌握好生理温度，在其水温范围内选择适当的降温方法，给予科学的贮藏运输条件，就能使海水鱼在脱离原有的生活环境后，仍能存活一段时间，达到保活运输的目的。

1. 网箱商品鱼保活运输方法

海水抗风浪网箱商品鱼常用的保活运输方法有增氧法、麻醉法和低温法三种：

（1）增氧法。运输过程中用纯氧代替空气或特设增氧系统，以解决运输过程中水产动物氧气不足的问题。运输工具有活水船（自动交换海水增氧，见图 8-4）、活水车（图 8-5）或尼龙袋（图 8-6）等。活水船运输密度夏季必须低于 75 kg/m$^3$、春秋季 100 kg/m$^3$ 以内、冬季一般为 120~130 kg/m$^3$。活水车主要用于量少、路途短的运输。国内有一种较先进型号为 HY14-10-17 的活鱼运输车，车上装备 1 台 3 677 W 汽油发动机泵组（急救备用），一台 25 kW 发动机组，实现了整机电器化。此外，它还装备了全自动制冷、控温系统，运鱼水温实现了按需设定、自动调换。该机还具有引力自动化排污、净化、水体循环、无压过滤与加压过滤、消能、消波、数字式自动供氧等 14 种适用功能，机体全部使用不锈钢四层全保温结构。每车次运鱼 15~16 t，载鱼密度为：鱼与为水 1∶1，运距 1 000~3 000 km，运输时间 50~100 h，运输成活率 98%~100%。另有一种自行改制的活鱼车，即在普通货车上装置一个按车板大小制成的玻璃钢隔水槽，配以增气充气及水循环过滤设施。虽然它装鱼密度不及上述活鱼车高，但近距离 20 h 之内很实用，且价廉，运输成本低。尼龙袋充氧运输活鱼具有体积小、运输量大、装卸方便、成活率高等优点，适于飞机、汽车等交通工具运输，途中不需要专人照管。尼龙袋有各种规格，如 80 cm×40 cm，60 cm×35 cm，40 cm×25 cm 等，应根据不同的运输要求合理选择。尼龙袋充氧运输活鱼时还需要将充氧包扎好的尼龙袋放入规格相同的硬纸箱内或先装入硬泡沫箱再用硬纸箱作外包装。活鱼运输的存活率与装袋密度的大小、运输时间的长短、水温的高低等因素密切相关，不同种类、不同发育阶段的网箱养殖鱼类，其耗氧率不同，因而装袋密度也要根据不同条件进行适当调整，确保活鱼成活率。

图 8-4　活水船及其鱼苗的转移投放

图 8-5　活鱼运输车

（2）低温法。根据鱼类的生理温度，采用降温方式，使活鱼处于“半休眠”或“完全休眠”状态，降低新陈代谢，减少机械损伤，延长存活时间。鱼类虽然各有一个固定的生态冰温，但当改变了原有的生活环境时，易产生应激反应，导致死亡，因此，牙鲆、河鲀等鱼类采用缓慢梯度降温的方法较为适合，并可提高其存活率。活鱼无水运输，运载量大、无污染、无腐蚀、成本低、质量高；运输容器应是封闭控温式；当鱼缓慢降至冰温区内时，便处于休眠状态，此时应结合氧的供应采取特殊有效的运输方法。

图 8-6　尼龙袋充氧运输鱼类

（3）麻醉法。采用麻醉剂抑制中枢神经，使水产动物失去反射功能，从而降低呼吸和代谢强度，提高存活率。

2. 活鱼运输的注意点

海水抗风浪网箱养殖成鱼的最大优势之一是销售活鱼，从而实现较高的经济效益。活鱼运输应注意以下几点：

（1）根据不同的水温进行配载。一般来说，6 月中旬至 9 月中旬装运量应少于 70 kg/m$^3$。6 月中旬之前或 9 月中旬之后，装运量应少于 100 kg/m$^3$。

（2）避免污水、浑水进入鱼舱。特别是活水船运输，在船只航行或进入港口避风时，尤其要注意，否则将会造成严重损失。注意运输途径水域的盐度变化，避免盐度突变，在春秋季节运输时还须避免海区突发赤潮的影响。

（3）保持舱水的清洁。运输途中应及时捞出活水舱里的死鱼，防止死鱼下沉舱底，导致污染水质和堵塞管道。

（4）保持水泵和充气设备的正常运转；鱼类运输前，必须检查水泵和充气设备的完好程度，运输途中必须保持完好的水体交换和充气增氧。

（5）在舱水溢出口处，放置挡流帽，有利于在航行时阻流、阻浪，使自然排水畅通。如果挡流帽失落，航行中的船舶受风浪潮流的影响，舱水不易排出，就会发生舱水过涨淹没进水喷管，从而会进一步引起鱼类死亡。

（6）当鱼类数量较大或路途遥远，活鱼运输困难或无法运输时，必须改用冰鲜或冷藏运输方式。

# 主要参考文献


陈国华. 2007. 石斑鱼繁育和养鱼新技术. 海南：三环出版社.

陈晓蕾，刘永利，黄洪亮，等. 2008. 不同排布方式圆形重力式网箱容积保持率的模型试验. 海洋渔业，30（4）：340-349.

陈雪忠，黄锡昌. 2011. 渔具模型试验理论与方法. 上海：上海科学技术出版社.

崔江浩. 2005. 重力式养殖网箱耐流特性的数值模拟及仿真. 硕士论文，中国海洋大学.

关长涛，林德芳，杨长厚，等. 2005. HDPE 双管圆形深海抗风浪网箱的研制. 海洋水产研究，26（1）.

郭根喜，等. 2013. 深水网箱理论研究与实践. 北京：海洋出版社.

郭建平，吴常文. 2004. 日本钢结构升降式大型深水网箱结构原理介绍. 渔业现代化，3.

洪啸吟，冯汉保. 2008. 涂料化学. 北京：科学出版社.

黄建中，左禹. 2003. 材料的耐蚀性和腐蚀数据. 北京：化学工业出版社.

雷霁霖. 2005. 海水鱼类养殖理论与技术. 北京：中国农业出版社.

梁超愉，等. 2003. 圆形双浮管升降式抗风浪网箱及养殖技术. 渔业现代化，2：6-8.

刘永利，陈晓蕾，石建高，等. 2008. 圆形重力式网箱不同排布方式受力变化的模型试验. 海洋渔业，30（2）：135-144.

刘永利. 2009. 不同排布方式圆形重力式深水网箱水动力性能研究. 硕士论文，大连水产学院.

马士德，等. 2006. 海洋腐蚀的生物控制，金属腐蚀控制，20（3）.

农业部渔业渔政管理局. 2016. 2016 中国渔业统计年鉴. 北京：中国农业出版社.

桑守彦. 2004. 金網生簀の構成と運用. 东京：成山堂书店.

石建高，等. 2004. 超高分子量聚乙烯和高密度聚乙烯网线的拉伸力学性能比较研究. 中国海洋大学学报，34（1）：381-388.

石建高，等. 2004. 超高分子量聚乙烯和锦纶经编网片的拉伸力学性能比较. 中国水产科学，11（z1）：40-44.

石建高，等. 2013. 深水网箱箱体用超高强绳索物理机械性能的研究. 渔业信息与战略，28（2）：127-133.

石建高，等. 2011. 新型环保渔网防污剂的研究. 现代渔业信息，26（9）：7-12.

石建高，等. 2003. 渔用超高分子量聚乙烯纤维绳索的研究. 上海水产大学学报，12（4）：371-375.

石建高，等. 2012. 深水网箱箱体用超高强经编网的物理性能研究. 渔业信息与战略，27（4）：303-309.

石建高，等. 2008. 深水网箱选址初步研究. 现代渔业信息，23（2）：9-22.

石建高. 2011. 渔用网片与防污技术. 上海：东华大学出版社.

史航，石建高，等. 2011. 包埋苯甲酸钠微球的制备及在海洋防污涂料中的抑菌研究. 高分子通报，1：65-70.

孙满昌，石建高，等. 2009. 渔具材料与工艺学. 北京：中国农业出版社.

孙满昌，汤威. 2005. 方形结构网箱单箱体型锚泊系统的优化研究，海洋渔业，27（4）：328-332.

孙满昌，张健，钱卫国. 2003. 飞碟型网箱水动力模型试验与理论计算比较. 上海水产大学学报，12（4）：319-323.

孙满昌. 2005. 海洋渔业技术学. 北京：中国农业出版社.

汤威，孙满昌，等. 2005. 不同张纲连接系统对碟形网箱浮环安全性能影响的分析，上海水产大学学报，14（1）.
王飞. 2004. 圆柱形网箱水动力性能研究. 硕士论文，上海水产大学.
徐君卓. 2007. 海水网箱与网围养殖. 北京：中国农业出版社.
徐君卓. 2005. 深水网箱养殖技术. 北京：海洋出版社.
徐君卓. 2002. 我国深水网箱养鱼产业化发展前瞻. 现代渔业信息，17（4）：9-12.
张本，林川. 2007. 近海抗风浪养鱼技术. 海南：三环出版社.
张本. 2002. 抗风浪深水网箱养殖存在的问题及对策建议. 中国水产. 5：28-29.
郑国富，等. 2001. 柔性结构养殖网箱的抗风浪性能试验报告. 海洋湖沼通报，(1)：26-30.
郑纪勇. 2010. 海洋生物污损与材料腐蚀. 中国腐蚀与防护学报，30（2）.
中村允. 1979. 水产土木学. 东京：INA 东京时事通讯社.
左其华，窦希萍，李玉成，等. 2014. 中国海岸工程进展. 北京：海洋出版社.
Aalvik B. 1944. Guidelines for Salmon Farming, Dierctor of Fisheries, Bergen, Norway.
Arne Ervik. 1997. Regulating the Local Environmental Impact of in Tensive Marine Fish Farming Aquaculture. Aquaculture, 158: 85-94.
Bjarne Aalvik. 1998. Aquaculture in Norway. Quality Assurance.
Don Staniford. 2001. Sea Cage Fish Farming: An Evaluation of Environmental and Public Health Aspects (the Five Fundamental Flaws of Sea Cage Fish Farming). The European Parliament's Committee on Fisheries Public Hearing on 'Aquaculture in the European Union: Present Situation and Future Prospects'.
FAO. 1996. Minitoring the Ecological Effects of Coastal Aquaculture Wastes, Reports and studies, No. 57.
Gooley G J, De Silva S S, Hone P W, et al. 2000. Cage Aquaculture in Australia: A Developed Country Perspective with Reference to Integrated Development Within Inland Waters. In Cage Aquaculture in Asia: 21-37.
Hansen T. Seefansson So, Taranger GL. 1922. Aquaculture Fish. Mangement Committee, 23: 275-280.
Hjelt K A. 2000. The Norwegian Regulation System and History of the Norwegian Salmon Farming Industry. In Cage Aquaculture in Asia, 1-12.
Ho J S. 2000. The Major Problem of Cage Aquaculture in Asia Relating to Sea Lice. In Cage Aquaculture in Asia: 13-19.
Huang C C. 2000. Engeering Rick Analysis for Submerged Cage Net System in Taiwan. In Cage Aquaculture in Asia: 133-140.
Kenneth S. Johnson. 2001. The Iron Fertilization Experiment. Ocean Science, USA: 3.
Kim I B. 2000. Cage Aquaculture in Korea. In Cage Aquaculture in Asia: 59-73.
Liao D S. 2000. Socienconomic Aspects of Cage Aquaculture in Taiwan. In Cage Aquaculture in Asia: 207-215.
Lien E. 2000. Offshore Cage System. In Cage Aquaculture in Asia: 141-149.
Myrseth B. 2000. Automation of Feeding Management in Cage Culture. In Cage Aquaculture in Asia: 151-155.
Ole J Torrlssen. 1995. Aquaculture in Norway. World Aquaculture, 26 (3): 12-20.
Takashima F, Arimoto T. 2000. Cage culture in Japan Toward the New Millenninum. In Cage Aquaculture in Asia: 53-58.